ALGORITMOS

DEL AMOR INCONDICIONAL AL ODIO VISCERAL

Comentarios a *Algoritmos*

Algoritmos. Del amor incondicional al odio visceral realiza un análisis profundo de la influencia de los algoritmos en la sociedad, destacando su potencial y desafíos éticos. Este libro ilumina la importancia crítica de la tecnología en nuestra cotidianidad y fomenta una reflexión sobre sus efectos.

Christian Cepeda Galarza
Gerente general, Kuvasz Solutions

Desde una perspectiva empresarial, la creación del libro *Algoritmos. Del amor incondicional al odio visceral* representa un aporte valioso para comprender el verdadero impacto de los algoritmos en la sociedad y los negocios. Ofrece conocimientos importantes sobre cómo las empresas pueden utilizar algoritmos de manera ética y responsable, para resaltar la importancia de considerar las implicaciones sociales de su uso. Además, el texto puede inspirar a líderes empresariales a reflexionar sobre el papel de la tecnología en la toma de decisiones y en la construcción de relaciones con consumidores, subrayando la necesidad de equilibrar innovación y responsabilidad social.

Camilo Garrido Briones
CIO - Arkavia Networks SpA

CRISTIAN BARRÍA HUIDOBRO • SERGIO ROSALES GUERRERO

ALGORITMOS

Del amor incondicional al odio visceral

Universidad Mayor
para espíritus emprendedores

Universidad de Alcalá

CENTRO UM | Investigación en Ciberseguridad

RiL editores

05.73 Barría Huidobro, Cristian
B Algoritmos. Del amor incondicional al odio visceral / Cristian Barría Huidobro, Sergio Rosales Guerrero. – – Santiago : RIL editores, 2024.

292 p. ; 23 cm.
ISBN: 978-956-01-1606-2

1 ALGORITMOS.

ALGORITMOS.
DEL AMOR INCONDICIONAL AL ODIO VISCERAL
Primera edición: mayo de 2024

SEDE SANTIAGO:
Los Leones 2258
CP 7511055 Providencia
Santiago de Chile
(56) 22 22 38 100
ril@rileditores.com • www.rileditores.com

SEDE VALPARAÍSO:
Cochrane 639, of. 92
CP 2361801 Valparaíso
valparaiso@rileditores.com

SEDE ESPAÑA:
europa@rileditores.com • Barcelona

Composición e impresión: RIL® editores
Diseño de portada: Joaquín Mourguet H.

Impreso en Chile • *Printed in Chile*

ISBN 978-956-01-1606-2

Es solo una máquina. Las máquinas son estúpidas.

Garry Kasparov

Índice

Prólogo

A través de la presente lectura, Cristian y Sergio nos invitan a un viaje a través de la historia, la evolución y el impacto omnipresente de los algoritmos en nuestra sociedad. Desde la referencia inicial a la "Margarita Philosophica", que simboliza el progreso continuo de la aritmética y la computación, el libro se adentra en la relevancia universal de los algoritmos en el mundo contemporáneo.

Con un enfoque equilibrado y crítico, los autores exploran no solo la mecánica y la aplicación de los algoritmos, sino también sus implicaciones éticas, sociales y culturales. Esta obra destaca cómo los algoritmos, una creación humana en su esencia, reflejan nuestra capacidad para resolver problemas y ampliar los límites del conocimiento.

La importancia de los algoritmos trasciende el ámbito puramente técnico o matemático. En la sociedad actual, donde la información y el conocimiento son cruciales, los algoritmos se convierten en herramientas esenciales para la organización, análisis y procesamiento de grandes volúmenes de datos. Desde los motores de búsqueda de internet, pasando por los complejos sistemas que rigen los mercados financieros, hasta las tecnologías de aprendizaje automático que están abriendo nuevas fronteras en la ciencia y la medicina, los algoritmos están en todas partes, moldeando el mundo en formas inimaginables.

En este contexto, el libro se adentra en las implicaciones éticas y sociales de los algoritmos. A medida que estas poderosas herramientas configuran cada vez más aspectos de nuestras vidas, surgen importantes cuestiones sobre privacidad, sesgo, transparencia y control. ¿Quién decide qué algoritmos se implementan y cómo? ¿Cómo aseguramos que los beneficios de la inteligencia artificial y los algoritmos avanzados se distribuyan equitativamente en la sociedad? Estas son algunas de las preguntas que el libro busca explorar, proporcionando una perspectiva equilibrada y crítica sobre el tema.

Así, el presente trabajo es una celebración del ingenio humano y un recordatorio de que, aunque los algoritmos pueden parecer abstractos y despersonalizados, son en última instancia una creación de la mente humana. En ellos se refleja nuestra capacidad para resolver problemas, para imaginar y crear nuevas formas de entender y manipular el mundo que nos rodea. Los algoritmos, en su esencia, son una expresión de nuestra búsqueda constante por ampliar los límites del conocimiento y la capacidad humana.

En cada capítulo del libro se presenta una historia fascinante que ilustra cómo los algoritmos, en sus diversas formas, han influido en la historia de la humanidad y continúan haciéndolo. Desde los códigos secretos de la Antigüedad hasta los algoritmos que impulsan las redes sociales modernas, cada ejemplo ofrece una ventana a la comprensión de estas herramientas poderosas y omnipresentes. A través de estos relatos, el lector no solo aprenderá sobre la mecánica y la aplicación de los algoritmos, sino que también ganará una apreciación de su impacto cultural y filosófico.

Además, el libro no se detiene en la teoría y los conceptos, también ofrece una visión práctica de cómo los algoritmos afectan nuestro diario vivir. Mediante el análisis de casos reales, desde cómo los algoritmos determinan lo que vemos en internet hasta su papel en decisiones críticas como diagnósticos médicos y sentencias judiciales, se revela la naturaleza ubicua y a veces controvertida de estos sistemas. Este enfoque práctico ayuda a desmitificar los algoritmos y a entender su relevancia en el mundo real.

En consecuencia, al cerrar el libro, el lector no solo habrá adquirido un conocimiento profundo de los algoritmos y su historia, sino que también habrá contemplado su significado más amplio en la sociedad. Con una combinación de rigor académico y accesibilidad, el libro destaca como una guía esencial para cualquiera que busque entender los algoritmos y su rol en el mundo moderno. La obra, por tanto, nos mueve tanto a la reflexión como a una mayor apreciación de una de las herramientas más poderosas creadas por la humanidad, la inteligencia artificial.

Con estas palabras, los invitamos a sumergirse en las páginas de *Algoritmos*, a embarcarse en un viaje a través del tiempo y la tecnología, y a descubrir cómo estos curiosos *recetarios*, desde su humilde comienzo hasta su posición actual de influencia, han transformado y seguirán transformando nuestra sociedad, nuestra cultura y nuestra vida cotidiana.

PhD Manuel Sánchez Rubio
Departamento de Ciencias de la Computación
Universidad de Alcalá

Introducción

En 1503 un monje cartujo de origen germano publicó una obra a la que llamó *Margarita Philosophica* (Perla Filosófica). Se trataba de un compendio de carácter enciclopédico que abarcaba tópicos diversos como aritmética, retórica y gramática. Fue ampliamente utilizado como libro de texto en las universidades europeas de la época, extendiéndose su uso hasta finales del siglo XVIII. Como tal, está escrito en forma de diálogo y contiene numerosas ilustraciones que amenizan la lectura del estudiante. Una de esas ilustraciones muestra de manera alegórica una competencia aritmética entre los filósofos Boecio y Pitágoras que, enfrentados al mismo problema, recurren a un algoritmo, el primero, y a un ábaco, el segundo.

Ni que decir tiene que la victoria se inclinó del lado del filósofo romano. Lo que este representaba era una forma nueva de cálculo que desplazaba a otra igualmente precisa, pero menos eficiente. En igualdad de condiciones el algoritmo era más rápido y fácil de utilizar a la hora de resolver operaciones aritméticas con independencia de su dificultad, esto es, el producto de una multiplicación, el valor de una raíz cuadrada, o el de un logaritmo. Podríamos decir que el objeto mental reemplazó al objeto físico. En buenas cuentas, el algoritmo era un proceso mental dirigido que operaba siguiendo un orden que —tal como sucede con el ábaco— es menester memorizar y aplicar siguiendo una regla.

La memoria es fundamental para que el algoritmo opere siempre de la misma manera. La memoria fija la secuencia de tal manera que los datos de entrada se transforman (por medio del algoritmo) en datos de salida. Luego, con independencia de la modalidad que se adopte, ábaco o algoritmo, si los datos de entrada no cambian el resultado debe ser el mismo.[1] La ventaja del algoritmo, puesta en evidencia por la *Perla Filosófica* hace más de quinientos años, proviene entonces de su mayor versatilidad, de su rapidez para operar, y de su flexibilidad, dado que es como un ábaco multidimensional que puede adoptar los lenguajes y las formas más diversas que quepa imaginar. Ya a temprana edad un niño sabe que una modalidad de división no es la misma si cambia de establecimiento educacional, de provincia o de país, no así el resultado. El resultado es el mismo si opera con una modalidad o con otra. Es igual que con el pan. Dados los mismos ingredientes y los mismos utensilios para transformar esos ingredientes (*input*) en un producto (*output*), tanto la panadería A como la panadería B obtendrán productos iguales a partir de algoritmos iguales. Si, por el contrario, mantengo los ingredientes, pero cambio el algoritmo, podría obtener productos distintos. En el caso de la aritmética pasa lo mismo. Si a dos números, a y b, por ejemplo, les aplico en el primer caso el algoritmo de división (divida a por b) y en el segundo el de multiplicación (multiplique a por b), obtendré valores distintos. Luego, con los mismos ingredientes obtengo productos distintos si varío el algoritmo.

Es fácil ver entonces que la memoria resulta fundamental. Si me olvido de los pasos, no puedo operar. Pero hay otra condición, quizá más fundamental que esta y es, en el caso de los números, el orden: la notación, la forma en que escribimos una cifra, debe reflejar un orden. Ese orden corresponde —en nuestro caso— a lo que se conoce como notación posicional, en la que cada término vale de acuerdo a su posición en el numeral. En un numeral de base 10, pongamos por caso el 23, el 2 vale más que el 3 porque está multiplicado por 10 mientras que el 3 está multiplicado por 1, y 20 es más que 3. Lo importante es darnos cuenta de que el orden subyacente (con independencia de la base que utilicemos) es fundamental para el algoritmo. Dividir o multiplicar con números romanos (I, V, X, L,

---

[1] Hay excepciones; en algunos casos los algoritmos se diseñan para que ocurran variaciones en el resultado, como en la simulación de procesos o en los videojuegos.

etc.) demandará algoritmos distintos que con números indo-arábigos. Es necesario, entonces, que haya regularidad.

*

Y regularidad fue precisamente lo que buscaba el erudito persa Muhammad Al Juarismi (c. 780-850),[2] matemático, astrónomo, geógrafo, del que se sabe bastante poco, pese a sus amplias contribuciones (de allí que se lo designe como polímata). Natural de Corasmia (Khwarezm, en persa), una región comprendida entre los actuales Irán, Afganistán y Turkmenistán, y ubicada al sur del mar de Aral, debe a ella su nombre. Sus trabajos más importantes son un compendio de cálculo y un tratado sobre álgebra, disciplina esta última de la cual se lo considera el fundador.

Al Juarismi fue miembro —tal vez director— de la Casa de la Sabiduría en Bagdad, centro de estudios que reunió a un número importante de eruditos de distintas disciplinas (científicos diríamos hoy). Fue allí donde compuso sus obras más conocidas. Dedicó su tratado de álgebra al califa Al-Mamún (hijo de Harún al-Rashid, fundador de la Casa de la Sabiduría y una de las fuentes de inspiración de *Las mil y una noches*), quien gobernara el Califato abasí entre 809 y 833. Se dice que uno de sus sucesores, el califa Al-Wáthiq, postrado en su lecho de enfermo, citó a un grupo de astrónomos entre los cuales se encontraba Al Juarismi. Basados en el horóscopo del moribundo, los astrónomos predijeron que viviría cincuenta años más —Al-Wáthiq tenía treinta y cinco entonces—, pero solo pasaron diez días hasta que falleció. Y eso no estaba en los cálculos de nadie.[3] Desentrañar ecuaciones cuadráticas y descifrar los misterios del álgebra parecían trivialidades en comparación con los enigmas que el futuro nos deparaba.

No obstante, algunos de los algoritmos computacionales en uso hoy en día, hacen precisamente eso: predecir el futuro. Decir lo

---

2 Su nombre completo era, en caracteres grecolatinos, Abu Abdallah Muḥammad Ibn Mūsā Al-Jwarizmī; dado que no hay claridad acerca de la composición del nombre, suele utilizarse la denominación Al Juarismi. En cuanto a los años de nacimiento y muerte hay algún consenso en que habría nacido antes del año 800 y, con más seguridad, fallecido en 850.

3 Encyclopedia.com, Toomer G.J.; Al-Khwārizmī; 2019, en: https://www.encyclopedia.com/science/dictionaries-thesauruses-pictures-and-press-releases/al-khwarizm#akajen4

que va a pasar antes de que suceda es algo que escapa a nuestras posibilidades, pero sí podemos anticipar lo que vendrá suponiendo distintos escenarios, y "apostando" a que uno de ellos sucederá.

Figura 1. Abu Abdallah Muḥammad Ibn Mūsā Al-Jwarizmī, conocido en español como Al Juarismi (780 – c. 850),[4] de cuyo nombre deriva la expresión algoritmo.

Dado que el desconocimiento de lo que vendrá es una condición del mundo, a los seres vivos, y a los humanos en particular, la evolución parece haberlos preparado para enfrentar lo desconocido. Somos previsores por naturaleza. (Por cierto, si todo lo que ocurriera fuera siempre predecible, es muy posible que la inteligencia estuviera de más). Aun así, lo desconocido nunca lo es en un sentido absoluto. Una cosa es desconocer la fecha en que moriremos, otra distinta ignorar que inevitablemente va a suceder. La regularidad de la muerte es formidable. A todos les pasa, aunque nadie sepa el cuándo. El desdichado Al-Wáthiq no fue la excepción. Con toda seguridad, al analizar las cartas astrales, los astrónomos siguieron una secuencia de pasos que los llevó a estimar que el califa viviría

[4] Wikipedia, Al-Khwārizmī, 6/12/2020, Michel Bakni (talk | contribs), Wikimedia Commons, en https://commons.wikimedia.org/wiki/File:Al-Khwarizmi_portrait.jpg

cincuenta años más. El algoritmo, en este caso, dio por resultado una verdad general (cincuenta años), no una particular (diez días). Que la esperanza de vida diga que podemos llegar a los ochenta, no significa que no podamos morir a los veinte o a los ciento tres.[5]

Sin embargo, en su Álgebra, Al Juarismi no nos dice que sea posible predecir, nos dice que es posible realizar cálculos precisos si se está dispuesto a seguir un orden, con base en una notación de tipo posicional.

Antes de los números, los problemas se resolvían geométricamente, con escuadra y compás. No se debe mirar en menos a este método, pues era bastante útil; con él se construyeron templos y magníficos palacios, pero era complicado. Al conocer la notación posicional (una hazaña que se produjo en el oriente, probablemente en la India), Al Juarismi propuso métodos para resolver ecuaciones, siguiendo pasos, pero no lo hizo como nos lo enseñan hoy los libros de texto. Lo hizo en prosa, utilizando la expresión "algo" para las cifras desconocidas, "cantidad" para la segunda potencia, "raíz" para la primera potencia, y para la unidad, una divisa (*dirham*). Así: "[Para obtener cierta] cantidad: multipliqué un tercio y un *dirham* por un cuarto y un *dirham*. [Luego] se convirtió en veinte. [Así, para calcularlo,] multiplicas un tercio de algo por un cuarto de algo: de ello resulta la mitad de un sexto de un cuadrado [...] Después si multiplicas un *dirham* por un tercio de algo, se transforma en un tercio de algo; [finalmente] multiplicas un *dirham* [por otro]. Así, obtenemos un medio de un sexto de un cuadrado de algo y un tercio de algo y un cuarto de algo y un *dirham*, que es igual a veinte."

En símbolos y números, la expresión inicial es esta:

$$\left(\frac{x}{3}+1\right)\left(\frac{x}{4}+1\right)=20$$

De cuyo producto se obtiene:

$$\frac{x^2}{12}+\frac{x}{3}+\frac{x}{4}+1\ =20$$

[5] Una manera cruel de decirlo es que Al-Wáthiq fue el que se equivocó al morirse antes de tiempo.

Si nuestro lector vuelve a leer la nota de Al Juarismi, esta vez mirando los símbolos, la entenderá perfectamente.[6,7] Contra lo que se pudiera suponer, la historia de los algoritmos no marchó a la misma razón que la de los símbolos, por lo que tampoco se impusieron de una sola vez sobre el ábaco. Lo importante es que la notación posicional hizo atractivo al algoritmo y este, en palabras de David Berlinski, habitó a la máquina (el computador) tal como la mente habitó al cerebro humano. El algoritmo, nos dice Berlinski, "ocupa un lugar central en nuestra imaginación. Es la segunda mayor idea científica de Occidente (la primera es el cálculo infinitesimal). No hay tercera." Así, agrega, fue como ocurrió: el cálculo hizo posible la ciencia, el algoritmo el mundo moderno.[8] Por su parte, el gran escritor inglés Douglas Adams —fallecido tempranamente en 2001—, decía en su *Guía del autoestopista galáctico*, que el ser humano es la segunda especie más inteligente sobre la faz de la tierra. Podremos estar en desacuerdo con él —quizá seamos la tercera o la cuarta—, pero de lo que no cabe duda es que, con los algoritmos metidos en los microprocesadores de nuestras computadoras, tal vez hayamos creado la posibilidad, todavía remota, eso por descontado, de que estemos empezando a sobrar.

*

¿Seremos la especie que está de más? El matemático Max Tegmark plantea la posibilidad de que nuestra especie no es más que el medio del que la naturaleza se ha valido para producir máquinas que son, ellas sí, el propósito y la meta de la evolución. Serían las máquinas entonces lo que da significado y sentido a nuestra existencia. La respuesta al lienzo de Paul Gauguin, *¿Quiénes somos?, ¿de dónde venimos?, ¿a dónde vamos?*, queda así respondida. Quizá ellas, las máquinas, sean la causa de nuestras neurosis actuales, más

6 Habría que esperar siglos hasta que los símbolos matemáticos se asentaran en la forma en que los conocemos hoy. De paso, el signo igual (=) fue propuesto por Robert Recorde en el siglo XVI. Este ilustre matemático galés murió en prisión, en 1558. No se sabe por qué. Es probable que su propuesta matemática no haya tenido nada que ver en ello.

7 En Toomer G.J., Al-Khwārizmī, *ob. cit.* La traducción de Toomer fue adaptada por los autores para facilitar su comprensión.

8 David Berlinski, *The Advent of the Algorithm.* New York, Harcourt, 2000, p. xv.

allá del temor que experimentamos al ver que nos volvemos cada día más dependientes de sus endiablados mecanismos. Piense en la sensación que usted experimenta cuando le dicen que el sistema se ha caído: el de un supermercado, el de un banco, el de un aeropuerto. Es cierto, sabemos por qué se caen los sistemas: malos sectores en el disco duro, fallos en la tarjeta madre, un mal procesador, un *chip* de memoria RAM defectuoso, una línea de código dañada en el *software*, entre muchos otros.[9] Lo más interesante de todo es que no sabemos cuándo va a ocurrir. Como con el pobre Al-Wáthiq, al igual que los astrónomos de entonces, los programadores de hoy saben perfectamente bien que el "sistema" va a fallar. Eso sí, no saben cuándo.

A semejanza de los humanos, estas curiosas máquinas poseen una mente, pero carecen de medio de transporte, es decir, de un cuerpo. La mente humana es inseparable del cuerpo, por eso viajan juntos a todos lados. No podemos enviar nuestros pensamientos a Madrid si nuestros cuerpos se encuentran en Santiago. La mente de la máquina no tiene el problema de tener que estar para ser, pues ella puede ser sin tener que estar en un único lugar. Por eso, si usted pierde su s*martphone*, no pierde la mente del aparato: basta que adquiera uno nuevo y tendrá de vuelta todo (o casi todo) lo que perdió. Pero si pierde usted su cuerpo, lo pierde todo, incluida la mente.

No son lo mismo, desde luego, antes bien se trata de analogías que nos ayudan a entender que los algoritmos son maneras que ha creado la inteligencia humana para hacer que la materia inanimada piense (un logro que hasta la fecha sigue postergado). Como hasta ahora no sabemos qué hace la mente para pensar, las computadoras sencillamente emulan nuestros pensamientos, esto es, "hacen como si..." pensaran.

Pero no piensan (o eso queremos creer). Carecen de aparato gastrointestinal, de emociones, de sistema hormonal, de sexo. Luego, solo les es dado pensar siguiendo recetas. "Un algoritmo," escribe Berlinski, "es un procedimiento efectivo, una manera de realizar algo en un número finito de pasos."[10] El producto, agrega, es algo

---

9 System failure, Computer hope, 7/6/2021, en https://www.computerhope.com/jargon/s/systemfa.htm

10 David Berlinski, *ob. cit.*, p. xvi.

que la máquina puede realizar porque se trata de pasos, "no hay arte involucrado."

*

Zeina Hashem, poeta, se confiesa.[11] "Lector, déjame decirte qué me mantiene entera: / las amistades y los antidepresivos." Bien (o no tan bien) por ella. En todo caso, no es este un problema para las máquinas (salvo para el caso de Marvin, el robot depresivo creado por Douglas Adams para su "trilogía en cinco partes"), para ellas, el Prozac y los amigos sobran. Aun así, el poema podrían escibirlo igual a la manera de Hashem. La máquina no necesita sentir para pensar.

No hay sensaciones ni emociones en un robot, pese a que eventualmente podrían llegar a emularlas ("hacer como si..."). Para ellos, robots, máquinas, computadoras, no hay amor, miedo o rencor, sino que todo es un continuo indiferenciado, como el azul del cielo. Las partículas con que funcionan, los *bits*, siendo tan ínfimas, carecen de etiqueta. La sorpresiva aparición de una divinidad, un cuarteto para cuerdas, o postales de gatos blancos, no son más que paquetes de *bits* para las máquinas. Corridas de ceros y unos que se ordenan de una manera y no de otra, y que ni en lo individual ni en lo colectivo significan nada para ella.

*

Si alguien interesado se diera a la tarea de pergeñar saberes sobre esta curiosa especie de los algoritmos, hallaría libros, columnas, programas de televisión, series, *podcasts*, historietas y videos sin término. Comprobaría, por desgracia, que, salvo excepciones, suelen ponerse de relieve los defectos, los aspectos negativos, los errores en que incurren las máquinas inteligentes. Por ende, muy pronto el lector se sentirá abrumado, decepcionado incluso. Afortunadamente, si se busca con paciencia se encontrarán también críticas constructivas, reconocimientos y hasta buenos deseos para el futuro de la inteligencia artificial (IA). La mala noticia es que estos últimos esfuerzos constituyen una poco apreciable minoría que, aunque no

---

[11] MIT Technology Review, Cinco poemas sobre la mente, 11/1/2022, en https://www.technologyreview.es//s/13648/cinco-poemas-sobre-la-mente

disminuye tampoco aumenta. El pesimismo es la norma, en modo alguno la excepción.[12]

En este libro sostenemos que los algoritmos son simplemente una herramienta más en el extenso catálogo de aparatos que los seres humanos han inventado, desde las azadas hasta los microchips. Los humanos no solo son productores de herramientas, sino que también un producto de las mismas. Participamos de la idea de que, sin herramientas o utensilios, nuestra especie o no hubiese sobrevivido a la presión del medio o no sería como es hoy. La relación de dependencia entre los humanos y sus trebejos hacen que de ambos resulte una sola especie. Cuando se haya extinguido hasta el último de nuestros semejantes, solo quedará la parte construida, no el constructor. Así, si un arqueólogo de otro planeta o dimensión atina a darse una vuelta por estos pagos, podrá reconstituir a la especie, hueso por hueso, en la medida que atienda a los utensilios que utilizó para sobrevivir.

De manera que la IA y los algoritmos que sirven de sustrato (pues la IA no es otra cosa que algoritmos) a la especie humana, es una herramienta a la que solo le cabe crecer y desarrollarse. No es una opción ni una alternativa, es lo que los humanos hacen para que —y discúlpesenos el atrevimiento— se multipliquen los peces y los panes, pues con lo que hay en el canasto no alcanza. Eso ni más ni menos es la tecnología, un vivaz rapazuelo concebido con ideas. La innovación, por otra parte, es el proceso mediante el cual esa criatura llega a todos los hogares.

Por lo tanto, vivimos tiempos en que por primera vez el peso está en la inteligencia. Casi siempre estuvimos necesitados de músculos para mover bloques de piedra o arados. Con eso bastó para que los seres humanos levantaran ciudades y civilizaciones. Ahora se necesita algo más, la fuerza no alcanza. Ahora necesitamos inteligencia de refuerzo. Inteligencia para hacer que todo rinda más con el menor costo posible. El tamaño de la población mundial, las demandas en energía, las posibilidades del planeta, todo indica que se requiere de más tecnología, y esto implica más inteligencia.

---

[12] El pesimismo es mejor vendedor que su contrincante, el optimismo. La atracción de lo dramático es una ventaja que los vendedores de malas noticias son expertos en capitalizar.

*

El libro que el lector tiene en sus manos consta de cinco capítulos. En el primero se muestra qué son los algoritmos, cómo y por qué funcionan. En el segundo veremos el modo en que la sorprendente sociedad entre algoritmos y datos (*big data*) añadió una dimensión extra, completamente nueva e inesperada a los humanos, lo que al mismo tiempo engendró problemas otrora inexistentes. En el tercer capítulo revisaremos nuestra convivencia con los algoritmos en el mundo de la entretención, del arte, la seguridad, la salud y la justicia, tanto en la esfera pública como la privada. El cuarto capítulo propone una reflexión sobre el rol del algoritmo digital en la conformación del hombre nuevo, el denominado *homo techné*, y qué es lo que podemos esperar para el futuro. El quinto y último capítulo es una discusión acerca de la tensión que ha generado en el último tiempo el estado actual de la inteligencia artificial, tanto del lado de sus seguidores como del de sus detractores, y qué dice todo esto acerca de los usuarios humanos y sus máquinas inteligentes. En el epílogo, además de redondear la obra, incluimos la brevísima historia del perdón concedido a Alan Turing en 2013, y lo que eso significa para la discusión de fondo del libro. Esperamos refrendar con ello parte de nuestra exposición y aleccionarnos respecto del mundo que vendrá. Por último, entregamos un listado de las que a nuestro juicio son las lecturas más informativas sobre el tema de los algoritmos, y que han servido tanto de base como de contexto para la elaboración del presente volumen.

Nota adicional

Este libro no enseña a construir algoritmos. Se necesitarían no solo más autores, sino que muchas más páginas y años de trabajo para proponer algo así. Por lo mismo, este ejemplar no está destinado a expertos ni a entendidos. No perderán su tiempo si lo leen; no hay un solo libro tan pobremente escrito que no deje algo en la alforja del lector más informado, pero es probable que ya hayan leído y escuchado muchas de las cosas que se dicen aquí, y es seguro que podrán dedicar su tiempo a propósitos más elevados. Por lo pronto, nos dirigimos al público general, ese al que sus ocupaciones le dejan poco tiempo, pero que en momentos de latencia existencial descubre que hay asuntos que le preocupan y quisiera saber más sobre ellos. ¿Será cierto que hay que andarse con cuidado con esto de que los algoritmos en cualquier momento se toman el mundo? ¿No dicen por ahí que, en los hechos, lo están dirigiendo ya? ¿Habrá salvación si apagamos de una vez por todas la internet? Y en este último caso, ¿ganaremos lo perdido sin que necesariamente perdamos lo ganado? A este lector nos dirigimos. Los autores no se han hecho otro propósito que el de iluminar el cuarto donde se guardan los secretos familiares, lo que nunca se cuenta, lo que se esconde, para mostrar que, muy probablemente, no hay nada allí. El lenguaje es simple y llano, en ocasiones coloquial, y no se ha desestimado el recurso de imágenes y diagramas para acompañar un texto que busca ponderar las ventajas de contar con herramientas, mejor aún si son inteligentes.

CAPÍTULO 1:

ALGORITMOS AL COMIENZO Y AL FINAL

En la vieja tradición budista encontramos el ciclo de vidas sucesivas al que sus seguidores denominan *samsara*. Dicho ciclo conduciría al hombre (hembra o varón) por una serie de estados que finalmente acabarían en una gran disolución en el nirvana. Un descanso, a todas luces, de sucesivas y extenuantes vidas, en las que el alma es castigada o recompensada según sus acciones pasadas o karma.[1] Desde el punto de vista de los algoritmos, es fácil ver que se trata de una instrucción —"vuelva a intentarlo"— que incrustad en el "algoritmo" de esta creencia impone la figura del *loop* justo en el centro de este viaje en espiral al prometido descanso. Vuelva a intentarlo es una instrucción fundamental que tiene como meta llenar el nirvana de almas purificadas.

Pero detengámonos aquí. En la versión budista, el karma no responde al juicio de ningún dios. Se trata más bien de un enunciado como el de la tercera ley de Newton, que establece que a cada reacción corresponde una reacción igual y en sentido contrario. No hay juicio personal involucrado. El dios, en este sentido, se halla fuera del *loop*.[2]

En otras tradiciones, el juicio depende de un juez. Así, en el cristianismo, dicha evaluación recae en Dios. Lo mismo ocurre en el islam. En el antiguo Egipto, aunque el encargado de realizar la

---

1 "No hay fuego como el de lascivia. No hay mal como el del odio. No hay dolor como el de la discordia. No hay alegría como la del NIRVANA". *Budda's Teachings*, Ed. de Juan Mascaró. New York, Penguin Books, 1995, p. 39.

2 Tomado de Britannica online, Karma, samsara and moksha, en https://www.britannica.com/topic/Hinduism/Karma-samsara-and-moksha y de How Stuff Works, How Nirvana Works, en https://science.howstuffworks.com/science-vs-myth/extrasensory-perceptions/nirvana1.htm

tarea era el dios Osiris, quien ponía en un platillo de la balanza el corazón del viajero y en el otro una pluma (la pluma de la verdad), la respuesta era independiente del dios: el corazón pesaba lo que pesaba y el resultado era perfectamente objetivo. A diferencia de sus contrapartes cristiana y musulmana Osiris formaba parte del *loop*, pero no intervenía en él. Era un mero certificador.

"Vuelva a intentarlo" e "introduzca el corazón en la balanza" eran —y son— instrucciones de tipo algorítmico. El resultado final de la evaluación es uno de dos: el sujeto (*input*) pasa o no pasa determinado umbral. Lo que resulte (*output*) es el producto de las acciones del individuo, por lo que este depende de sí mismo y no del capricho de los dioses.

Por último, ya se trate de dioses o de normas propiamente dichas, ellas se encuentran fuera del alcance de cualquier mortal. Este cree en ellas, intuye lo que más o menos dicen, aunque sin mucha certeza. El algoritmo celestial es desconocido para los mortales, pero estos saben, *mutatis mutandis*, por experiencia, que portándose bien en este mundo se puede vivir mejor en el otro. No saben lo que hay en el interior de la caja negra, pero ven que aun entrando todos por la misma puerta, no van a dar todos al mismo destino final. En otras palabras, la ignorancia es clave para que la salvación sea genuina (y justa, quizá). Si un creyente prestara más atención de la debida al mecanismo, o sea, si conociera el algoritmo, podría empezar a trabajar para él, y de paso no necesitar de la fe. ¿De qué le iba a servir? Mal negocio para los dioses. Así, más de alguno de los muertos ya procesados se sentirá ofendido por haber acabado en un estado inferior al de alguien respecto del cual se sentía superior. Más le hubiese valido estar al tanto de los indicadores y actuar en consecuencia. Incluso algún otro podría presentar quejas al algoritmo: ¿cómo es que se decide el paso al nirvana?, ¿qué criterios se aplican en la evaluación?, ¿por qué Osiris nos contrasta contra una pluma, por qué no contra una manzana (o un simple átomo)?

FIGURA 2. El juicio de los muertos en presencia de Osiris.[3]

La ignorancia, decimos, es clave para que se produzca la sumisión. Será posible implorar, denostar, o incurrir en herejías, pero nada de esto cambiará una sola línea del mandato. No ocurre con los algoritmos que, según se dice, son los que en el presente rigen nuestras vidas. Y esta es una diferencia importante. Uno de los aspectos clave para el éxito de cualquier creencia religiosa es que sus supuestos sean inaccesibles. Si no, qué iba a quedar para la Gracia. En efecto, todos ellos son oscuros, desconocidos, impenetrables. Con los algoritmos que rigen nuestras vidas, en cambio, el asunto es diferente. Si no siempre, al menos en ocasiones se podrá exigir que sean abolidos, que se corrijan, y hasta que se humille a los responsables. Todo eso es posible aquí, pero no allá.

Aunque no siempre sepamos por qué se equivocan o —como veremos— alucinan.

Tiempo entonces de que nos preguntemos: ¿qué demonios es un algoritmo?

EL MAPA DE LA ISLA SIN TESORO

Es casi seguro que nuestro lector ha leído la expresión inteligencia artificial (IA) en más de una ocasión. Es una sentencia de moda. También habrá oído hablar de *big data*, lo mismo que de aprendizaje

---

[3] Wikipedia, De Hunefer, en http://www.britishmuseum.org/explore/highlights/highlight_objects/aes/p/page_from_the_book_of_the_dead.aspx, https://www.webcitation.org/63ZdUemZU, dominio público, en https://commons.wikimedia.org/w/index.php?curid=17527324

de máquinas (ML, por sus siglas en inglés) y, por cierto, de algoritmos. ¿Qué relación existe entre todos estos curiosos artefactos?

La historia —ya lo hemos dicho—comienza con los algoritmos. Ellos hacen su aparición en Occidente hacia la segunda mitad del primer milenio de nuestra era en Persia, lo que hoy día es Irán, tras haber sido importados desde la India por un matemático persa al que conocemos como Al Juarismi. Se cree que lo que maravilló a este matemático fueron los números indoarábigos, llamados así por haber sido inventados por los indios y divulgados en Europa por los árabes. Se trata sencillamente de un conjunto de diez símbolos cuyo valor posicional permitía representar cualquier cifra, ya se tratara de enteros o de decimales (la coma en español o el punto en inglés que separan al entero de las cifras decimales, provienen igualmente de esta misma invención).[4] A la larga, estas cifras resultaban más fácilmente manejables en la operatoria que los incómodos numerales romanos. De modo que una cosa llevó a la otra. Las cifras facilitaban el cálculo y el cálculo se dejaba secuenciar (o quebrar en pasos) sin tener que recurrir a toda clase de rodeos, especialmente cuando se trataba de operaciones —en el caso romano— como la multiplicación y la división.[5,6]

Estos números son los que utilizamos hoy y fueron dados a conocer por Al Juarismi en su célebre *Libro del cálculo con los números indios*. También le debemos, como señaláramos en la introducción, otra obra fundamental, su tratado sobre el álgebra (*al-jabr*), en el que se definen los principios requeridos para trabajar con ecuaciones. De su nombre, entonces, Al Juarismi, se deriva la palabra algoritmo (también guarismo, sinónimo de número), y de uno de sus trabajos la palabra álgebra.

Es difícil si no imposible exagerar la importancia de los numerales importados por Al Juarismi, particularmente la del cero. "Ningún

---

[4] Los números que empleó Al Juarismi no eran en ningún caso como los nuestros. Los actuales fueron importados desde Marruecos, recién en el siglo XIII, por Leonardo Bonacci o Leonardo de Pisa, más conocido por su seudónimo Fibonacci.

[5] Véase un video explicativo de multiplicación con números romanos en Polymathematic, Multiplying Roman numerals like the Romans did, en https://www.youtube.com/watch?v=-1oLDG_Zeag&t=4s

[6] Al lector interesado recomendamos Robert Kaplan, *The Nothing That Is: A Natural History of Zero*. New York, Oxford University Press, 1999, p. 4 y ss.

otro número puede hacer tanto daño," escribe Charles Seife en *Zero*. "Las culturas se veían sitiadas por el cero, y las filosofías sucumbían bajo su influencia, pues el cero era diferente de otros números. Esta es la razón de que haya sido temido y odiado —incluso proscrito. [...] El cero es poderoso porque es el gemelo del infinito. Ellos son iguales y opuestos, el yin y el yang, e igualmente paradójicos y problemáticos. Los mayores interrogantes de la ciencia y la religión son acerca de la nada y la eternidad, el vacío y el infinito, el cero y el infinito. [...] Por debajo de cada revolución encontramos un cero —y un infinito."[7]

En definitiva, tres objetos entraron a Occidente por vía de Al Juarismi: los algoritmos, el cero y la notación posicional. Y fue así como pasaron tres siglos más hasta que se hicieron habituales entre matemáticos y aficionados del medievo europeo, tras haber competido con el ábaco al que derrotaron, según hemos visto. De esta trinidad, el cero fue, insistimos, el más inquietante de estos objetos. Si el cero representando a la nada, hace que el todo se mueva, ¿significa eso que la nada es algo? "En el comienzo," escribió Kevin Kelly en un artículo de la revista *Wired*, "había un 0. Y entonces hubo un 1."[8]

En efecto, ceros y unos.

Pero la historia tarda en pasar. No fue sino hasta el siglo XVII, en palabras de David Berlinski, que el algoritmo empezó a vestir de pantalón largo. Tanto Leibniz como Newton, los creadores del cálculo, recurrieron a los algoritmos —precisamente a partir de la conformación de elementos simbólicos—para elaborar y proponer las formas de esta práctica nueva y la manera de ejecutarla. En definitiva, se trataba de un método para descomponer un continuo en fragmentos para luego poder sumarlos (cálculo integral) o conocer su razón de cambio (cálculo diferencial). Lo importante es que las operaciones —aunque incluyeran rarezas como ceros o infinitos— eran perfectamente realizables. Lo que Al Juarismi había traído era el nuevo mundo. Nada menos.

*

---

7 Charles Seife, *Zero: The Biography of a Dangerous Idea*. New York, Penguin Books, 2000, p. 2.

8 Kevin Kelly, God Is the Machine, Wired, 1/12/2002, en https://www.wired.com/2002/12/holytech/

No se pierda de vista que un algoritmo "dice" o "declara" de qué manera un determinado *input* ha de ser procesado para transformarse en un *output*. Y esto, por cierto, en un rango de tiempo finito. En otras palabras: "Un algoritmo es un procedimiento computacional bien definido que toma un valor, o conjunto de valores, como *input* y produce algún valor como *output* en una cantidad de tiempo finito."[9] Como tal es una secuencia de etapas que debe reunir, como mínimo, las siguientes características fundamentales:

- Debe ser finito: el algoritmo debe terminar tras haberse dado un número finito de pasos.
- Debe ser preciso: la persona o el computador que ejecuta el algoritmo debe entender cada uno de los pasos.
- Debe admitir algún *input*: en el caso de la división, por ejemplo, esos *inputs* deben ser el dividendo y el divisor.
- Debe entregar algún *output*: en el mismo caso anterior, el *output* es el cociente.
- Debe ser efectivo: un humano debiera ser capaz de ejecutar cada paso en una cantidad razonable de tiempo con lápiz y papel.[10]

El hecho de que la solución de un problema pudiera realizarse dando un paso tras otro resultó fundamental para que Alan Turing pudiera construir una máquina capaz de resolver problemas matemáticos. Es esta posibilidad lo que hizo posible que un milenio después de Al Juarismi, ya no las personas sino las máquinas resolvieran ecuaciones, acercándose a cerrar un ciclo que para Sam Savage, como veremos, comienza con los humanos aprendiendo a leer y escribir, y termina con las mismas máquinas aprendiendo a hacerlo. Si un problema, el que sea, es reducible a algoritmo, entonces la máquina lo podrá resolver. No por nada, la palabra algoritmo, sostiene Melanie Mitchell, "tal vez sea la más importante en la ciencia informática."[11]

---

[9] Thomas H. Cormen, Charles E. Leiserson, Ronald R. Rivest y Clifford Stein, *Introduction to Algorithms*. Cambridge, Ma, Massachusetts Institute of Technology, 2022, p. 5.

[10] Tomado de Panos Louridas, *Algorithms*. Cambridge, Massachusetts, The MIT Press, 2019, p. 26.

[11] Melanie Mitchell, *Artificial Intelligence. A guide for thinking humans*, U.K., Pelican Books, 2019, p. 19.

En resumen, los números indo-arábigos facilitaron los cálculos por medio de esquemas de numeración o algoritmos, reglas sencillas de procedimiento u operación como el método euclidiano para hallar el mínimo común denominador.[12] En los siglos venideros servirían a distintos fines, desde la contabilidad de doble entrada a la astronomía, y desde la física a la estadística. Tan lejos han llegado que hoy en día constituyen el pulso de nuestras herramientas informáticas (*laptops*, tabletas, teléfonos móviles), y más que eso, proveen el sustrato multiforme sobre el que se levantan la inteligencia artificial y el aprendizaje de máquinas. Ahora bien, en modo alguno, como sostiene Panos Louridas, los algoritmos son herramientas de trabajo exclusivas de las computadoras, esa idea es errónea porque, como hemos visto, "tenemos algoritmos desde mucho antes de que hubiera computadoras. Los primeros algoritmos conocidos [como tales] se remontan a la antigua Babilonia."[13]

En concreto, detrás de cualquier programa computacional hay a lo menos un algoritmo. Dicho de un modo aún más mundano, por debajo de cada fenómeno que observamos en el mundo, hay un algoritmo, pero cada algoritmo está escrito en un lenguaje que es inherente a cada especie material (una célula, un átomo, un móvil, una tableta). Luego el programa es la traducción del algoritmo a un lenguaje que una máquina, esté viva o no, podrá comprender. En consecuencia, se escriben programas únicamente para habilitar algoritmos.

---

[12] Uta C. Merzbach y Carl B. Boyer, *A History of Mathematics*, Hoboken, New Jersey, John Wiley & Sons Inc., 2011, p. 206. Puede verse una demostración del método en la Academia Khan: https://www.khanacademy.org/computing/computer-science/cryptography/modarithmetic/a/the-euclidean-algorithm

[13] Panos Louridas, *ob. cit.*, p. 5.

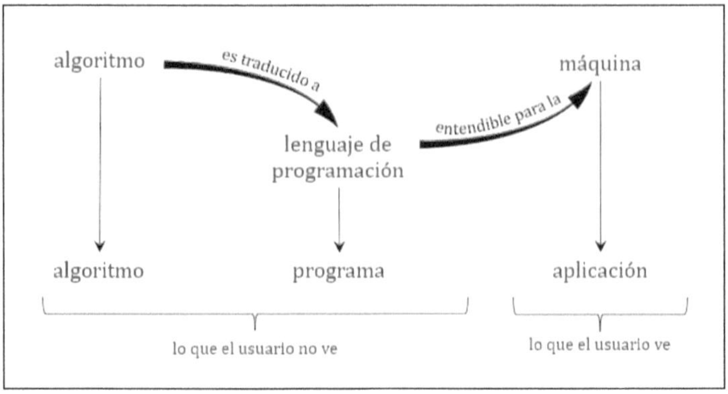

Figura 3. El algoritmo es la secuencia establecida por el diseñador. La máquina debe seguir esa secuencia para funcionar. Por lo tanto, debe ser traducida a un lenguaje de programación que la máquina entienda.

En este esquema, el algoritmo más elemental adoptaría la forma *If → then*. Si *esto*, entonces *eso*. Es lo que pasa cuando usted pulsa un número en la pantalla de su teléfono. Si "pulsa 1," el algoritmo dice, "imprima 1." Por eso cuando pone usted la yema de su dedo sobre el uno en el teclado, aparece después un uno en la pantalla. El algoritmo describe los pasos, el programa se los señala al aparato material, en este caso, el móvil. Por lo tanto no es aventurado decir que hay más lenguajes de programación que algoritmos. Existen muchas maneras de decir lo mismo. En consecuencia, "[t]al como ocurre con un lenguaje humano, un lenguaje de programación tiene una sintaxis y una gramática, que especifican lo que se puede escribir en él. [Por lo mismo, se dice que un] lenguaje de programación [es de] alto nivel cuando se asemeja a un lenguaje humano, o de bajo nivel, cuando sus constructos son rudimentarios, y reflejan el mecanismo material [*hardware*] subyacente."[14]

Resulta obvio, entonces, que un algoritmo es algo más que un programa para hallar un mínimo común múltiplo o imprimir el símbolo de una tecla en una pantalla digital. Puede realizar tantas tareas como quepa imaginar en la medida en que lo que se piensa se pueda decir o desagregar en pasos. Aunque volveremos sobre esto más adelante, no perdamos de vista este elemento crucial: si lo que sea que hagamos en aras de un propósito dado (preparar una taza

[14] Panos Louridas, *ob. cit.*, p. 257.

de té, coser un botón, vestirnos por la mañana) es secuenciable en un tiempo finito, estamos en condiciones de definir su algoritmo. O como escriben Mueller y Massaron, "siempre que una secuencia de acciones para lograr algo en nuestras vidas sea finita, esté bien definida, y resulte efectiva, podremos visualizarla como un algoritmo."[15] Es por eso que los algoritmos no solo sirven para realizar cálculos matemáticos, ellos además son utilizados para buscar, clasificar, transformar, planificar, priorizar, generar números pseudoaleatorios, encontrar rutas óptimas en un mapa, proteger un documento por medio de criptogramas, entre muchas otras tareas.[16] Tal como señalan estos autores, las rutinas en nuestras vidas poseen un alto componente algorítmico dado que ellas, con el tiempo, van definiendo las rutas más eficaces a la hora de hacer calzar nuestras metas diarias con los tiempos y distancias que gastamos y recorremos para alcanzarlas. No por nada nos esforzamos por mantenerlas, son nuestras amadas rutinas. Por lo mismo, nos incomoda tener que alterarlas o modificarlas cada vez que aparece un imprevisto. Esta es la razón de que —como veremos— existan algoritmos que capturan nuestras rutinas, las almacenan, y las hacen reaparecer después como simples sugerencias.

Hay algoritmos para todos los paladares. Están a nuestro servicio. Pero, para que nos sirvan deben conocernos, saber quiénes somos, qué nos gusta y qué no.

Demos entonces un paso más en aras de comprender esta curiosa relación. Siendo los algoritmos secuencias de pasos para transformar un *input* en un *output*, y habiendo comprobado que una máquina puede comprender esos órdenes secuenciales (algoritmos) mediante el uso de determinados lenguajes (programas), con lo cual queda en condiciones de realizar ciertos trabajos humanos y, más que eso, de producir las mismas ideas que produce un humano, entonces podemos decir que las máquinas no solo pueden aprender, sino que además pueden pensar. En otras palabras, podemos considerarlas inteligentes.

*

---

15 John Paul Mueller y Luca Massaron, *Algorithms for dummies*, 2nd. Edition. Hoboken, New Jersey, John Wiley & Sons, Inc., 2022, Kindle, pos. 744.

16 Ibid., pos. 793.

La inteligencia artificial definitivamente no goza de buena prensa. Según el historiador Yuval Harari, es una herramienta cuya implementación plantea dudas sobre la supervivencia del mundo.[17] Para uno de los padres de la IA, Geoffrey Hinton, "[la] 'superinteligencia' ayudará algún día a los dictadores a manipular elecciones." Y agrega: "A veces pienso que es como si hubieran aterrizado alienígenas y la gente no se hubiese dado cuenta por lo bien que hablan el inglés."[18] Para Bill Gates, en cambio, se trata de un instrumento promisorio, especialmente en áreas como el trabajo, la educación y la salud. "El mundo" dice Gates, "necesita establecer las reglas del juego para que los posibles inconvenientes de la inteligencia artificial se vean superados con creces por sus beneficios, y para que todo el mundo pueda disfrutar de esos beneficios, independientemente de dónde viva o de cuánto dinero tenga."[19] Ambas visiones marcan los polos entre los que oscila la discusión actualmente, los acuerdos por tanto son difíciles de alcanzar. De un lado hay llamados a moratoria, del otro hay búsqueda de recursos para financiar investigaciones y avanzar hacia metas aún más audaces. Aunque discutiremos en profundidad este tópico en lo que sigue, es necesario que antes sepamos de qué hablamos cuando nos referimos a la IA, al aprendizaje de máquinas, y a los ubicuos algoritmos. El quién es quién en esta isla sin tesoro que vamos intentando mapear.

*

Para empezar, la IA es un paquete de algoritmos que se caracterizan por resolver problemas recurriendo a recetas. No todos funcionan de la misma manera ni poseen la misma estructura. Hay algoritmos que son mejores resolviendo cierto tipo de problemas y

---

17 Alexis Paiva Mack, Las ideas de Yuval Noah Harari sobre la Inteligencia Artificial: "No sé si la humanidad podrá sobrevivir." *La Tercera online*, 5/5/2023, en https://shorturl.at/nLN05

18 Citado por Alexandre Piquard, On artificial intelligence, the opposition between pessimists and optimists is simplistic, even dangerous. *Le Monde*, 17/9/2023, en https://www.lemonde.fr/en/opinion/article/2023/05/05/on-artificial-intelligence-the-opposition-between-pessimists-and-optimists-is-simplistic-even-dangerous_6025469_23.html

19 Alexis Paiva Mack, ¿Qué piensa Bill Gates de la Inteligencia Artificial? *La Tercera online*, 29/4/2023, en https://shorturl.at/iEUW3

no otros para los que hay (o no hay) algoritmos mejores. No es lo mismo preparar una taza de café que preguntarse qué bebestible caliente puedo ingerir para superar la somnolencia. En el primer caso puedo seguir instrucciones que me dicen qué ingredientes debo agregar y por cuánto tiempo. En el segundo, los datos se encuentran dispersos y entre ellos tal vez sea posible encontrar la respuesta a preguntas como ¿qué bebe la gente para superar la somnolencia?

De hecho, el café no es la única respuesta.

Por lo tanto, el aprendizaje de máquina sería un caso de IA en el que la estructura de los datos es el elemento diferenciador. Los datos pueden venir en dos sabores, estructurados o desestructurados. Los datos estructurados son, en general, los que han sido tabulados en planillas según atributos (v.gr., nombre, edad, nacionalidad, ocupación, etc.). Los desestructurados son aquellos cuya estructura no es reconocible a primera vista, por ejemplo, en un texto, un video, una imagen, o un archivo sonoro. En el caso de la IA más avanzada, los datos se encuentran en general desestructurados, por lo cual se dice que es más apta para tratar con circunstancias imprevistas. De aquí entonces que la IA abarque al aprendizaje de máquinas (ML), puesto que ambos trabajan con datos, se basan en algoritmos para procesarlos, y proponen respuestas a distintas preguntas o *queries*. Esta es la razón de que se hable de aprendizaje de máquina como si fuera inteligencia artificial, y viceversa. Hay cierta (quizá demasiada) ligereza en el uso de estos conceptos, pero no deja de ser cierto que es cada vez más difícil trazar la frontera. Lo que importa por ahora es destacar que si bien ambos transforman *inputs* en *outputs* (como buenos algoritmos que son), lo hacen de modos, en condiciones, y dentro de límites bien diferenciados. Un algoritmo de detección de fraude es un ejemplo de aprendizaje de máquina.[20] La elección de la mejor ruta para ir en automóvil de un punto a otro lo es de la IA. Aun así, para Janelle Shane, la inteligencia artificial "es un estilo particular de programa computacional llamado algoritmo de aprendizaje de máquina,"[21] lo que nos devuelve a la casilla uno.

---

[20] Quinyx, What's The Difference Between AI, ML, and Algorithms?, en https://shorturl.at/bdGR8

[21] Janelle Shane, *You look like a thing and I love you*. New York, Hachette Group Book, 2019, p. 8.

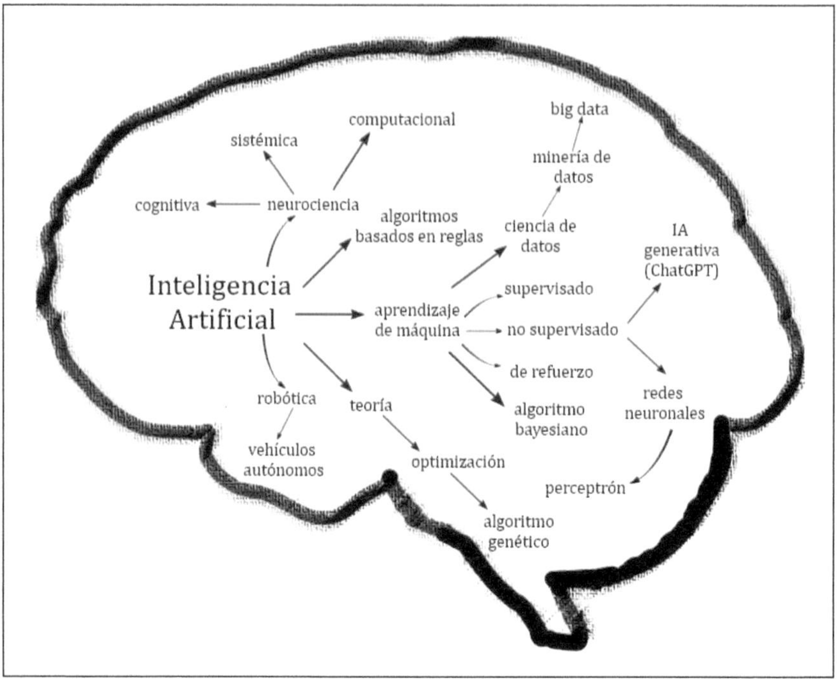

FIGURA 4. Mapa de la isla sin tesoro. Dado que el trazado original de V. Osaulenko, en el que nos hemos basado, es mucho más denso,[22] escogimos exclusivamente los tópicos que son relevantes para el libro. Lo importante es hacer notar que todas las disciplinas se hallan asociadas al concepto de IA y que, por lo tanto, ella no es una disciplina en sí misma sino un concepto general. Nótese también que en ninguna parte figuran los algoritmos. Ello se debe a que constituyen la materia prima, el supuesto básico sin el cual no habría mapa ni continente en que trazarlo.

Pese a todo, pensamos que vale la pena que intentemos fijarnos en las diferencias. Una pregunta básica para el aprendizaje de máquina sería algo del tipo ¿cuándo y dónde nació Napoleón? Para una aplicación de IA, la pregunta sería más bien, ¿cómo era el mundo que produjo a Napoleón? “En general,” nos dice la aplicación Chat GPT respecto de esto último, “el mundo que dio origen a Napoleón fue uno de agitación y cambio; la Revolución francesa y sus consecuencias crearon las condiciones para su ascenso al poder como

[22] Viacheslav Osaulenko, The Map of Artificial Intelligence. *Medium*, 22/12/2020, en https://medium.com/swlh/the-map-of-artificial-intelligence-2020-2c4f446f4e43

militar y más tarde como Emperador de los franceses. Su legado, tanto positivo como negativo, sigue influyendo en la historia y la política europeas hasta el día de hoy."[23]

Por otra parte, en ningún caso debemos pensar que la IA no requiere de datos. De hecho, requiere de más datos que una máquina de aprendizaje. "Si deseas resolver un problema [utilizando IA]," escribe Shane, "necesitarás toneladas y toneladas de datos de entrenamiento. El conjunto de datos de la conocida aplicación ImageNet para generación o reconocimiento de imágenes posee actualmente más de catorce millones de imágenes en apenas mil categorías diferentes (o sea, bastante pocas). Del mismo modo, mientras un conductor humano necesita tan solo unas pocas horas de conducción para acumular experiencia, hacia 2018 el coche autónomo de la compañía Waymo había recogido datos de más de seis millones de millas de conducción, [y de más de] cinco mil millones de millas de conducción simulada,"[24] Por lo mismo, en opinión de esta autora, si se trata de zanjar aún más finamente la frontera entre ambos paradigmas, los algoritmos de aprendizaje de máquina serían equivalentes a la IA (recuérdese que para nosotros existe una diferencia) en tanto produzcan sus propias reglas. Por otra parte, los programas tradicionales (lenguajes de programación) funcionan con reglas dadas, no las inventan.

*

La IA es una empresa relativamente nueva, en particular si se considera que sus primeros aprontes se remontan al artefacto computacional de Alan Turing. Fue hacia la década de 1950 cuando, en numerosos congresos y seminarios, especialmente el de Dartmouth College, importante centro universitario ubicado en New Hampshire, Estados Unidos, la IA hizo furor. Hacia 1956, época en que se celebró uno de ellos (quizá el primero y más importante), la posibilidad de producir inteligencia a partir de materiales inertes empezó a cobrar vida (y no es un juego de palabras), tanto por sus fantásticas posibilidades como por el conjunto de consideraciones que habría

---

[23] Open AI, Chat GPT, How was the world that gave rise to Napoleon?, en https://chat.openai.com/c/3000ea08-7c68-4bba-8bef-bde36d3a1fff

[24] Janelle Shane, *ob. cit.*, p. 44.

que tener en cuenta si se deseaba llegar a buen término. El taller que a la sazón se organizó, "proponía una serie de temas a discutir (procesamiento del lenguaje natural, redes neuronales, aprendizaje automático, conceptos y razonamiento abstractos, creatividad), que han seguido definiendo el campo [de la IA] hasta el día de hoy."[25] Personajes tan conspicuos como John McCarthy, Marvin Minsky, Claude Shannon o Nathaniel Rochester se dieron cita ese año para sentar las bases de esta novísima empresa. Sin ir más lejos, en un intento por diferenciarla del campo de la cibernética, McCarthy acuñó el término "inteligencia artificial."

Figura 5. Asistentes a la conferencia del Dartmouth College en 1956, todos ellos son considerados hoy los padres fundadores de la inteligencia artificial.[26]

Pese a la amplia variedad de ideas, reflexiones y aproximaciones, la reunión, financiada en gran parte por la Fundación Rockefeller, fue un éxito rotundo, no solo porque el desarrollo de este

[25] Melanie Michell, Artificial Intelligence, *ob. cit.*, p. 4.

[26] India IA, https://shorturl.at/agCK8; en Arthur W., The Dartmouth Conference (1956) and its Lasting Influence on Artificial Intelligence - back to the beginning of AI, 28/9/2023, en https://shorturl.at/ert35.

nuevo brote informático adquirió un nombre propio, sino por el contagioso optimismo de que dieron muestras los que con el tiempo serían los cuatro grandes pioneros del campo —John McCarthy, Marvin Minsky, Allen Newell y Herbert Simon—. Todos ellos consideraron esperanzados el futuro de la actividad. McCarthy fundó el Stanford Artificial Intelligence Project. Herbert Simon (futuro premio Nobel de Economía) predijo que las "máquinas serían capaces, en un plazo de veinte años, de hacer cualquier trabajo que un hombre pudiera hacer." Marvin Minsky, por su parte, predijo poco después que "dentro de una generación [...] los problemas de crear 'inteligencia artificial' estarían en gran parte resueltos."[27] Aunque en parte acertaron y en parte no —para eso se hacen predicciones, para remecer el presente antes que para determinar el futuro— qué duda cabe de que el impacto se produjo, quizá con una magnitud mayor que la esperada.

Por lo pronto, sostiene Mitchell, las aguas se dividieron en los diversos cauces por los cuales hasta hoy nos aproximamos al fenómeno. De un lado estaban los defensores de las posturas matemáticas, del otro los partidarios del uso de las probabilidades y los datos. A ellos cabía agregar los que estaban a favor de explorar el cerebro humano para extraer de él los mecanismos de producción de inteligencia. Dado que, en la actualidad, escribe Michell, estas tres escuelas de pensamiento subsisten, se dice que todas ellas constituyen ni más ni menos que una "anarquía de métodos."[28]

El paradigma dominante en la actualidad, no obstante, ha pasado a ser el llamado *deep learning* o aprendizaje profundo (otra forma de IA o, para Shane, de aprendizaje de máquina). Desde 2010 en adelante esta familia de métodos de IA se ha vuelto el ícono de la industria. Para muchos, la IA y el *deep learning* son lo mismo, aunque como sostiene Mitchell este último es solo un subcampo del aprendizaje de máquinas que a su vez lo es de la IA. La misma autora nos propone dejar de observar estas jerarquías y centrarnos mejor en dos paradigmas que a su juicio son más esenciales, el de la IA simbólica y el de la IA subsimbólica.

Un programa de IA simbólica es aquel que se basa en palabras y reglas. Las palabras y frases que se construyen con ellas conforman

[27] Melanie Mitchell, Artificial Intelligence, *ob. cit.*, pp. 4-5.

[28] Melanie Mitchell, Artificial Intelligence, *ob. cit.*, p. 8.

el aparato simbólico (deuda que, en palabras de Berlinski, mantenemos con Leibniz), que a su vez es procesado por ciertas reglas que hacen que se ejecute la tarea asignada. Esta escuela mezclaba tanto la perspectiva matemática como la de los procesos de pensamiento consciente.[29]

Figura 6. Frank Rosenblatt trabajando en un precursor del Perceptrón, un aparato llamado "computadora de análisis de perfil electrónico," que el joven investigador desarrolló como alumno de pregrado en Cornell.[30]

El programa de IA subsimbólica, por su parte, se inspiraba en los desarrollos más recientes de la neurociencia y los procesos de pensamiento del inconsciente. Esta clase de programas aprenden de los mismos datos el modo de resolver un problema o ejecutar una tarea. En sí mismos, señala Mitchell, se trata de enjambres de ecuaciones que interpretan operaciones basadas ciertamente en números. Este, ni más ni menos, es el origen de las redes neuronales actuales. Su primer atisbo fue un esquema inspirado en el funcionamiento neuronal. Una neurona es básicamente un cuerpo alargado que de un lado recibe un estímulo (*input*) y del otro dispara o no dispara una señal (*output*), lo que dependerá de la fuerza del estímulo. El que decide finalmente

[29] Ibid., p. 9.

[30] Division of Rare and Manuscript Collections, Cornell University Library; en Melanie Lefkowitz; Cornell Chronicle; 25/9/2019; Professor's perceptron paved the way for AI – 60 years too soon; https://news.cornell.edu/stories/2019/09/professors-perceptron-paved-way-ai-60-years-too-soon.

es el soma o cerebro de la neurona. El soma determina si el *input* con información es lo suficientemente importante como para transmitirlo a la neurona siguiente. Inspirado en este descubrimiento, Frank Rosenblatt diseñó un algoritmo en 1957, al que llamó Perceptrón. En el caso más simple se trataba de una única neurona que recibía varios *inputs*. La neurona recogía esos *inputs* (x) y los multiplicaba por un valor que el programador había determinado (w).[31] Por ejemplo, si usted quería decidir el sitio al que saldría de vacaciones el próximo verano, era probable que asignara más importancia a la cercanía del lugar que al hecho de que tuviera una playa a donde ir o de que hiciera buen tiempo durante su estadía. En tal caso, la distancia o cercanía pesaría más que la playa y el tiempo. En seguida, el perceptrón tomaba el valor que se obtenía al operar y lo comparaba con un umbral de activación (es decir, un número) definido también por el programador. Si el valor era mayor que el umbral, entonces el perceptrón le decía que concurriera, digamos, al lugar A. Solo eso. Si era menor, le decía que era mejor no hacerlo. Esto es importante tenerlo en cuenta, el perceptrón decía únicamente sí o no (0 o 1). Por tanto, lo que usted hacía era plantear una pregunta: ¿vale la pena que concurra al lugar A? Luego, solo cabía esperar una sola entre dos respuestas: sí o no.

Ahora bien, dado que era posible unir esta única neurona a otras similares, entonces era igualmente posible crear una red de neuronas conectadas las unas con las otras. Los perceptrones, por tanto, en palabras del profesor Nayar, son universales de la computación, esto es, equivalen en la teoría a lo que en la práctica son los portales lógicos digitales que encontramos en nuestros aparatos electrónicos. "No importa qué tan complejo sea el circuito lógico digital que usted me dé," dice el profesor Nayar; al estar "construido por una variedad de diferentes puertas, puede ser implementado por una red de perceptrones,"[32] como los que hemos visto hasta aquí. Un único perceptrón, en consecuencia, es un clasificador lineal, es decir, una línea recta sobre un plano de coordenadas cartesianas que separa a dicho plano en dos partes (a saber: cero y uno). La idea fundamental que hay detrás de esto es la conformación de un tejido de perceptrones que, llevado al extremo, imitan el funcionamiento

---

[31] Las x representan a las variables, las w representan los pesos que les asignamos (de *weight*, en inglés). Véase la Figura 7.

[32] Shree K. Nayar, *ob. cit.*

neuronal del cerebro. En el esquema que hemos presentado, el sesgo (*b*) era un número que disponía por sí solo el programador humano, pero Rosenblatt propuso que no tenía por qué ocurrir así. El mismo perceptrón debería aprender a hacerlo sobre la base de recompensas y castigos (en buenas cuentas, números más grandes, números más chicos) a la manera conductista. Para ello, bastaba con entrenarlo por medio de ejemplos. A esta modalidad se le llamó aprendizaje supervisado (*supervised learning*) y, ciertamente, es uno de los pilares de la IA en la actualidad. La idea original del entrenamiento consistía básicamente en hacer ver al perceptrón lo que deseamos que aprenda para en seguida ponerlo a prueba. En consecuencia, se dividían los datos disponibles en set de entrenamiento (*training set*) y set de prueba (*test set*). En palabras de Mitchell, "[l]a contribución más importante de Frank Rosenblatt a la IA fue el diseño de un algoritmo específico, llamado algoritmo de aprendizaje del perceptrón, por medio del cual el perceptrón podía ser entrenado a base de ejemplos para [que fuera capaz] de determinar [por sí solo] los pesos y umbrales que producirían las respuestas correctas."[33]

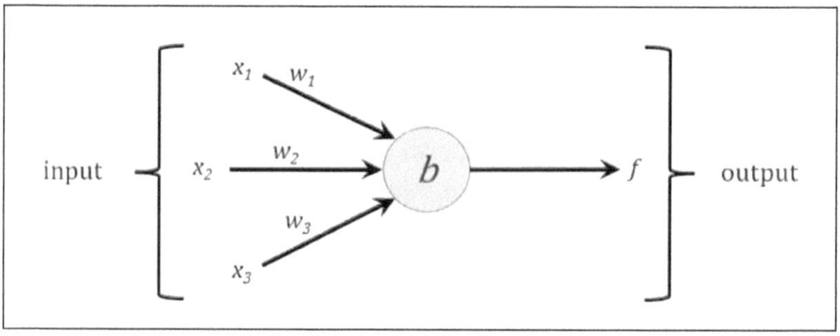

Figura 7. Idea básica del perceptrón.[34] Las variables x_1, x_2, y x_3 representan a cada uno de los parámetros que hemos escogido para decidir dónde vacacionar (distancia al lugar, playa o no playa, tiempo atmosférico); w_1, w_2, y w_3 representan los pesos (*weights*) o importancia que asignamos a cada uno de ellos. La letra "*b*" representa el umbral o sesgo (*bias*, en inglés). "*f*" representa la función de activación o decisión (0 o 1). Así, si la suma de los $x \times w$ es menor o igual a cero, la respuesta es cero. Si es mayor, la respuesta es uno.

[33] Melanie Mitchell, Artificial Intelligence, *ob. cit.*, p. 19.

[34] Puede verse una breve sesión explicatoria por el profesor Shree K. Nayar, Perceptron | Neural Networks, YouTube, 10/6/2021, en https://www.youtube.com/watch?v=OFbnpY_k7js, de donde hemos tomado el diagrama.

Así estábamos en 1957, y así estuvimos hasta 1969, año en que Minsky y Seymour Papert publican *Perceptron*, que es tanto una crítica a las limitaciones del modelo de Rosenblatt como una sugerencia completamente nueva para mejorarlo, a saber: incorporar capas intermedias de neuronas simuladas.[35] De esta manera, proponían ellos, el perceptrón quedaría en condiciones de resolver problemas más amplios y variados. Un perceptrón con una capa intermedia incorporada al tejido pasó a denominarse red neuronal multicapa (*multilayer neural network*). No podría exagerarse la importancia de esta idea, puesto que forma la base de la moderna inteligencia artificial.

En resumen, la IA es la manera que tenemos de llamar a los procesos que, al ser realizados por máquinas, dan lugar a soluciones inteligentes, es decir, aquellas a las que, eventualmente y de haber tenido el tiempo suficiente, también habríamos llegado nosotros, ya fuera para resolver una ecuación, establecer una distribución de probabilidad o aventurar los gustos y preferencias de la gente. Para ello las máquinas debían ser entrenadas. Si bien los humanos aprenden por haber sido instruidos, en ocasiones aprenden sin haberlo sido. Cuando un niño ve un pájaro negro y le dicen que es un cuervo, lo entiende perfectamente; luego, cuando ve un pájaro marrón, aun cuando sabe que no es un cuervo, sabe que sigue siendo un pájaro. El caso de la máquina es distinto, pues ella debe ser entrenada con millones de ejemplares de pájaros —que no se demora demasiado en "ver"—, para que finalmente pueda reconocerlos (con mayor o menor certeza), aun cuando no tengan sus alas desplegadas o no sean ni negros ni marrones. Los avances de los que hemos venido hablando han permitido que este aprendizaje lo realicen ellas solas. Esto es el *machine learning*, nada más y nada menos que la posibilidad de implementar inteligencia artificial, "típicamente en software, para que [la máquina] pueda aprender y evolucionar de forma autónoma."[36] En definitiva, los mecanismos para llevar esto a cabo son tres:

---

[35] Se dice simuladas porque lo son digitalmente, no de manera analógica, como sería si utilizáramos, por ejemplo, cables de cobre y ampolletas.

[36] Alfonso Muñoz, *Seguridad ofensiva en machine learning. Atacando y defendiendo organizaciones con prompt engineering*. Amazon, Independently published, 2023, p. 11.

- Aprendizaje supervisado: es aquel que se realiza con datos etiquetados (*labeled data*). La etiqueta se refiere al contexto del dato (propiedades, características, elementos diferenciadores en general) y al conjunto en el que cabe insertarlo como, por ejemplo, correo electrónico *spam*, llamadas telefónicas no deseadas, sitios web con contenido malicioso. La presencia del humano, por tanto, es fundamental, pues no solo etiqueta, sino que además entrena a la máquina para que sepa, por ejemplo, que la lluvia o una determinada "hora punta" demoran el tiempo de traslado de la oficina al hogar.[37]
- Aprendizaje no supervisado: es el que tiene lugar cuando los mismos algoritmos agrupan los datos a la entrada (*input*). Aquí no hay intervención humana. Un ejemplo es el *data mining* o minería de datos, técnica que consiste en descubrir relaciones no triviales entre objetos, de manera que al hacerlo se revelen aspectos de la realidad que de otro modo pasarían desapercibidos. El ejemplo clásico lo constituye la venta de pañales y cervezas en un supermercado. Las máquinas descubren que existe una relación de dependencia entre ambos artículos (cuando se compra uno, suele comprarse el otro). Luego de analizar decenas de miles de transacciones el algoritmo descubre esta relación y la entrega como resultado. La supervisión, en este caso, se produce a la salida (*output*) pues es el humano el encargado de validarla.
- Aprendizaje por refuerzo: este es uno de los tipos de aprendizaje más conocidos por cuanto es la técnica que se usó para establecer la victoria de AlphaGo sobre Lee Sedol en el juego del Go (2016). Consiste en la búsqueda constante de rutas o caminos no penalizados para alcanzar una meta. Luego de cada movimiento, el algoritmo recibe retroalimentación (recompensa o castigo), de modo que cada *output* es como un nuevo comienzo que le permite saber si lo que hizo

---

[37] Julianna Delua, Supervised vs. Unsupervised Learning: What's the Difference?, IBM Blog, 12/3/2021, en https://www.ibm.com/blog/supervised-vs-unsupervised-learning/

estuvo bien, mal, o resultó neutro. El aprendizaje es de tipo autónomo, basado en el ensayo y el error, y autodidacta.[38,39]

Es fácil ver que, en el caso del aprendizaje supervisado, el operador sabe qué es lo que puede esperar. En el segundo, no. Aquí el supervisor espera una revelación, algo que aun estando contenido en los datos, no es posible apreciarlo a simple vista. Por último, en el aprendizaje por refuerzo el operador asigna una tarea y espera un resultado óptimo. Más adelante veremos algunas de estas técnicas con mayor detenimiento.

*

En resumen, hacia la década de 2010 va a saltar al estrellato el aprendizaje profundo o *deep learning* como un nuevo paradigma[40] o modalidad de red neuronal. En él se darán cita dos elementos esenciales: el primero es el uso de muchas capas intermedias, ya no solo una como propusieron Minsky y Papert. Estas capas intermedias serán conocidas como capas ocultas (*hidden layers*), y quedarán insertadas entre el *input* y el *output*. El segundo de estos elementos es el uso de una enorme cantidad de ejemplos (imágenes, sonidos), provenientes de —el lector ya lo habrá adivinado— la enorme cantidad de datos que la internet generó y acumuló en sus primeros años de vida. Nos referimos al *big data*.

El *big data* era una especie de rémora o desecho con el que nadie sabía muy bien qué hacer. Circulaban y se acumulaban estos archivos con datos a una tasa exponencial y resultaba urgente deshacerse de ellos. Pero entonces, ¿por qué no aprovecharlos?

Decíamos antes que, para entrenar a un conductor autónomo, incluso los algoritmos de conducción más sofisticados requieren de millones de kilómetros de entrenamiento real y simulado, y añadíamos que no pasa lo mismo con el conductor humano. De manera similar, un niño de nueve años que ve una vaca por primera vez en su vida, pastando en el campo, podrá reconocerla sin dificultad si

---

[38] Alfonso Muñoz, *ob. cit.*, p. 12.

[39] Reinforcement learning, Geeks for Geeks, 18/4/2023, en https://www.geeksforgeeks.org/what-is-reinforcement-learning/.

[40] Usamos la palabra "paradigma" en su sentido más original de "ejemplo," o "modelo."

previamente la ha visto en un libro o dibujada en la escuela. Con la IA no es tan fácil. El hecho de que vea decenas de millones de imágenes de vacas no es garantía de que no la confundirá con una loma o con el pastizal sobre el que ella se alza. Como veremos más adelante, no es que la IA no sepa dónde hay una vaca, lo que no sabe es que no se requiere de una loma o de pastizales para que haya una. Un niño sabe que una vaca en un corral, en el interior de un camión, en una feria, o pastando en el campo, es siempre una vaca con independencia del entorno. La IA no lo sabe. Se le debe enseñar. Pero, aun así, es fácil que nos haga creer que finalmente aprendió. Hablaremos de esto más adelante. Por lo pronto hagámonos a la idea de que el aprendizaje profundo se produce por acción no de una sino de varias capas ocultas de neuronas simuladas, situadas entre el *input* y el *output*. Ahora, este espesor de capas es lo que da lugar a la expresión "profunda," que nada tiene que ver, escribe Mitchell, con la sofisticación o elegancia, en último término, del proceso que la red ejerce sobre la información que recibe. Es profunda porque tiene muchas capas entremedio, punto.

Cabe mencionar que gran parte del desarrollo de este aprendizaje profundo se debe a los avances en neurociencia. En efecto, los especialistas de la IA han buscado imitar el funcionamiento del cerebro para que las máquinas piensen como humanos. El problema es que pese a conocer los componentes cerebrales de los que surge el pensamiento, no se ha llegado a saber muy bien cómo es que este se produce y, ni que decir tiene, la conciencia. Es por ello que este juego de la imitación ha tendido a producir junto con sus extraordinarios aciertos, toda clase de errores y meteduras de pata entre los cuales, los más graves quizá, sean los de índole cultural.

La IA es el producto de una capacidad de procesamiento impensable para un ser humano. El punto es que esta misma capacidad no es —ni lo ha sido hasta ahora— equivalente a la de pensar del modo en que lo hacen los humanos. Es más rápida que los humanos en encontrar atajos y en recibir información del satélite, por decirlo de algún modo. Pero aunque es eficiente, no sabe prestar atención a los detalles. Janelle Shane, en su búsqueda incansable por "domesticar" la IA, se ha esforzado en hacerla escribir la primera línea de una novela, reconocer un cordero, o escribir una receta de cocina. Como resultado de todos estos intentos, algunos exitosos, otros no, ha llegado a las siguientes conclusiones:

- El peligro de la IA no es que sea demasiado inteligente, sino que no lo sea en grado suficiente.
- La IA tiene aproximadamente el poder cerebral de un gusano.[41]
- La IA no entiende realmente el problema que tú quieres que te resuelva.
- PERO: la IA hace *exactamente* lo que tú le dices que haga. O al menos lo intenta.
- Por último, la IA siempre escogerá el camino más corto.[42]

Es seguro que cuando McCarthy acuñó el término inteligencia artificial no sabía en el embrollo en que nos estaba metiendo. Cuando pensamos en inteligencia, muy probablemente pensamos en una entidad modular que sopesa pros y contras y se inclina por uno u otro curso de acción según lo que mejor convenga a determinado objeto. Pero hay un obstáculo, un peso que bloquea la escotilla de este módulo pensante y no le permite salir. Puja por salir, pero no puede. Ese peso que obstaculiza el canal, lo constituyen las emociones. Ellas vendrían siendo algo así como esos espejos en que lucimos o muy gordos o muy delgados, pero nunca como realmente somos (si es que somos realmente). Ellas, las emociones, traicionan o sesgan nuestro entendimiento, ese magnífico misil de crucero que rara vez (según nos gusta creer) se pierde camino del blanco.

Entonces, pongamos en cuarentena esas inútiles emociones y exploremos los mecanismos de ese fantástico pabellón renacentista que es la inteligencia pura; quién sabe, quizá con eso logremos levantar la niebla que ofusca y oculta los pormenores —como proponía Clausewitz— de la guerra. Las emociones serían de este modo el torniquete que impide el libre fluir de las ideas desde la razón, de modo que solo nos es dado atisbarlas o atender a sus lejanas resonancias por medio de gruesos y a menudo ominosos cascarones. Esta es la causa de que la figura del votante racional, por ejemplo, no sea más que un mito.[43] ¿Es posible entonces crear una máquina que no

---

[41] No es solo Shane quien lo dice. Esta expresión es recurrente en la bibliografía relativa al tema.

[42] Janelle Shane, *ob. cit.*, p. 5 (cursivas en el original).

[43] Es probable, especulamos nosotros, que algún día nos gobiernen las máquinas y no haya más representantes como los de hoy, y los políticos se extingan por

deba arrastrar este pesado manto por el suelo? ¿Una máquina que pueda declararse libre de las molestas emociones?

> Lo que debemos tener presente, lo más importante a la hora de pensar acerca de la inteligencia de máquinas es la división cerebral [...] la del cerebro viejo, versus la del nuevo. [...] Las partes más antiguas del cerebro controlan las funciones básicas de la vida. Ellas crean nuestras emociones, nuestros deseos de sobrevivir y procrear, y nuestras conductas innatas. Al crear máquinas inteligentes, no hay razón para replicar todas y cada una de las funciones del cerebro humano. El cerebro nuevo, la neocorteza, es el órgano de la inteligencia, de modo que las máquinas inteligentes necesitan algo equivalente. Cuando se trata del resto del cerebro, podemos escoger qué partes deseamos y cuáles no.[44]

La visión dicotómica de la mente no solo es milenaria, sino que además sumamente tentadora. Para los antiguos griegos la mente consistía en dos fuerzas en competencia, una era fría, lógica y racional, mientas que la otra era ferviente, apasionada e impulsiva. Por miles de años estas fuerzas (lo lógico y lo pasional) se fueron asentando en forma de ideas, hasta que se hicieron una sola madeja compuesta de hebras del mismo color. La división entre mente racional y no racional se volvió uno de los grandes temas de la cultura occidental.[45] Se trata para todos los efectos de una verdad tópica sin vuelta atrás. Hagamos a un lado las emociones, nos decimos, y dejemos que la inteligencia decida, escoja, pondere. ¿Es posible construir esa inteligencia a la manera determinista de Laplace?

No. "Las emociones afectan el pensamiento: nuestro estado emocional influencia nuestros cálculos mentales tanto como los

---

ineficientes y retorcidos. Pero es probable también que el que desaparezca sea el votante, y a su turno sean las máquinas las que escojan a nuestros gobernantes, obligándolos a no contradecirse ni a ofrecer lo que no está permitido. Véase, en este sentido, una interesante reflexión sobre el tema del profesor chileno César Hidalgo, en TED Talks, abril de 2018, A bold idea to replace politicians, en https://www.ted.com/talks/cesar_hidalgo_a_bold_idea_to_replace_politicians

44 Jeff Hawkins, *A Thousand Brains. A New Theory of Intelligence.* New York, Basic Books, 2021, p. 146.

45 Leonard Mlodinow, *Emotional. How Feelings Shape Our Thinking.* New York, Pantheon Books, 2022, pp. xii-xiii y 17.

datos objetivos o circunstancias que observamos."[46] Por lo tanto, la pretensión de construir una IA liberada del peso de las emociones va a cabalgar como un caballo cojo. Son las emociones las que vinculan a los humanos, unos con otros. Las emociones son el agente ligante de y entre las personas, ellas hacen posibles las comunidades, la ayuda y la protección mutua ante amenazas. Sin embargo, como hemos venido diciendo, existe el hecho cierto de que podemos extraer la estructura lógica del pensamiento y ponerla sobre el papel, libre de "impurezas." Sin embargo, hay dos problemas que trataremos a su debido tiempo pero que cabe anticipar aquí: 1) los seres humanos no siempre hacemos lo que nos conviene;[47] y 2) las máquinas no interactúan libremente con otras máquinas, entremedio estamos nosotros.[48] Si a esto agregamos el material inconsciente que subyace a nuestros procesos mentales conscientes, es evidente que al interactuar con máquinas lógicas vamos a tener problemas. Ellas son solo lógicas, nosotros tenemos corazón y entrañas. La temperatura, el hambre, los colores, el tiempo atmosférico, entre muchos otros elementos del entorno, afectan nuestras decisiones. "La evolución nos ha dotado de una mente inconsciente porque el inconsciente es lo que nos permite sobrevivir en un mundo que nos exige procesar un enorme caudal de información. La percepción sensorial [...], las decisiones y juicios de cada día, todo eso parece que lo hagamos sin esfuerzo, pero solo porque el esfuerzo que exigen se realiza mayoritariamente en partes del cerebro que funcionan *fuera* de nuestra conciencia."[49] Fuera, en este caso, significaría no reducible a algoritmo. La mente escoge el material a procesar en la medida en que lo va recibiendo. Si lo procesara todo, escribe Mlodinow, de quien hemos tomado estos fragmentos, se quedaría "colgada" como un computador. Si bien hay herramientas de IA que escogen el material a procesar, lo hacen de un modo artificial, esto es, sobre la base de una intención

---

46 Ibid., p. 7.

47 Véanse, *inter alia*, Daniel Kahneman, *Pensar rápido, pensar despacio*. Buenos Aires, Debate, 2012; Robert Sapolsky, *Behave*. New York, Penguin Press, 2017 (trad. castellana en Sapolsky, *Compórtate*. Madrid, Capitán Swing, 2019).

48 Véanse al final del libro nuestras lecturas recomendadas.

49 Leonard Mlodinow, *Subliminal. Cómo tu inconsciente gobierna tu pensamiento*. Barcelona, Planeta, 2013, p. 45 (las cursivas son nuestras).

explícita proveniente del diseñador (antes que del camino, dependemos del caminante).

Como veremos, el hecho de haber creado motores lógicos evidenció carencias emocionales en las que no se había reparado. Cuando Deep Blue derrotó a Garry Kasparov en la última y definitiva partida de ajedrez, los programadores de IBM saltaron de alegría y se abrazaron. ¿Y a la computadora? ¿Alguien la vio estremecerse y llorar?

Como sea, de cara a esta realidad, la frase de Janelle Shane cobra pleno sentido cuando nos dice que la AI no entiende realmente el problema que tú quieres que te resuelva. Es esto lo que da lugar a lo que Brian Christian denominó el problema del alineamiento, a saber, el desencuentro que se produce entre la IA (aprendizaje de máquina lo llama Christian) y nuestros valores humanos. "Cómo prevenir esa divergencia catastrófica, cómo asegurar que estos modelos capturan nuestras normas y valores, entienden lo que queremos o intentamos decir, y sobre todo, hacen lo que deseamos que hagan, esta es una de las preguntas científicas más esenciales y urgentes en el campo de la ciencia computacional. Y tiene un nombre: el problema del alineamiento."[50]

Definitivamente existe un desajuste entre lo que se programa y lo que resulta. Las computadoras no lloran. ¿Deberían poder hacerlo?

*

El concepto de aprendizaje profundo y su enseñanza es más fácil de entender si, como propone Steven Pinker en *Rationality*, le pedimos a una red neuronal que clasifique según sus características de entrada (*input*) a un objeto determinado, esto es, que diga a la salida (*output*) si se trata de un vegetal, una fruta, un dulce, o un trozo de carne. Para que la red aprenda, es decir, para que asigne pesos a las conexiones, se le presentan distintos alimentos, clasificados correctamente por el profesor (un humano). Después, sencillamente compara los pesos aleatorios asignados inicialmente con el *output* propuesto por el profesor, para poco a poco ir anulando las diferencias. El problema se produce cuando se trata de especies con rasgos similares como en el caso de un tomate y una manzana, en el que

---

50 Brian Christian, *The Alignment Problem*. New York, W.W. Norton & Company, 2020, p. 15.

el primero es un vegetal y la segunda una fruta, pero sus patrones son parecidos (son frescos, carnosos, poseen un tallo, son rojos). En este caso se trata de compensar las diferencias (*tradeoff*), algo en extremo complicado para una red de dos capas (*input - output*). Lo que se hace en estos casos es añadir capas ocultas de neuronas entre el *input* y el *output* (*hidden layers*), lo que cambia a la red transformándola, con lo cual deja de operar en plan estímulo-respuesta para desempeñarse con capacidad de representación interna (o conceptual, como sugiere Pinker). Con esto, pueden representarse "categorías intermedias del tipo 'parecido a repollo,' 'frutas saladas,' 'calabazas,' 'verduras,' 'hongos,' 'raíces y tubérculos,' cada uno con un conjunto de pesos de entrada (*input weights*) que le permitirán a la red escoger el estereotipo correspondiente, y [asignar] pesos fuertes (*strong weights*) para 'vegetal' [por ejemplo,] en la capa de salida."

Aparte de hacer que funcionen, el desafío, en este caso, es entrenar a la red, conectando las capas de entrada con las ocultas o intermedias. Y esto es importante: "Dado que las unidades yacen ocultas al ambiente, sus estimaciones no pueden cotejarse con los valores 'correctos' aportados por el profesor [humano]. Pero un avance en la década de 1980, el aprendizaje basado en un algoritmo de retropropagación del error (*error back-propagation learning algorithm*), resolvió el problema. Primero, el desajuste [o error] entre la estimación de cada unidad de *output* y la respuesta correcta se usó para ajustar los pesos de las conexiones desde la capa oculta al *output* (*hidden-to-ouput*) en la capa superior, igual que en las redes más simples [perceptrón]. Luego, la suma de todos estos errores se propagó hacia atrás, a cada unidad oculta, para modificar las conexiones [esta vez] desde el *input* a la capa oculta (*input-to-hidden*) [...] Daba la impresión de que nunca funcionaría, pero con millones de ejemplos de entrenamiento las dos capas de conexiones se asentaron en valores que permiten a la red separar a las ovejas de las cabras. Tan sorprendente como esto es que las unidades ocultas pueden descubrir espontáneamente categorías abstractas como 'hongos' y 'raíces y tubérculos,' si es que esto las fuera a ayudar con la clasificación." Implementa, entonces, cualquier fórmula, por compleja que sea, con tal de que la ayude a realizar el trabajo. Entiéndase: lo hace ella sola.

Conforme los usuarios comenzaban a cargar sus textos e imágenes en la web, las capas intermedias de las redes neuronales experimentaron mejoras notables. Como hemos dicho, primero fue una sola capa (*input* – oculta – *output*), después dos (*input* – oculta – oculta – *output*), luego "quince, incluso mil capas ocultas," entrenadas esta vez con cientos de miles de millones, inclusos billones de ejemplos. Son estos constructos digitales los que han dado lugar a la explosión de IA a la que hemos estado asistiendo. Son ellos, escribe Pinker, los que nos entregan "'los primeros productos al servicio del reconocimiento de voz y de imagen, de las preguntas y respuestas, de la traducción, y de otras hazañas de categoría humana'."[51]

Sin embargo, ha habido un costo: siendo tantas las capas ocultas, es muy difícil si no imposible para un programador humano conocer todas y cada una de las implicaciones que determinarán la "conducta" posterior de la red. El punto crucial radica en que los trabajos internos de la red, como los llama Pinker, son inescrutables para nosotros. "La mayoría de las millones de unidades ocultas no representan ningún concepto coherente del que podamos extraer algún sentido; los científicos computacionales que las entrenan no pueden explicar cómo es que llegan a una respuesta particular. Esta es la razón de que numerosos críticos de la tecnología[52] temen que se les confíen decisiones a los sistemas de IA que afecten el destino de las personas; ellos pueden perpetuar sesgos que eventualmente nadie podrá identificar y erradicar. En 2018, Henry Kissinger advirtió que, dado que los sistemas de aprendizaje profundo no funcionan con proposiciones que podamos examinar y justificar, ellos bien pueden marcar el final de la Ilustración."[53] Pinker calificó el juicio de exagerado. No obstante es un hecho que, como veremos más adelante, muchas de las acusaciones que se endosan a la IA, en particular a sus programadores humanos, no solo son difíciles de justificar, sino que además imposibles de prevenir. El problema de las

---

51 Steven Pinker, *Rationality*. New York, Viking, 2021, pp. 104-107. La última frase es de Max Roser, Twitter, en https://twitter.com/MaxCRoser/Status/919921745464905728?s=20, citado en Pinker, *ob. cit.*

52 Para efectos de este trabajo, utilizamos la expresión "tecnología" en el sentido que le da Kevin Kelly, esto es, para referirnos al conjunto de herramientas, aparatos y sistemas por el que las personas se conectan, interactúan y en definitiva materializan el mundo moderno.

53 Steven Pinker, *Rationality*, *ob. cit.*, p. 107. La cita de Kissinger en How the Enlightenment ends. *The Atlantic*, en https://www.theatlantic.com/magazine/archive/2018/06/henry-kissinger-ai-could-mean-the-end-of-human-history/559124/.

fórmulas predictivas basadas en tasas base de ocurrencia de casos (por ejemplo, para el cálculo de primas de seguro o hipotecas), que ya es de suyo complicado, se agudiza, sugiere Pinker, "ahora que las fórmulas yacen enterradas en redes de aprendizaje profundo con sus indescifrables capas ocultas."[54]

*

Recapitulemos: los algoritmos son el soporte esencial del aprendizaje de máquinas y de la IA. Por su parte, las redes neuronales fueron el paradigma surgido de ese curioso engendro que fuera originalmente el aprendizaje de máquinas, y que acabó por prevalecer sobre todos los demás. Entre estos cabe mencionar el aprendizaje mediante árboles de decisión (*decisión tree learning*), aprendizaje bayesiano (*bayesian learning*), la teoría del aprendizaje computacional (*computational learning theory*), el aprendizaje basado en instancias (*instance-based learning*), el algoritmo genético (*genetic algorithm*), los conjuntos de reglas de aprendizaje (*learning set of rules*), la minería de datos (*data mining*), entre muchos otros. El aprendizaje de máquinas, a comienzos de los años 2000 se concentraba en la "cuestión de cómo construir programas computacionales que mejoraran automáticamente con la experiencia." A todos estos programas posibles se los etiquetó como *machine learning*. Para entonces, se decía que este paradigma descansaba "en conceptos y resultados provenientes de diversos campos, incluyendo las estadísticas, la inteligencia artificial, la filosofía, la teoría de la información, la biología, las ciencias cognitivas, la complejidad computacional, y las teorías del control [de procesos]."[55] Lo importante era conseguir que aprendieran sin tener que enseñarlas, que aprendieran solas. Recuérdese que todo esto es anterior a la revolución del *big data*.

Salta a la vista entonces que la posibilidad del aprendizaje automático era el asunto clave en la búsqueda de una máquina que verdaderamente aprendiera sola. Vimos que el recurso de los ejemplos (que el programa viera un millón de mariposas para que las distinguiera de moscas o palomas) dio lugar al aprendizaje supervisado

---

54 Steven Pinker, *Rationality*, *ob. cit.*, p. 165.

55 Tom M. Mitchell, *Machine Learning*. U. S., The McGraw-Hill Company, 1997, p. xv.

(*supervised learning*). La meta, no obstante, como el horizonte, se corría a medida que los investigadores avanzaban. En el aprendizaje no supervisado (*unsupervised learning*), que es la etapa posterior, digamos, al perceptrón, se proveía al computador de un conjunto de datos de entrenamiento, pero sin acompañar estos datos de posibles soluciones, es decir, el algoritmo actuaba *a priori*.[56] Al haber recibido una enorme cantidad de datos, "se le pedía que les dieran sentido, que encontrara patrones, regularidades, modos útiles de condensarlos o representarlos o visualizarlos."[57] Resulta claro que esta última modalidad de aprendizaje era la deseable, el fin último de la búsqueda. Los humanos sobresalen en esto. Agrupar imágenes o datos según su semejanza no es algo que les resulte complicado.

Figura 8. Tarea en que se pide clasificar "animal" versus "no animal."

La tarea planteada es sencilla para un humano, incluso para uno de corta edad. No podemos decir lo mismo para el caso del aprendizaje no supervisado. "El mismo Yann LeCun reconoce que 'el aprendizaje no supervisado es la materia oscura de la IA'. En otras palabras, para la IA general, casi todo el aprendizaje tendría que ser no supervisado, pero nadie ha dado todavía con los tipos de algoritmos necesarios para realizar aprendizajes no supervisados exitosos."[58]

El aprendizaje por refuerzo (*reinforcement learning*) opera de manera similar a como lo hace el condicionamiento operante (*operant conditioning*) en el caso de la psicología. En él, un aprendiz recibe recompensas o castigos dependiendo de su conducta, con

56 Panos Louridas, *ob. cit.*, p. 194.

57 Brian Christian, *ob. cit.*, p. 11.

58 Melanie Mitchell, *ob. cit.*, p. 119. Yan LeCun es un destacado científico computacional francés.

lo cual asocia los refuerzos y los castigos con su manera de actuar. La periodista Amy Sutherland llevó a cabo la experiencia ya fuera recompensando o ignorando las conductas de su marido que le producían molestia, como dejar tirados los calcetines, presentarse tarde a cenar, perder las llaves, o no afeitarse con regularidad.[59] Aparentemente el recurso dio resultado. El condicionamiento operante se ha usado por siglos, escribe Mitchell, en animales y humanos. Más aún, "[e]l condicionamiento operante inspiró," agrega, "una importante aproximación de aprendizaje de máquina llamada aprendizaje por refuerzo. [Esta] se diferencia del método de aprendizaje supervisado [...]: en su forma más pura, el aprendizaje por refuerzo no requiere de ejemplos para el entrenamiento. En vez de eso, un *agente* —el programa de aprendizaje— realiza determinadas *acciones* en un *ambiente* (como una simulación computacional) y de vez en cuando recibe *recompensas* que provienen de ese mismo entorno. Estas recompensas, que son intermitentes, son el único *loop* de realimentación que tiene el agente para aprender. En el caso del esposo de Amy Sutherland, las recompensas fueron sus besos y palabras de aliento. Si bien un computador no podría responder a un beso o a un aliciente como 'eres el mejor,' se puede hacer que responda a un estímulo equivalente a una apreciación como esa, tal como la suma de números positivos que se añaden a su memoria."[60]

El método de aprendizaje por refuerzo alcanzó su momento de gloria cuando derrotó a sus oponentes humanos en el difícil y complicado juego del Go (2016). Este paradigma en particular, también conocido como *Q-learning*, es una variante del aprendizaje profundo y opera, a diferencia de las redes neuronales, distribuida en un arreglo llamado *Q-table*, en el que, como hemos visto, un agente realiza acciones, que a su vez resultan en valores, que son los que dicen qué tan buena fue esa acción, y estados que van reflejando la posición actual del agente en un ambiente dado. Ha resultado ser tremendamente exitosa, especialmente tras su hazaña en el juego del Go. A la larga, dio la impresión de que desplazaría del foco a las

---

59 Amy Sutherland, What Shamu Taught Me About a Happy Marriage. *The New York Times*, 17/10/2019, en https://www.nytimes.com/2019/10/11/style/modern-love-what-shamu-taught-me-happy-marriage.html, en Melanie Mitchell, *Artificial Intelligence*, *ob. cit.*, p. 161.

60 Melanie Mitchell, *Artificial Intelligence*, *ob. cit.*, pp. 161-162 (cursivas en el original).

redes neuronales, pese a sus limitaciones. Aun así, en la actualidad se busca el modo de expandir sus posibilidades, haciendo que actúe en problemas más variados, que vayan más allá de los del juego del Go y otros similares.

Importa anotar, por lo mismo, que lo que realmente desean los científicos computacionales en general, no es tanto hacer jugar a estos algoritmos o que realicen proezas robóticas. Lo que se busca en todo el sentido de la expresión es la inteligencia artificial general o fuerte (*artificial general intelligence*) que, en pocas palabras, es la que podría sustituir a un ser humano por el hecho de estar en condiciones, eventualmente, de realizar cualquier tarea que este quisiera emprender. "Los juegos son solo una plataforma de desarrollo [...] Es el modo más rápido para desarrollar esos algoritmos de IA y ponerlos a prueba, pero lo que en sí requerimos es emplearlos en problemas del mundo real e impactar en asuntos como la salud y la ciencia. El punto es que la IA fuerte aprenda a hacer cosas basada en su propia experiencia y en sus propios datos."[61]

Aquí radica la tarea, ni más ni menos. Por el momento, como se ha podido ver, sus hazañas se han venido dando en campos específicos, no del todo generalizables, como jugar al Go, pasear en su automóvil, o reconocer rostros de famosos en la calle. Por ahora, una persona común y corriente puede jugar al Go, bajarse de su automóvil, y reconocer el rostro de un famoso en la calle. La IA, en su estado actual, no puede hacer eso. Por lo tanto, las dos preguntas que nos debiéramos plantear son, de un lado, ¿habrá alguna vez IA fuerte?, y del otro, ¿cuándo ocurrirá?

La respuesta a estas preguntas nadie las conoce, pero sabemos lo que se dice cuando se las formula. Y lo que se dice son básicamente tres cosas: 1) sí, habrá IA fuerte, y será muy pronto, en las próximas décadas; 2) sí que habrá IA fuerte, estoy de acuerdo, pero lo veremos recién en el próximo siglo; 3) es probable, pero no sabemos cuándo sucederá.

Aunque profundizaremos en esto más adelante, vale la pena que nos detengamos a discutirlo un momento.

---

[61] Phil Iwaniuk, A conversation with Demis Hassabis, the Bullfrog AI prodigy now finding solutions to the world's big problems, PCGamesN, 15/7/2016, en https://www.pcgamesn.com/demis-hassabis-interview, citado en Melanie Mitchell, *Artificial Intelligence*, *ob. cit.*, p. 209.

¿Por qué tanta discrepancia entre personajes como Ray Kurtzweil, Max Tegmark o el filósofo Hubert Dreyfus? ¿Se trata solo de entusiasmo, más en unos que en otros?

Pensamos que la respuesta radica en el hecho de que algunas de las proezas que la IA realizó, desde los juegos como el ajedrez, el Go y *Jeopardy!*, hasta los diagnósticos médicos, resultaban impensables *antes* de que sucedieran. Pero sucedieron. Luego, se ha extrapolado este límite hasta el extremo de afirmar que todo es posible dado que —discúlpesenos la perogrullada— más de una vez lo imposible ya sucedió.

Se trata, a todas luces, de una discusión que se prolongará sin término, como todas las que la precedieron, a medida que nuevos —e inesperados— desarrollos y avances se presenten. Dicho de otro modo, si bien es probable que la IA fuerte nunca llegue a ser una realidad, es un hecho que la discusión sobre sus posibilidades no acabará jamás.

Si seguimos a Hubert Dreyfus podríamos afirmar que la IA será cada vez mejor en campos cada vez más puntuales y específicos, y no en otros más amplios como los de vivir el día a día de un sujeto humano (IA fuerte). Habrá —en algunos casos ya existe— IA para elaborar guiones teatrales, absorber plásticos, purificar las aguas o, como decíamos más arriba, multiplicar los panes. Pero la IA fuerte o general, se volverá, en aras de lo mismo, cada vez más distante. Marvin Minsky definía la IA como la ciencia de construir máquinas que hicieran cosas que requerirían inteligencia si las hicieran humanos.[62] Para Dreyfus, en cambio, el conocimiento humano era tácito, es decir, no reducible a algoritmo. No por nada en el epígrafe de su célebre What computers still can't do, citaba un párrafo tomado de los *Pensamientos* de Pascal, que sin duda venía a cuento:

> Lo que hace, pues, que ciertos espíritus finos no sean geómetras es el que no puedan en manera alguna volverse hacia los principios de la geometría; pero lo que hace que los geómetras no sean finos es que no ven lo que tienen delante, y que acostumbrados a los principios perfilados y globales de la

[62] J. David Bolter, *Turing's Man: Western Culture in the Computer Age*. U. S., The University of North Carolina Press, 1984, citado en Ragnar Fjelland, Why general artificial intelligence will not be realized. *Humanit Soc Sci Commun,* 7(10), 2020, p. 1, en https://doi.org/10.1057/s41599-020-0494-4

> geometría, y a no razonar sino después de haber visto bien y manejado sus principios, se pierden en las cosas de finura, en que los principios no se dejan manejar de esta suerte. [Estos principios] son cosas tan delicadas y numerosas, que es menester un sentido muy delicado y agudo para sentirlas, y juzgar derecha y justamente de acuerdo con este sentimiento, sin que las más de las veces sea posible demostrarlas por orden como en geometría, porque no es así como se poseen los principios de ella, y sería una faena infinita el intentarlo. Es preciso ver súbitamente la cosa en un solo golpe de vista, y no con un razonamiento progresivo, por lo menos en una cierta medida [...] los geómetras quieren tratar geométricamente estas cosas finas, y resultan ridículos, [la mente] lo hace tácitamente, naturalmente, y sin reglas, porque su expresión excede a todos los hombres y su sentimiento no pertenece sino a pocos.[63]

Los espíritus finos en esta cita de Pascal corresponden a la mente intuitiva, mientras que los geómetras poseen el tipo de mente matemática, esa que necesita del plano para no perderse. La mente intuitiva, dice Pascal, actúa tácitamente, sin reglas. He aquí la dificultad.[64] Dicho de otro modo, he aquí la deferencia entre experimentar emociones y no.

El campo de estudio original de Dreyfus abarcaba a filósofos como Wittgenstein y Heidegger, "quienes enfatizaban la importancia del cuerpo humano y la actividad práctica como elementos básicos si se las comparaba con el mundo de la ciencia. Por ejemplo, Heidegger argüía que solo llegamos a hacernos una idea de una silla o un martillo porque pertenecíamos a una cultura en la que crecíamos manejando estos objetos."[65] O sea, reconocíamos el objeto, la silla o el martillo, con solo verlo, no era necesaria una definición, como sugería Pascal, ni nada parecido para reconocer lo que fuera que buscáramos en el *kit* de herramientas. Una vez que has visto uno los has visto todos. Con la IA, sugería Dreyfus, no ocurría lo mismo: "Para la época en que

---

63 Hemos seguido la traducción de Blaise Pascal, *Pensamientos*, Biblioteca virtual Miguel de Cervantes, en https://www.cervantesvirtual.com/obra-visor/pensamientos--1/html/ff08eee4-82b1-11df-acc7-002185ce6064_2.html

64 La escena final de *La guerra de las galaxias* (episodio IV) en que Luke Skywalker escucha la voz de Obi-Wan Kenobi diciéndole que confíe en la Fuerza y no en el aparato de puntería de su nave, refrenda a Pascal.

65 Ragnar Fjelland, *ob. cit.*, p. 2.

se publicó la segunda edición [de *What Computers Still Can't Do*] el problema de representar el problema holístico," en el sentido en que lo planteaba Pascal, a saber: "Es preciso ver súbitamente la cosa de un solo golpe de vista [...]" (véase la cita más arriba), "estaba empezando a ser percibido por los investigadores de IA como un serio obstáculo." Representar el sentido común, planteaba Dreyfus, no era reducible a mero conocimiento —a algoritmo, decimos nosotros—; antes bien, lo que utilizamos al tratar con personas o cosas es una especie de *know-how*. El problema era transmitir este *know-how* como conocimiento —pese a tratarse de un extenso y complejo sistema de creencias—. Se trataba de conseguir que "nuestra comprensión previa inarticulada y preconceptual de lo que significa ser un humano quedara explícita de manera simbólica," es decir, algorítmicamente. Esto, le parecía a Dreyfus, una tarea sin esperanza.[66]

Pero avancemos un poco más: cuando lo que vemos es lo que sabemos sin poder declarar de manera explícita por qué lo sabemos implicaría que hay un algoritmo que produce ese saber de manera tácita, para utilizar la expresión de Dreyfus. Entonces, para que la máquina poseedora de IA llegue a hacer lo mismo no le bastará con mirar-para-saber. Necesitará un algoritmo específico. Por lo mismo, si cada vez que necesitemos que una máquina inteligente reconozca un martillo tendremos que escribirle un algoritmo, no acabaremos nunca. Pero el asunto no termina aquí. Es probable que, en alguna parte del tejido, contra lo que afirmaba Laplace, no haya hebra alguna que comunique un borde con el otro, es decir: que no haya algoritmo alguno, más bien un hoyo. En casos como estos se dice que un algoritmo es no "decible." Un problema no decible es aquel que no puede ser resuelto por ningún algoritmo porque no hay cómo estructurarlo secuencialmente sin caer en contradicciones o paradojas. Este es el problema que desveló a Turing y a otros matemáticos como él: ¿cómo sabemos que no hay solución para un problema que no sabemos que no la tiene? Piense en ello un momento. Usted podría pasarse la vida intentando dar con esa solución, pero si supiera —por medio de algún mecanismo— que no la tiene, sencillamente dejaría de buscar. Y estos problemas, paradojales si se quiere, nos han tenido de cabeza por siglos (¿recuerda el caso del mentiroso que decía "lo

---

[66] Hubert L. Dreyfus, *What Computers Still Can't Do. A Critique of Artificial Reason*. Cambridge, Massachusetts, The MIT Press, (1972) 1992, pp. xi y xii.

que estoy diciendo es falso"?). "Afortunado," escribía un pionero de la IA en 1962, "es aquel cuyo trabajo puede ser especificado sin ambigüedad o necesarias inferencias."[67] Pero este tipo de problemas que pueden ser expresados sin ambigüedad, constituyen la parte de un todo cuya magnitud desconocemos, y que por ende no tenemos cómo mapear. No hay un algoritmo universal que diga, por ejemplo, si un programa se detendrá o no. Eventualmente, por lo tanto, una máquina inteligente no tendría cómo saber cuándo dejar de fabricar, como escribía Nick Bostrom en *Superintelligence*, chapitas de sonrisa. Pese a ello, esto no tendría por qué incomodarnos, basta con que, al hallar un bucle, por ejemplo, simplemente nos detengamos. Esto no resuelve el problema de fondo (el algoritmo que de antemano nos dice si el problema tiene solución o no), pero al menos nos permite evitar el tener que caminar eternamente en círculos.

El problema de la detención o *halting problem* que veremos en la sección siguiente, es el que escogió Alan Turing para demostrar que no sería posible construir un algoritmo que nos dijera de antemano si un problema tiene solución o no.

No es que no podamos leer al universo, es él el que no se deja leer. Así entonces, lo que nos mantiene pegados al suelo serían las limitaciones del mundo natural, las mismas que hicieron que Al-Wáthiq se muriera antes de lo predicho por los sabios, Al Juarismi incluido. Los algoritmos estaban en lo cierto. Allá él si le dio por adelantar el último suspiro.

Algoritmos como elefantes blancos

En un conocido relato del escritor norteamericano Ernest Hemingway, una pareja se detiene en una estación de trenes en España, en algún lugar poco poblado del valle del Ebro, a la espera de que pase su tren. Son los años 20, o 30, no se sabe. El relato es casi puro diálogo. Lo importante, lo que el lector debe retener, no se dice en ningún momento, solo se insinúa (es un "hueco"). Con frecuencia, luego de leerlo en voz alta, si se pregunta al público de qué trata el relato, se escuchan las más variadas opiniones. Casi todas coinciden

[67] O. G. Selfridge, Pandemonium: a paradigm for learning; Mechanization of Thought Processes. *Proceedings of a Symposium held at the National Physical Laboratory on 24th, 25th, 26th y 27th November 1958*, session 3, 1 (1962), p. 514.

en que se trata de un extracto de conversación que había empezado antes de que los viajeros llegaran a la posada y que seguramente acabará después de que se hubiesen ido. Es natural que esto suceda, porque en las narraciones donde el objeto de la misma, la causa que motiva el desarrollo, se mantiene tácita, las opiniones suelen divergir. Con el tiempo, sin embargo, se va asentando la versión más consensuada, la que junta al relato con el estilo narrativo del autor. La comprensión se produce al final no por lo que está allí sino por lo que *no* está allí, en el caso de Hemingway, lo que no se ha dicho.

De los algoritmos no se puede esperar lo mismo. A ellos se les debe decir que el significado —de ser este el caso— no está presente en lo que se ve, sino que se lo debe buscar fuera. Se debe ser concreto "a rabiar" en cuestiones de índole abstracta. Tómese como ejemplo este relato de Julio Cortázar en que se nos entregan instrucciones para subir una escalera.

> Nadie habrá dejado de observar que con frecuencia el suelo se pliega de manera tal que una parte sube en ángulo recto con el plano del suelo, y luego la parte siguiente se coloca paralela a este plano, para dar paso a una nueva perpendicular, conducta que se repite en espiral o en línea quebrada hasta alturas sumamente variables. Agachándose y poniendo la mano izquierda en una de las partes verticales, y la derecha en la horizontal correspondiente, se está en posesión momentánea de un peldaño o escalón. Cada uno de estos peldaños, formados como se ve por dos elementos, se sitúa un tanto más arriba y más adelante que el anterior, principio que da sentido a la escalera, ya que cualquier otra combinación producirá formas quizá más bellas o pintorescas, pero incapaces de trasladar de una planta baja a un primer piso.
>
> Las escaleras se suben de frente, pues hacia atrás o de costado resultan particularmente incómodas. La actitud natural consiste en mantenerse de pie, los brazos colgando sin esfuerzo, la cabeza erguida aunque no tanto que los ojos dejen de ver los peldaños inmediatamente superiores al que se pisa, y respirando lenta y regularmente. Para subir una escalera se comienza por levantar esa parte del cuerpo situada a la derecha abajo, envuelta casi siempre en cuero o gamuza, y que salvo excepciones cabe exactamente en el escalón. Puesta en el primer peldaño dicha parte, que para abreviar llamaremos pie, se recoge la parte equivalente de la izquierda

> (también llamada pie, pero que no ha de confundirse con el pie antes citado), y llevándola a la altura del pie, se le hace seguir hasta colocarla en el segundo peldaño, con lo cual en éste descansará el pie, y en el primero descansará el pie. (Los primeros peldaños son siempre los más difíciles, hasta adquirir la coordinación necesaria. La coincidencia de nombre entre el pie y el pie hace difícil la explicación. Cuídese especialmente de no levantar al mismo tiempo el pie y el pie).
>
> Llegado en esta forma al segundo peldaño, basta repetir alternadamente los movimientos hasta encontrarse con el final de la escalera. Se sale de ella fácilmente, con un ligero golpe de talón que la fija en su sitio, del que no se moverá hasta el momento del descenso.[68]

Aquí las instrucciones están explícitas. La ironía radica en que nos enseña, por medio de un seudoalgoritmo, algo que ya sabemos hacer. Todos sabemos subir escaleras, pero si tuviéramos que explicarlo, lo haríamos al modo de Cortázar. Nadie piensa en lo que hace cuando sube una escalera. El algoritmo está implícito, para qué explicitarlo. Estamos en presencia, entonces, de una completa perogrullada. Sin embargo, ¿cómo haría usted, por ejemplo, para explicar algorítmicamente (i.e., por medio de una secuencia de instrucciones) a una máquina la manera de reconocerse en un espejo? Sin duda, no podrá hacerlo con las mismas palabras con que se lo explica a un niño («Mira, ese de ahí eres tú»), porque este lo entiende aunque no se lo expliquen. Sencillamente lo sabe.

Un ejemplo más sencillo es el de la preparación de una taza de té o cómo desarrollar el producto de $(a + b)$ por $(a + b)$. En este último caso decimos 1) multiplique a por sí misma; 2) multiplique a por b dos veces; 3) multiplique b por sí misma; 4) sume los resultados. A diferencia del relato de Cortázar, aquí no hay arte involucrado ni se requiere de ninguno, escribe Berlinski, que agrega: "un algoritmo es una receta, una prescripción [...], una guía, un mandato vinculado y controlado, un ruego, un código, un esfuerzo por arrojar un complejo tapiz verbal sobre el caos conversacional de la vida,"[69] que, dicho sea de paso, fue lo que

---

[68] Julio Cortázar, *Historias de Cronopios y de famas*. Buenos Aires, Alfaguara S. A., 1995, p. 11.

[69] Berlinski, *ob. cit.*, p. xvi.

pretendió juguetonamente Cortázar. La conversación puede ser caótica, ir y venir, el algoritmo, en cambio, vendría siendo como un monólogo causalmente ordenado. No podría decir "me anudo el cordón, me coloco el zapato, me pongo el calcetín," porque ese orden es inconsistente. El orden importa porque vivimos en el tiempo y las cosas suceden unas antes que otras. Si bien en toda definición de algoritmo encontrará la expresión "paso a paso," o algo similar, la causalidad es clave.

Esto no significa, en modo alguno, que por el hecho de avanzar paso a paso y consistentemente el algoritmo esté correcto. El que así sea no garantiza nada porque el algoritmo carece de conciencia. Esto puede parecer un poco trivial, pero como se verá más adelante, ha traído consigo complicaciones que han terminado con los programadores presentando excusas a la prensa, o en despidos, cancelaciones y querellas. Recuerde que un algoritmo hace exactamente lo que uno quiere que haga. Es concreto. No advierte el sentido de lo que se le pide. Panos Louridas cita el caso en que a un algoritmo se le pide calcular distancias entre nodos de un grafo. Eventualmente, dice, puede caer en un "ciclo en el que la suma de las aristas [las líneas que unen los nodos] son negativas." Por lo mismo es fundamental "chequear que nuestro problema efectivamente reúne los requisitos para transformarse en un algoritmo." Y agrega: si no lo hacemos "el algoritmo no funcionará; pero tenga en cuenta que *un algoritmo no puede decirnos que no funcionará*. Si implementamos el algoritmo en un computador, es seguro que ejecutará todos los pasos incluso si no tiene sentido hacerlo, [solo] que producirá una respuesta que será un puro sinsentido." Por lo tanto, concluye, "depende de nosotros asegurarnos de que usamos la herramienta adecuada en el trabajo correcto."[70]

El algoritmo, para seguir la idea de Louridas, no sabe que no existen las distancias negativas, por lo tanto, es el programador el que debe prohibírselas. Si usted, en su calculadora, divide cualquier cantidad por cero, el aparato le arrojará un error o le dirá que no se puede dividir por cero. La calculadora ha sido programada para arrojar ese error y no tener que repetir una operación un número infinito de veces. Pongamos por caso que cuando se divide catorce por dos, basta con restar dos de catorce tantas veces como sea necesario

---

[70] Panos Louridas, *ob. cit.*, p. 76 (las cursivas son nuestras).

hasta que el residuo sea cero. Así, catorce menos dos es doce, doce menos dos es diez, diez menos dos es ocho, ocho menos dos es seis, seis menos dos es cuatro, cuatro menos dos es dos, dos menos dos es cero. Luego, habiendo restado siete veces dos, el resultado de dividir catorce por dos es siete. En algunas de las calculadoras electromecánicas de antes, al dividir catorce por cero, la calculadora procedía a restar cero a catorce, obteniendo catorce, luego repetía la operación una y otra vez.[71] Caía, como ya lo habrá advertido el lector, en un *loop* infinito.

Ello justifica, entonces, una de las características clave de cualquier algoritmo y que es su finitud, esto es, tanto el número de pasos a seguir, como el tiempo que emplee en realizar las operaciones que conduzcan al resultado, deben terminar. Ya lo hemos anticipado más arriba: la idea original proviene de una propuesta del matemático germano David Hilbert, que en 1900 postuló los que para él eran los veintitrés problemas del milenio. Dio a conocer diez de ellos en la universidad de La Sorbona, en París. Los restantes trece se publicaron posteriormente en el *Bulletin of the American Mathematical Society* (Boletín de la sociedad matemática norteamericana). Uno de esos problemas era el denominado *Entscheidungsproblem* o problema de la decisión. "En palabras mundanas, la cuestión planteada por David Hilbert sobre el asunto de las decisiones era si había un método definido que pudiera aplicarse a cualquier sentencia matemática y que nos dijera si esa sentencia era cierta o no."[72] Para intentar resolverlo, Turing ideó a su debido tiempo el trabajo de una máquina o "artefacto autómata" (autómata, en el sentido de que haría el trabajo por sí mismo, como una máquina de escribir que redactara ella misma una carta) que no era otra cosa que un algoritmo.

La máquina de Turing (que es una idea, no un aparato como una enceradora)[73] tenía entonces ese propósito, a saber, mostrar si

---

[71] Véase What happens when you divide by zero on mechanical calculator, YouTube, 31/10/2016, en https://www.youtube.com/watch?v=JU9ICaPZUCg

[72] Fernando Velázquez, Indecibilidad o paradas. Windows no responde y debe cerrarse, Ciencia y Tecnología, 7/6/2015, en https://www.meer.com/es/15788-indecibilidad-o-paradas

[73] La máquina de Turing es un diseño exclusivamente mental de su creador para mostrar si un problema matemático puede ser resuelto o no en un tiempo finito. La máquina universal de Turing, a su vez, es un derivado de la primera, y debe

un problema matemático tenía una solución finita o no. La máquina, propuesta en 1936, posee una arquitectura bastante sencilla: una cinta infinitamente larga, que es el espacio donde se pueden escribir, almacenar y recuperar todos los caracteres que se desee, y tantas veces como sea necesario; un conjunto finito de símbolos; una cabeza lectora; y un conjunto finito de estados. Estos componentes, en apariencia tan sencillos, son los que definen en la actualidad la arquitectura de todos los ordenadores que usamos en nuestra vida diaria. Tabletas, móviles, computadores personales, todos ellos operan sobre la base de este arreglo teórico. No por nada, comenta Berlinski, una máquina de Turing debe verse como "un objeto imaginario con potenciales y propiedades reales."[74]

Pero volvamos al concepto: la cinta infinitamente larga representa la memoria de la máquina, la cabeza lectora es la aguja que se mueve a izquierda o derecha a lo largo de la cinta y que imprime o lee los símbolos que encuentra en ella, y los estados (el cero, el uno, el dos..., el enésimo estado) que equivalen al programa, es lo que automatiza a la máquina. La secuencia comienza con el estado inicial, luego continúa con lo que se lee en ese estado en la cinta, seguido de lo que se debe imprimir según esa lectura, y finalmente con el estado al que deberá avanzar. Nos preguntamos entonces, cuándo se detiene la máquina (el denominado *halting problem* o problema de la parada). Cuando se opera con lápiz y papel con una operación sencilla, como por ejemplo escribir "María," la máquina se detiene o para cuando un estado *j* me manda a un estado *i* que me manda a un estado *j* que me manda a un estado *i*..., es decir, cuando caemos en un bucle. Es como si la máquina dijera, "epa, estoy repitiendo la última tarea, así que mejor me detengo." Y así es como se detiene. Pero, cuidado, ¿qué pasaba cuando la llegada a ese último paso podía darse en un tiempo extremadamente largo? Bueno, en este caso, el algoritmo me lo diría: "este problema no tiene solución en un tiempo finito." Y aquí es donde entra Turing con su máquina imaginaria. Enfrentado al *Entscheidungsproblem*, la respuesta del científico es sencillamente no, no hay un algoritmo que nos avise del sino fatal y nos salve de quedar girando en un limbo digital eterno. La máquina

verse como una máquina de Turing que sirve para poner a prueba a todas las demás máquinas de Turing, de allí el calificativo de universal.

[74] David Berlinski, *ob. cit.*, p. 183.

de Turing mostraba que, al proponerse la tarea de parar la ejecución, el algoritmo producía una resonante paradoja. En palabras de Velázquez: "si hubiera la posibilidad de que existiera [un] algoritmo [que se llamara por ejemplo] SeAcaba(), se tendría como resultado la paradójica conclusión de que hay un programa que acaba *siempre y cuando no acabe*. Entonces no puede haber nunca un algoritmo parecido a SeAcaba() porque eso resultaría en una contradicción absoluta y, en resumidas cuentas, es imposible resolver el Problema de la Parada [*halting problem*] con una Máquina de Turing, ergo con una computadora actual."[75]

Lo relevante, en definitiva, es que un algoritmo y una máquina de Turing, son lo mismo. Un algoritmo es un problema computable, es decir, un problema que se puede escribir para que lo resuelva una máquina en un tiempo finito. Por tanto, los problemas no computables, eran aquellos otros que no se podían escribir como algoritmos. Su reconocida "máquina" fue la manera que ideó Turing para mostrar este concepto. No era posible postular la existencia de una receta que nos dijera si cualquier otra receta, de aplicarse a un número dado de ingredientes, acabaría en un pastel de fresa o se pasaría un tiempo infinito cocinándolo. Este es el motivo por el cual se dice que Turing anticipó el hecho de que los ordenadores en algún momento se "colgarían."[76]

---

[75] Fernando Velázquez; ob. cit. (Las cursivas son nuestras).

[76] ¿Qué aportó a la ciencia Alan Turing?; La Vanguardia; 12/9/2019; https://www.lavanguardia.com/historiayvida/historia-contemporanea/20180611/47312986353/que-aporto-a-la-ciencia-alan-turing.html.

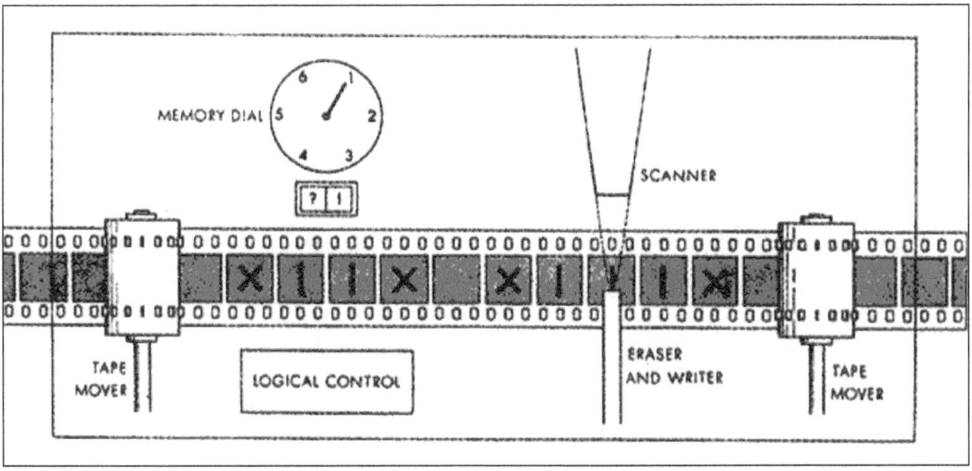

FIGURA 9. Máquina de Turing. Se aprecian la cinta, la cabeza lectora (*scanner – eraser and writer*), los símbolos (*X*, *I*, en este caso), los estados (seguidos en el *memory dial*) y sus transiciones (según el *logical control*).[77]

Una conclusión que podemos extraer de momento es que las máquinas más actuales, su computadora o su tableta, tienen un límite que no pueden rebasar. Ese límite lo marcó Alan Turing hace más de ochenta años. ¿Qué significa esto? Significa, como explica Velázquez, que si un programa se detiene y le aparece a usted un cuadro de diálogo que le sugiere ya sea reiniciar, cerrar, o esperar a que el programa responda, en caso de que usted decida esperar, no tendrá manera de saber si este responderá o no. Es probable que se descuelgue y siga funcionando, pero no hay manera de saberlo a ciencia cierta.

*

Después de la guerra, Turing publicaría un artículo, "*Computing Machinery and Intelligence*" (Maquinaria computacional e inteligencia), en la revista *Mind*. En él introdujo por primera vez lo que hoy se conoce como prueba de Turing. La idea seminal era muy simple. Consistía en contestar la pregunta: ¿puede una máquina pensar? Para ahorrar al lector los detalles, diremos que la forma de saberlo consistía, según Turing, en plantear una prueba a la máquina que,

[77] Imagen de uso libre, autor desconocido.

en sus palabras, se respondería afirmativamente siempre y cuando ella "fuera capaz de engañar a un interlocutor humano haciéndole creer que ella [la máquina] era otro humano." Si no era capaz de hacerlo, entonces no superaba la prueba.[78]

Figura 10. Dos matemáticos ingleses: Ada Lovelace, una de las fundadoras de la ciencia informática, y Alan Turing, considerado por muchos como el padre de la inteligencia artificial.[79, 80]

Un aspecto que cabe resaltar aquí es que el mismo Turing, en dicho artículo, citaba a Ada Lovelace, considerada una de las pioneras históricas de la IA, y que hacia 1842 escribía que "la Máquina Analítica no tiene pretensiones de *originar* nada. Puede hacer *cualquier cosa que sepamos ordenarle que haga*."[81] O sea, por medio de un algoritmo, lo que parece razonable. Pero Turing pensaba que sí se podía ir más allá, y agregaba: "Esta declaración [de Lovelace] es citada por Hartree, que añade: 'esto no implica que no sea posible construir un equipamiento electrónico que podrá «pensar por sí mismo,» o sobre el cual, en

[78] David Berlinski, *ob. cit.*, p. 255.

[79] Wikipedia commons, Ada Lovelace, daguerrotipo de Antoine Claudet (h. 1843 o 1850), 22/1/2024, Own work, CC BY-SA 4.0, en https://commons.wikimedia.org/w/index.php?curid=82757509

[80] Wikipedia commons, Alan Turing en 1936, 8/1/2024, Anonymous, Public Domain, en https://commons.wikimedia.org/w/index.php?curid=137325684

[81] Alan Turing, *Maquinaria computacional e inteligencia*, 1950, trad. de Cristóbal Fuentes Barassi. Santiago, Universidad de Chile, 2010, p. 14, (cursivas en el original), en http://xamanek.izt.uam.mx/map/cursos/Turing-Pensar.pdf

términos biológicos, uno pudiera construir un reflejo condicionado, que podría servir como la base del aprendizaje'."

No parece, escribe Turing, que de las máquinas construidas en tiempos de Lovelace se pudiera esperar ni remotamente conseguir algo como esto. Sin embargo, dice, "[e]stoy completamente de acuerdo con Hartree. Uno podrá notar que él no asevera que las máquinas en cuestión no tuvieran la propiedad [de pensar], sino que la evidencia disponible para Lady Lovelace no la alentaba a creer que la tuvieran,"[82] lo cual es diferente.

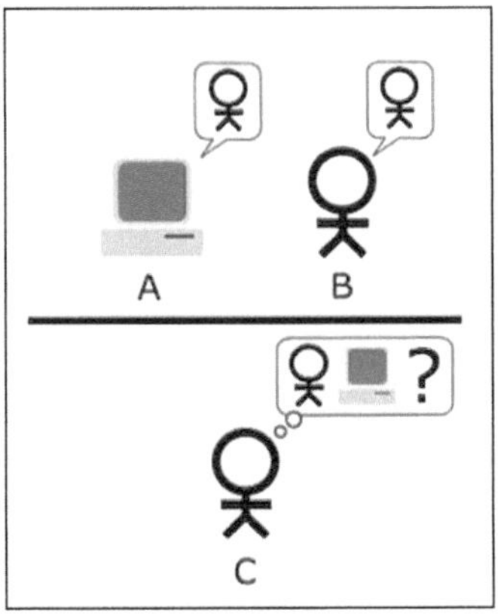

Figura 11. Test de Turing. Se le pide a una persona convenientemente aislada, determinar por medio de un interrogatorio, cuál es el computador y cuál la persona.[83]

El estado del arte en la época en que vivió la audaz matemática y escritora inglesa no permitía aventurar la posibilidad de una inteligencia electromecánica, algo que cien años más tarde, Turing sí podría permitirse. "Como he explicado," dice, "el problema es esencialmente de programación. También tendrá que haber avances en ingeniería, pero parece improbable que estos no vayan a ser adecuados."

La idea y sus posibilidades resultaban demasiado atractivas. Las matemáticas habían alcanzado una edad madura, y faltaba la tecnología, es decir, la arcilla para fabricar al hombre. El soplo divino vendría en forma de algoritmo. "Podemos esperar," terminaba

82 Alan Turing, *ob. cit.*

83 Wikipedia commons, By Bilby, Own work, The standard interpretation, Public Domain, en https://commons.wikimedia.org/w/index.php?curid=3777581

Turing, "que las máquinas compitan eventualmente con los hombres en todos los campos puramente intelectuales." Podría ser el ajedrez, decía. O tal vez comprender y hablar el idioma inglés.[84] Con todo, en esto de predecir, anduvo bastante mejor que Al Juarismi y su desdichado califa, Al-Wáthiq.

Hablar con extraños

Entrar en relación con un algoritmo es algo que, en estos días, las personas hacen habitualmente. El algoritmo, ya lo sabemos, es una presencia invisible con la que tratamos por medio ya sea de imágenes, símbolos o palabras. Cuando el programador escribe un programa lo que hace es codificar una secuencia que transforma un *input* en un *output*. Dicho de otro modo, lo que hace es traducir el lenguaje humano a símbolos que una máquina pueda entender. En este cometido, el programador viene siendo el intermediario, una especie de broker entre la persona que idea el algoritmo (diseñador) y la máquina que lo hará efectivo.

Estudios recientes sostienen que niños y jóvenes tienen una mejor condición para aprender nuevos idiomas.[85] Tal vez sea esta la razón de que los programadores aprendan a utilizar códigos siendo muy jóvenes, puesto que en buenas cuentas lo que están haciendo es aprender a hablar un idioma nuevo, con su gramática, su sintaxis y su ortografía, idioma que les permitirá comunicarse con máquinas que entiendan ese idioma.

El algoritmo, entonces, lo puede programar en principio cualquier persona que posea el método necesario para escribir secuencialmente una instrucción. La tarea del intermediario consistirá en tomar ese algoritmo y llevarlo a lenguaje de máquina. No es infrecuente encontrar casos de personas que sabiendo lo que la máquina debe hacer son capaces de escribir el algoritmo, pero en seguida contratan a un programador para que lo traduzca a lenguaje de programación. En ocasiones la misma persona puede realizar ambas tareas, pero

---

84 Alan Turing, *ob. cit.*, p. 22.

85 Véase entre otros, Dana G. Smith, At What Age Does Our Ability to Learn a New Language Like a Native Speaker Disappear?, Scientific American, 4/5/2018, en https://shorturl.at/uHL16

ello dependerá del costo alternativo que le significará programar él mismo su propio algoritmo.

Programar puede resultar en extremo tedioso cuando se trata de algoritmos con numerosas ramas que se alimentan y retroalimentan. Un programa para escribir la frase "Hello World" en el lenguaje de programación C tiene unas pocas líneas de código:[86]

```
#include <stdio.h>
int main() {
// printf() displays the string inside quotation
printf("Hello, World!");
return 0;
}
```

En Python, la misma instrucción quedaría así:[87]

```
# This program prints Hello, world!
print('Hello, world!')
```

Pero un programa que liste ciudades en el mundo con más de un millón de habitantes y que a su vez las compare y correlacione con el índice de ciudades inteligentes (*Smart cities*),[88] tenderá a ser mucho más largo. Lo importante es que en la base de todo el diseño habrá un algoritmo.[89] Por lo tanto, queda claro que el diseñador comenzará por este, luego de lo cual escribirá el programa, que a su vez dará paso a su visualización, ya sea para un trabajo interno de laboratorio o para el uso público.

En seguida, el usuario corriente de internet podrá tener acceso en forma gratuita (o pagada) a parte o al total de la información. Un ejemplo de esto es la aplicación que Meredith Broussard propuso en

---

86 C "Hello, World!" Program, Programiz, en https://www.programiz.com/c-programming/examples/print-sentence

87 Python Program to Print Hello world!, Programiz, en https://www.programiz.com/python-programming/examples/hello-world

88 Se denomina ciudades inteligentes a aquellas entidades urbanas altamente conectadas y digitalizadas, de manera que permiten, ya sea a la autoridad o a la administración, un uso más eficiente de los recursos disponibles. Véase el detalle en el sitio web de Statista, https://www.statista.com/topics/4448/smart-city/

89 Véase, entre muchos otros, DataCamp, un sitio que enseña a utilizar diferentes programas para trabajar con datos que el mismo sitio provee. Disponible en https://www.datacamp.com/

su libro *Artificial Unintelligence* para aquellos periodistas interesados en estudiar el financiamiento de las campañas políticas respecto de las elecciones de 2016 en Estados Unidos. La aplicación se llamó *Story Ideas* y fue diseñada por la misma Broussard e implementada digitalmente por un equipo de cuatro personas. Lo habitual en casos como estos es que se contrate a desarrolladores, que son los que materializan la idea del cliente en forma de programa de ordenador. Broussard nos cuenta que contratar buenos desarrolladores es como contratar buenos abogados. El problema, dice, es que los buenos son "increíblemente caros. Son también difíciles de hallar, dado que no se publicitan. No necesitan hacerlo. Hay unos pocos directorios, claro que sí, pero para una persona promedio es bastante difícil [dar con las personas indicadas]."[90]

Lo interesante, por ahora, es que el creador necesita del desarrollador si no es él mismo el que se sentará a programar. No son pocos los casos de aplicaciones actuales como Facebook o YouTube, que fueron desarrolladas íntegramente por sus propios creadores. Sin perjuicio de ello, cuando se van a levantar aplicaciones específicas, en plazos muy breves, y para fines acotados (como páginas web o sistemas de documentación interna), lo acostumbrado es contratar servicios de programación. Tal como explica Broussard, estos servicios están disponibles y basta realizar una búsqueda para dar con el "plomero" indicado.

En consecuencia, aunque no es el caso de Broussard, desarrolladora ella misma de *software*, lo habitual es que entre el cliente y la máquina haya un intermediario. Ya lo hemos visto, el intermediario "habla" el lenguaje que la máquina entiende. Se trata, en otras palabas, de un traductor e intérprete que enlaza la idea del humano con su consumación final en la máquina. ¿Qué podemos esperar de esta figura para el futuro? Muy simple: que las mismas máquinas traduzcan nuestros deseos, es decir, que los entiendan. En el futuro, no se necesitarán programadores.

Al respecto, vale la pena recordar que los escribas o amanuenses, lo mismo que los lectores, eran personas a las que se pagaba por los servicios que prestaban (escribir o leer). Muchos de ellos hablaban más de un idioma (en Francia, por ejemplo, durante la Edad Media

---

[90] Meredith Broussard, *Artificial Unintelligence. How Computers Misunderstand the World*. Cambridge, MIT Press, 2019, p. 183.

los escribas hablaban, leían y escribían a lo menos el latín y el francés), por lo que estaban en condiciones de prestar servicios integrales a los monarcas, quienes además de leer y escribir (muchos de ellos sabían hacerlo) solicitaban aclaraciones y consejos. En cualquier caso, la mayor parte de la población, hasta antes del siglo XVII, no sabía cómo hacerlo. El alfabetismo era privilegio de una pequeña élite en Europa occidental.[91]

Hoy día, el alfabetismo respecto de los lenguajes de programación entre la población es también muy bajo.[92] Es medieval. La tendencia, sin embargo, ha tendido al alza. No todos los programadores alcanzan el nivel de un desarrollador, pero muchos programadores pueden interactuar con el ordenador y utilizarlo para realizar tareas específicas. El punto, como expresábamos antes, no es tanto la programación en sí misma como el fenómeno que con el tiempo podría darse, de que los usuarios se transformen ellos mismos en programadores.

El destacado científico e inventor, Stephen Wolfram, ha hecho notar esta posibilidad en *Possible Minds*, una publicación de John Brockman en que veinticinco especialistas en IA dan a conocer sus impresiones sobre el futuro de este paradigma informático.

En efecto, en el último capítulo de *Possible Minds*, Wolfram nos propone la siguiente idea: "La gran frontera, quinientos años atrás, era la alfabetización. Hoy día, es hacer programas de algún tipo. La programación de nuestros días quedará obsoleta en no mucho tiempo más." Años atrás era necesario invertir tiempo y dinero para escribir una pieza de código, dice. Había que tener algunos conocimientos sobre ingeniería de *software*, o en su defecto contratar programadores que supieran explotar dichos conocimientos. "Esto ya no es así [...] Estamos en el punto en el que cualquiera puede aprender a programar y, más importante, aprender a pensar computacionalmente." Luego se pregunta: "¿Cómo lucirá el mundo cuando la mayoría de la gente sepa escribir código? Vivimos una transición, quizá quinientos y tantos años atrás, cuando solo los escribas y una pequeña parte

---

91 Véase Steven Pinker, *Enlightenment Now. The Case for Reason, Science, Humanism, and Progress*. New York, Viking, 2018, p. 236.

92 Según algunos cálculos la cifra no pasaría del 0,5% de la población. Existen distintas publicaciones que las avalan. Entre otras, Qubit Labs: https://qubit-labs.com/how-many-programmers-in-the-world/

de la población podía leer y escribir. Hoy día, una pequeña fracción de la población puede escribir código. La mayoría de los códigos que escriben son solo para computadores. Tú no entiendes las cosas leyendo código. Pero llegará un tiempo en que el código esté a tan alto nivel que será una descripción mínima de lo que estás tratando de hacer. Será un fragmento de código entendible para los humanos, pero además ejecutable por el computador."

He aquí la magia. La máquina entiende lo que se le dice sin necesidad de escribirle millones de líneas de código. Los humanos hablarán los códigos con total naturalidad. Será la era, en palabras de Wolfram, de la programación basada en conocimiento.

La transmisión de conocimiento, continúa Wolfram, parte desde un nivel cero, que es esencialmente genético, seguido de un nivel fisiológico, que corresponde al modo en que interactuamos físicamente con el mundo que nos rodea, y en seguida tenemos el nivel que representa el gran logro, si así pudiera decirse, de nuestra especie, que es el lenguaje natural. Este, en muchos aspectos, es lo que hizo posible la civilización. Queda, sin embargo, un tercer nivel. "Con la programación basada en conocimiento, tenemos una manera de crear una representación efectiva de las cosas reales de una manera simbólica y precisa. No solo entendible por los cerebros y comunicable a otros cerebros y computadores, sino que además inmediatamente ejecutable." La utilización de lenguaje codificado significará una hazaña cuyas posibilidades, dice Wolfram, no podemos imaginar, tal como el hombre de las cavernas no pudo imaginar la civilización, pese a haber estado dotado de lenguaje. Al borrarse la frontera entre la máquina y el usuario de la máquina, por ahora mediada por el desarrollador, no habrá frontera entre lo que saben las máquinas y lo que el programador podrá extraer de ellas, dado que hablará su lenguaje como un programador nativo. Si el estudiante, pongamos por caso, sabe escribir código, "tendrá acceso a todos los datos históricos digitalizados y se le ocurrirá algo nuevo." Ya no hablará meramente de lo que todo el mundo sabe y repite, esta vez podrá crear. Escribirá un ensayo sobre algo que él descubrió. "El logro de la programación basada en conocimiento es que ya no es más estéril, porque tiene el conocimiento del mundo tejido en el lenguaje que se utiliza para escribir código."

Tal como el lenguaje natural nos dio la civilización, apunta Wolfram, queda latente la pregunta sobre qué nos irá a dar el lenguaje de programación cuando todos lo hablemos.[93]

Resumen del capítulo

Los algoritmos son instrucciones para procesar un *input* dado mediante una secuencia de pasos, con miras obtener un *output* como resultado. Deben ser finitos, precisos y efectivos. El origen de los mismos se remonta al siglo IX, cuando el matemático persa Muhammad Al Juarismi los importó de la India. Desde entonces se han venido utilizando para realizar operaciones matemáticas mediante símbolos numéricos con valor posicional. Con el nacimiento de los computadores mecánicos las operaciones, al automatizarse, se basaron en algoritmos. Los primeros computadores electrónicos siguieron esta tendencia y operaron de la misma forma. Los algoritmos pueden trabajar con cualquier sistema numérico. En el caso de los computadores este sistema es binario. Los algoritmos, en los computadores, se expresan en diferentes lenguajes que incluyen, entre otros, lenguajes naturales, diagramas de flujo y lenguajes de programación. Dada esta capacidad de procesamiento que los algoritmos poseen, ellos pueden ordenar, clasificar, seleccionar datos, y tomar decisiones a base de los mismos. Al trabajar en unión con otros algoritmos, y formar enjambres de algoritmos, se dice que pueden actuar de manera inteligente. Hacia la década de 1950 empezó a tomar forma la discusión tan de moda en nuestros días: qué pasará cuando las máquinas actúen con inteligencia. En 1956, John McCarthy acuñó el término "Inteligencia Artificial." En la actualidad, el mapa de la IA abarca numerosos paradigmas entre los que destacan el aprendizaje de máquinas y las redes neuronales. El denominado aprendizaje profundo (*deep learning*) es en la actualidad el paradigma dominante. La figura de Alan Turing, lejos de ser la única en la historia de la computación moderna, se ha puesto de moda en nuestros días por el test que lleva su nombre, y por lo que su superación por las máquinas implicaría para el género humano. Para innovadores informáticos como Stephen Wolfram, el lenguaje de código, esto es, el que entienden las máquinas, puede llegar a ser de uso corriente para cualquier persona, y tal como ocurrió con el acceso a los libros luego de la invención de la imprenta de tipos móviles, asistiríamos a la comunicación directa entre cada persona y cualquier máquina inteligente. Si la imprenta nos dio la civilización actual, el dominio de los lenguajes de código nos dará, en un futuro difícil de precisar, algo más.

---

[93] John Brockman, editor, *Possible Minds. 25 Ways of Looking at AI.* New York, Penguin Press, 2019, p. 278 y ss.

CAPÍTULO 2:

HAMBRE DE DATOS

Los datos son el nuevo petróleo, declaró el matemático británico Clive Humby en 2006. Se trataba, algo más y menos, de una frase ingeniosa, pero estas jugarretas verbales valen tanto como la teoría que les sirve de soporte. El de esta parecía volar alto y dejar contentos a todos. Pero lo verdaderamente interesante venía a continuación: "Los datos son el nuevo petróleo. Al igual que el petróleo, los datos son valiosos, pero si no se refinan, no pueden utilizarse realmente. Deben transformarse en gas, plástico, productos químicos, etc., para crear una entidad valiosa que impulse actividades rentables. Por lo tanto, los datos deben desglosarse y analizarse para que tengan valor."

No procesar los datos, diría Humby, equivaldría a llenar un estanque de automóvil con alquitrán: intente hacerlo arrancar.

Así las cosas, los datos desencadenaron una fiebre del oro. Un modelo computacional que simulara el funcionamiento de un gran supermercado, asistido por datos correctamente procesados, podría ajustarse al cliente hasta el extremo de que este creería que la distribución de los productos se ha hecho pensando en él. Por el contrario, sin proceso, los clientes del viernes por la noche hallarían los mismos productos del lunes por la mañana. En este último caso, cualquier día sería como cualquier otro. La falta de proceso equivale a pintar con brocha gorda lo que demanda un pincel de trazo fino.

Refinar es hacer más puro y, en el caso del petróleo, ello se consigue separando el crudo en productos específicos. Con los datos sucede lo mismo. En su forma más cruda (*raw data*) no sirven de mucho. En parte, los tan manoseados datos de usuarios de redes sociales poseen algún matiz de proceso pues aquellos aportan insumos importantes como nombre, edad, sexo, intereses, gustos, ocupaciones, lugar de nacimiento, nombres de familiares y amigos, entre muchos otros, más o menos estructurados. Y por eso revisten interés para los oferentes.

Nada nuevo bajo el sol.

Es sabido que el uso de una aplicación generará datos de manera instantánea. Y los datos que se generen será posible comercializarlos. No por nada, señalan Juan Manuel López y Ricardo Queralt en *Alquimia*: "La adquisición de WhatsApp por Facebook en 2014 lo puso de manifiesto. [...] La red social por antonomasia, con más de 2.400 millones de usuarios en el primer trimestre de 2019, pagó casi 20.000 millones de dólares por una empresa de mensajería instantánea que no generaba ingresos. Solo los datos que acumulaba WhatsApp [más los que iría acumulando en el tiempo] explican la decisión." La alquimia, concluyen López y Queralt, se produce cuando del dato se pasa al conocimiento.[1]

Los ordenadores podían llenarse de datos y conjugarse alquímicamente con los algoritmos para producir conocimiento. La mayoría de los datos útiles que nos sirven para transitar por la calle, reconocer cruces peatonales, o la intención del vehículo que ha puesto el intermitente, no recordamos cuándo fue que los registramos. Se encuentran tan anidados en nuestra memoria que es más fácil reconocer una boca de incendios que explicársela a una máquina. Es como si todo eso que sabemos, la mayor parte de lo que sabemos, fuera una pura tautología. "Una rosa es una rosa es una rosa," decía Gertrude Stein, queriendo decir que una cosa es lo que es. Punto.[2]

Ahora había que explicárselo al ordenador. Enseñarle lo que nadie nos dijo cómo enseñar.

*

San Agustín decía que si le preguntaban qué era el tiempo, no lo sabía, pero que si no se lo preguntaban lo sabía perfectamente. Verbalizar una idea no es lo mismo que tenerla en la cabeza.

---

[1] José Manuel López Zafra y Ricardo A. Queralt Sánchez de las Matas, *Alquimia. Cómo los datos se están transformando en oro*. Barcelona, Deusto - Editorial Planeta S. A., 2019, pp. 15-16.

[2] Gary Martin, The Phrase Finder, A rose is a rose is a rose, s. f., en https://www.phrases.org.uk/meanings/a-rose-is-a-rose-is-a-rose.html

Cualquier persona puede diferenciar una vaca del paisaje que la rodea. Pero nadie sabe muy bien cómo es que sucede. En tanto no nos lo pregunten, lo sabemos bien. Pero si nos preguntan cómo es que lo hacemos, no podemos explicarlo. En un sentido práctico, nadie enseña a mirar, tal como nadie enseña a escuchar o a utilizar la voz. Por tanto, no necesitamos explicarlo.

Sin embargo, para decirle a un ordenador que nos indique cuál es el animal que aparece en la imagen, debemos decirle cómo diferenciarlo del paisaje. Es decir, debemos enseñarle a ver. Y para enseñarle a ver hay que contar con un *corpus* teórico que diga cómo es que se produce aquello de que vemos cosas que están ahí. El ordenador no sabe que ve, no sabe que cuando escribe "caballo" o cuando rodea al animal con un círculo que lo señala, está patentizando una realidad. Por consiguiente, si le cambiamos el fondo, es muy probable que pierda de vista al caballo. Por ejemplo, cuando lo ponemos en un establo, ya no sabrá que sigue siendo un caballo.

Para que lo sepa es necesario actuar de manera brutal, es decir, hacerlo que vea millones de imágenes de caballos, hasta que llegado el momento no haya manera de que se equivoque.

Pero se equivoca. Aunque —seamos benévolos—, cada vez menos.

*

Decíamos antes que a un niño le basta con ver una sola vez un caballo en un libro para saber que aquel otro que ve tirando de un carretón también lo es. Al ordenador hay que decírselo por medio de algoritmos, es decir, por medio de rutinas de pasos que, como hemos visto, adoptan la forma *if* → *then*, "si esto, entonces aquello." Vimos también que para que el ordenador escriba "Hello, world," basta con unas pocas líneas de código. Para reconocer un caballo, en cambio, se necesitan bastantes más.

La información, como es evidente, resultó crucial a la hora de plantearse la posibilidad de utilizar ordenadores para reconocer figuras, voces, sonidos, colores, y toda la gama de estímulos sensoriales reducibles a objeto. Si bien el ordenador no sabe lo que hace cuando señala al caballo en la fotografía, es perfectamente capaz de transformar el estímulo ("fotografía con caballo pastando") en una respuesta ("he ahí un caballo"). No necesitamos que el computador esté consciente. Solo necesitamos que actúe como si lo estuviera.

Estas y otras ideas son las que produjeron la revolución del *big data*. Una revolución que significó aprovechar, en primer lugar, esa cantidad enorme de archivos de toda clase que se acumulaban a una tasa creciente en los servidores, y transformarla en inteligencia. Veamos cómo sucedió.

Cantidad y calidad

Tal vez no sea cierto que el *big data* empezó por culpa de la mala ortografía, pero aun así es un buen comienzo partir por ella. Los correctores ortográficos de Microsoft, particularmente en procesadores de texto como Word, funcionaban a base de diccionarios que se iban actualizando de manera paulatina. Esto demandaba una carga de trabajo enorme a los encargados de mantener disponibles estos sistemas, aun aprovechando la inteligencia de las máquinas para la indexación de determinados vocablos, sin perjuicio de aspectos como la morfología y la sintaxis.

A la larga, el trabajo para los empleados de Microsoft iba siempre por detrás de la demanda del usuario, incluso si se prestaba mayor atención a los lenguajes escritos más recurrentes, pues no todos los idiomas disponían de la atención que Microsoft brindaba, por ejemplo, a las cinco lenguas más habladas en el mundo (inglés, chino mandarín, hindi, español y francés).

Hubiese resultado ideal que la corrección idiomática quedara encargada a las máquinas antes que a las personas. Incorporar inteligencia, entendida como la capacidad de procesar grandes cantidades de datos, podría ayudar a resolver el problema, no solo para el inglés, el chino mandarín o el hindi, sino que para todos los idiomas del planeta.

He aquí, entonces, como señalan Viktor Mayer-Schönberger y Kenneth Cukier en *Big Data*, que Google entra en escena. Miles de millones de consultas se producen a diario, en ellas las personas escriben bien o mal lo que buscan, pero el corrector ortográfico posee bucles de realimentación inteligentes que compulsan lo que escribe un usuario con el modo en que lo escribe, digamos, el autor del texto buscado. Si alguien escribe "don quijote," y el buscador encuentra "Don Quijote de la Mancha" en el sitio de Wikipedia, supondrá que la manera correcta de redactar la búsqueda es como lo propone Wikipedia y no el usuario. Lo mismo ocurrirá si en vez de "don quijote," alguien escribe "don qijote."

La idea es que el rastreo del uso correcto del idioma no lo haga una persona si no una máquina, que sea esta la que explique al sistema lo que el usuario quiso decir. Pero no solo eso, también debe explicárselo al usuario haciéndole ver que los resultados que se le muestran corresponden a "don quijote." Véase la imagen siguiente:

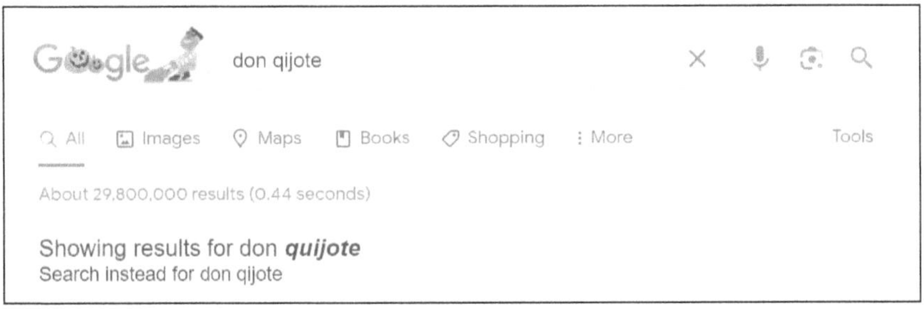

FIGURA 12. Resultado de una búsqueda en Google de "don qijote."

Millones de usuarios se conformarán con lo que muestra la búsqueda y otros millones harán clic sobre el vínculo que ofrece Google. El sistema, según este esquema, tenderá a la convergencia, es decir, al uso correcto de la expresión sin que nadie se lo hubiese enseñado. En definitiva, como señalan los autores de Big Data,

> [e]l sistema de corrección ortográfica de Google muestra que los datos "malos," "incorrectos," o "defectuosos," pueden seguir siendo muy útiles. Lo interesante es que Google no fue el primero en tener esta idea. Alrededor del año 2000, Yahoo advirtió la posibilidad de crear un corrector ortográfico a partir de las consultas de usuarios mal escritas. Sin embargo, la idea nunca llegó a abrirse camino. Los datos de antiguas consultas eran en general considerados basura. De igual modo, Infoseek y Alta Vista, anteriores motores de búsqueda populares, tuvieron cada uno, en su día, la base de datos más amplia del mundo de palabras mal escritas, pero no supieron valorarlo. Sus sistemas, en un proceso invisible para los usuarios, trataban las erratas como "términos relacionados" y llevaban a cabo una búsqueda. Pero se basaban en diccionarios que le indicaban explícitamente al sistema qué era lo correcto, no en la suma viva y activa de interacciones de los usuarios.

> Solo Google supo ver que los desechos de las interacciones de los usuarios eran en realidad polvo de oro que podía recogerse y fundirse para formar un lingote. Uno de los principales ingenieros de Google estimó que su corrector ortográfico funcionaba mejor que el de Microsoft en por lo menos un orden de magnitud (aunque, al insistirle, admitió que esto no lo había medido de forma fiable). [Además,] se burló de la idea de que resultase "gratis" desarrollarlo. La materia prima —las palabras mal escritas— podían no haber supuesto ningún coste directo, pero Google había gastado probablemente mucho más que Microsoft para desarrollar el sistema, confesó con una amplia sonrisa.[3]

Como haya sido, costes de más o de menos, la herramienta de Google resultó más eficaz que la de Microsoft dada la marcada diferencia de usuarios entre uno y otro, y el uso que se dio a un material con el que nadie sabía muy bien qué hacer. "Los diferentes enfoques de las dos compañías," comentan Mayer-Schönberger y Cukier, "son extremadamente reveladores. Microsoft solo le veía valor al corrector ortográfico para un único propósito: procesar texto. Google [...] no solo usó las erratas [...] con el fin de mejorar las búsquedas, sino que aplicó el sistema a otros muchos servicios, como la función 'autocompletar' en las búsquedas, [en] Gmail, Google Docs, y hasta en su sistema de traducción."[4]

La utilización de "desechos de datos" es la presencia fantasmal detrás del *big data*. Las acciones de un usuario dejan huella en todo lo que hace. El hecho de abrir la página de un periódico o la columna de un blog de opinión dice exactamente al sistema cuánto fue lo que el usuario leyó, por cuánto tiempo, qué tipo de tendencia marcó, cuál era el idioma nativo del usuario respecto de aquel en el que leyó, ¿se trataba de textos, imágenes, videos? En definitiva, "[l]os desechos de datos constituyen el mecanismo que subyace a muchos servicios como el reconocimiento de voz, los filtros de *spam*, la traducción de idiomas y demás. Cuando los usuarios le indican a un programa de reconocimiento de voz que ha malinterpretado

---

[3] Viktor Mayer-Schönberger y Kenneth Cukier, *Big Data. La revolución de los datos masivos*. Madrid, Turner Publicaciones S. L., 2013, pp. 142-143.

[4] Ibid., p. 143.

lo que han dicho, en la práctica están 'entrenando' [sin querer] al sistema para que funcione mejor."[5]

El rastro que van dejando nuestras acciones en la web, sí, habla por nosotros. Lo mismo pasa con aplicaciones incorporadas a dispositivos móviles como los teléfonos inteligentes o tabletas. En ellos, lo que usted juega, lee o consulta, deja huella, y esta huella se suma a la que dejan otros. No es que las diferencias entre las personas se anulen por efecto de las prestaciones que los diferentes servicios ofrecen. Lo que sucede es bastante más simple: localmente, individualmente, las personas son diferentes las unas de las otras. Pero de manera colectiva ellas conforman comunidades culturales que las definen. Dicho de otro modo, nadie puede sentirse completamente solo u original, pues hay también una comunidad de personas que se ven a sí mismas como solas u originales.

Estos patrones de conducta no son impuestos por la web a los usuarios, es al revés, son los usuarios los que imponen sus patrones a la web. Lo que ella hace es administrarlos de tal manera de armonizar la prestación con los intereses del usuario, por eso los avisos o sugerencias a usuarios de países como Argentina, Chile o Perú, se leen en español, y la publicidad está asociada a realidades perfectamente locales.

Es el usuario el que condiciona la búsqueda. Es su perfil (gustos y preferencias) el que lo separa de otros que no son ni piensan como él. La revolución del *big data* lo ha hecho posible de manera paulatina. Tanto es así, que nadie llegó a prever de qué manera iba a derivar a la larga, o en qué se iba a transformar. Muchos de sus defectos, como veremos más adelante, tienen que ver también con eso, con la cantidad, tanto de datos como de algoritmos involucrados. De allí que se produzcan errores que causen escozor entre sus críticos más pertinaces.

Un usuario cualquiera que va por la vida con un dispositivo móvil siempre dirá dónde está, de dónde viene, y (con alguna probabilidad) a dónde va. La música que oye conformará un listado cada vez más acorde con sus predilecciones, lo mismo que sus preferencias de juegos, videos o lecturas. Y es que "[u]na vez agregados, los desechos de datos pueden decirles a los editores y autores [en el caso de las lecturas,] cosas que antes nunca pudieron conocer de

---

[5] Ibid., p. 144.

forma cuantificable: las preferencias, rechazos y patrones de lectura de la gente. Esta información es valiosa desde un punto de vista comercial: cabe imaginar a los fabricantes de libros electrónicos vendiéndosela a las editoriales para mejorar el contenido y estructura de sus publicaciones. Por ejemplo, el análisis de Barnes & Noble sobre los datos procedentes de su libro electrónico Nook reveló que la gente tiende a dejar a la mitad los libros largos de no ficción. Ese descubrimiento le inspiró a la compañía la creación de una serie [de libros] llamada "Nook Snaps": ensayos breves sobre cosas como la salud o los temas de actualidad."[6]

¿Le parece novedoso? Hace unos años, uno de nosotros heredó una fantástica colección de libros, entre los cuales los había históricos, filosóficos, y de ensayo. Resultó algo impactante descubrir que muchas de las lecturas se interrumpían antes de haber completado el antiguo lector el primer tercio del libro. Hasta el primer tercio se encontraban marcas y señas de lectura, pero en los dos restantes no había nada, incluso, en ocasiones, había páginas pegadas (intonsas) que revelaban que el lector no había llegado al final. Algo similar descubrimos con la lectura en libros electrónicos o *e-readers*. Los fragmentos destacados que los lectores van dejando en sus páginas son mucho más frecuentes al comienzo que al final (esto es, el número de subrayados populares disminuye a medida que se avanza en la lectura). Según el sitio especializado Book Riot, el 51% de los adultos no termina de leer el libro que empezó.[7] Las cifras varían: en algunos casos la cuota de abandono es mayor, casi nunca menor. Lo destacable aquí es que estos datos son agregados resultantes de millones de lectores que utilizan aplicaciones como Kindle o iBooks en sus tabletas o móviles.

Antes de la aparición de estos magníficos aparatos, el conocimiento que se tenía sobre los hábitos de lectura provenía de encuestas y estudios de medición. Aunque se siguen realizando, los datos aportados por los *e-readers* confirman que dichos hábitos de lectura entre la población no cambian de manera sustantiva si se los compara con datos obtenidos de encuestadoras tradicionales. En un artículo publicado por Vox en 2014, con cifras de lectura

---

6 Mayer-Schönberger y Cukier, *ob. cit.*, p. 145.

7 Kelly Jensen, Over 50% of adults have not finished a book in the last year, Book Riot, 21/6/2022, en https://bookriot.com/american-reading-habits-2022/

extraídas de la plataforma Kindle (lanzada en 2007), se nos dice que los pasajes más destacados por los lectores permiten establecer que entre los veinticinco libros más subrayados están la Biblia, los libros de autoayuda y las novelas; que los libros clásicos se empiezan a leer, pero no se terminan; que los textos de autoayuda gozan de gran popularidad; que las novelas modernas tienen pocos lectores; que muchos estudiantes de medicina usan *e-books* para estudiar; y así suma y sigue.[8]

Se dice que Bill Gates lee cincuenta libros al año, en promedio. "Lee un libro cada semana y procura absorber todo el material en su mente. [...] 'Cada libro me enseña algo nuevo o me ayuda a ver las cosas de manera diferente'."[9] Sin embargo, el cofundador de Microsoft reconoce preferir los libros en papel a los electrónicos, es decir, aquellos en que el acto de leer no deja huella electrónica. Inquietante.

Kari Paul, columnista de *The Guardian*, cuenta de qué manera Amazon sí rastreó sus huellas durante sus dos últimos años de lecturas. "Amazon," escribe Paul, "sabe más que solo el qué y el cuándo de los libros que he leído; sabe qué partes de ellos me gustaron más." No solo eso. Cuando requirió, al amparo de la nueva ley de privacidad de California, la información personal que Amazon manejaba de él, recibió detalladamente el listado de sus pedidos, los tiempos de envío de cada uno de los libros, toda la información de despacho y reparto, sus reclamos y consultas, y aún otros como su historial completo como cliente. Recibió asimismo dos hojas de cálculo Excel "con más de 20.000 líneas cada una, con títulos, marcadores de tiempo y acciones que detallaban mis hábitos de lectura en la aplicación Kindle de mi iPhone." Por ejemplo, sabía que "el 15 de febrero de 2019 a las 4:37 de la tarde, había leído [una novela de Katya Apekina] por 20 minutos y 30 segundos."

¿Impresionante? Para nada. Son solo desechos de datos que los algoritmos de Amazon ordenan por cada cliente, y agregan formando segmentos de usuarios pues, como ya se ha dicho, en la sumatoria de los hábitos las personas —mal que nos pese— empiezan a parecerse

---

8 Joseph Stromberg, 7 things the most-highlighted Kindle passages tell us about American readers, Vox, 8/6/2014, en https://www.vox.com/2014/6/8/5786196/7-things-the-most-highlighted-kindle-passages-tell-us-about-american

9 Navkiran Dhaliwal, Bill Gates Reads 50 Books Every Year, Good E Reader, 8/6/2023, en https://shorturl.at/dgMP7

entre sí. ¿El resultado? Lo que hacemos y decimos, habla por nosotros. "La verdad esencial," anota Paul citando a Alastair Mactaggart, abogado, coautor del acta de privacidad del consumidor, "es que estas entidades nos conocen mejor que nosotros mismos."[10]

Los efectos que podemos desprender de este aprovechamiento que grandes compañías como Google, Amazon o Facebook, hacen de la huella que vamos dejando en el ciberespacio, conforman un espectro que va desde la defensa de nuestra privacidad, hasta la posibilidad del escarnio público y la cancelación,[11,12] pasando por estatutos en que se obliga a las compañías aludidas a informar sobre el uso y almacenamiento de los datos.

Ya puede el lector imaginar que, así como con los libros sucederá con la música, con los videos, con las búsquedas en internet, y con cualquier cosa que haga en complicidad, deliberada o no, con sus aparatos electrónicos.

El fallecido filósofo francés Jean Baudrillard sostenía que el crimen perfecto consistiría en asesinar la realidad, no solo porque no deja cuerpo del delito (la realidad en que se resolvería el caso ya no existiría) sino que además no deja huellas.[13] Las huellas, los rastros, son inevitables. El asesino perfecto sería, en este sentido, aquel que pudiera estar en dos lados simultáneamente. Ser a un mismo tiempo el autor del crimen y su coartada.

Para Wikipedia, la huella o sombra digital, se refiere a la trazabilidad de nuestra actividad en la web, y se clasifica en pasiva o activa. La primera tiene que ver con la navegación que hacemos por la web y la información que se va almacenando en *cookies*. La segunda es aquella que el usuario deja de manera deliberada en sitios web o redes sociales.[14] El sitio web Kaspersky la define de

---

10 Kari Paul, 'They know us better than we know ourselves': how Amazon tracked my last two years of reading. *The Guardian*, 3/2/2020, en https://www.theguardian.com/technology/2020/feb/03/amazon-kindle-data-reading-tracking-privacy

11 Véase, entre otros, el excelente trabajo de Ana María Olabuenaga en *Linchamientos digitales*. México D. F., Ediciones culturales Paidós S.A. de C. V., 2019.

12 En una ocasión a Jeff Bezos le instalaron una guillotina frente a su casa. En Axel Kaiser y Rainer Zitelmann, *El odio a los ricos*. Santiago, Ediciones El Mercurio, 2023.

13 Jean Baudrillard, *El crimen perfecto*. Barcelona, Anagrama, 1996.

14 Wikipedia, Digital footprint, 9/10/2023, en https://en.wikipedia.org/wiki/Digital_footprint

manera similar, acotando además que cuando esas huellas pasan al dominio público (o semipúblico, como en el caso de los posteos en Facebook) "el propietario tiene poco control sobre el uso que otros usuarios le darán."[15]

Vemos así que las huellas que nos ayudan a navegar por la web, llegado el momento, nos delatan. Las *cookies* son, en este sentido, un buen ejemplo de ello, si bien nos facilitan la navegación. Ellas "son utilizadas para identificar usuarios específicos y mejorar su experiencia de navegación." Sin ellas, un usuario tendría que "volver a ingresar cada vez que sale de un sitio o rearmar un carrito de compras si por accidente cerró la página." En general se las usa para administrar una sesión de usuario, personalizar una experiencia de navegación, y para el rastreo (*tracking*) que los sitios comerciales utilizan para sugerir futuras compras o bien para monitorear y analizar aspectos como el número de visitas a una página y el tiempo que se pasó en ella.[16] No es difícil hacerse una idea de lo fastidioso que resultaría el tener que partir desde cero cada vez que perdemos una conexión o salimos de ella. Armar una lista de compras de supermercado puede tomar varios minutos. Si la conexión se interrumpe, es muy probable que al volver a ella el carro siga allí, gracias a las *cookies*.

Sin embargo, estos mismos programas son los que colman la paciencia de Kari Paul y tantos otros cuando se enteran de que el rastreo ha permitido construir un perfil de gustos y preferencias que, a la larga, determina el contenido de los correos que sitios como Amazon envían para recomendar lecturas, películas o discos. Esto es causa de crispación, sin duda, aunque en muchos casos, los usuarios olvidan que no ha sido la máquina la que salió a buscarlos a ellos sino que fueron ellos los que salieron a buscarla a ella. Si la máquina "adivina" nuestros gustos cada vez con mayor exactitud, es porque cada vez la usamos más.

El problema se agrava cuando entra en escena el cibercriminal. Para este, conocer la información contenida en las *cookies* constituye un hontanar de posibilidades para delinquir. "En tanto la mayoría de

---

15 Kaspersky Lab, What is a digital footprint? And how to protect it from hackers, Kaspersky, 2023, en https://www.kaspersky.com/resource-center/definitions/what-is-a-digital-footprint

16 Kaspersky Lab, What are Cookies?, Kaspersky, 2023, en https://www.kaspersky.com/resource-center/definitions/cookies

las *cookies* son perfectamente seguras, algunas pueden usarse para rastrear al usuario sin su consentimiento," que es lo que hace el cibercriminal. Los datos de las personas permiten, en el agregado final, establecer un perfil. Y esto es lo importante porque el perfil revela hábitos. Los hábitos de compra facilitan, en determinados casos, el robo. Los algoritmos bancarios que mantienen al día la actividad del usuario con la finalidad de detectar fraudes no van a emitir una alerta si un determinado suceso es considerado (por el algoritmo) como usual. Lo usual, como en el relato de Arthur Conan Doyle, *La estrella de plata*, es que el perro ladre si detecta a un extraño. Si no lo hace, es porque no ha detectado a ninguno. Ya sea digital o analógico, el caso es el mismo, con independencia de que tanto el perro como el extraño sean algoritmos.

Estos detectores digitales bancarios toman en cuenta aspectos como el volumen, la variedad, la velocidad y la veracidad de los datos.[17] Si el algoritmo está bien pensado (esto es, si posee inteligencia), va a captar cualquier desviación del perfil de compras o pagos del cliente. Más aún, si se equivoca una vez y es corregido, ya no se equivocará una segunda, pues aprende (y no olvida). La información se vuelve conocimiento.

*

Transformar la información en conocimiento es lo que por milenios han hecho los encargados de la inteligencia. El fallecido historiador militar británico John Keegan en *Inteligencia Militar*, sostiene que hay cinco etapas en el procesamiento de la información: 1) adquisición, 2) entrega, 3) aceptación, 4) interpretación, 5) implementación.[18] Cada una de estas etapas es asimilable a lo que realizan los algoritmos, con la diferencia de que la adquisición para estos últimos no implica necesariamente la búsqueda de tal o cual dato (v.gr., dónde está el enemigo, dónde su caballería, dónde su infantería), el algoritmo no sale a la calle a buscar. Muchas de las cosas que sabe las aprendió porque en algún momento le sucedieron.

---

[17] En general, respecto de los datos, se toman en cuenta las denominadas siete V: volumen, velocidad, variedad, veracidad, viabilidad, visualización y valor.

[18] John Keegan, *Inteligencia militar. Conocer al enemigo. De Napoleón a Al Qaeda*. Madrid, Turner Publicaciones S. L., 2003, p. 7.

Por lo mismo, la calidad de la receta influye en la tarta tanto como los ingredientes. Los datos son el petróleo crudo, como se vio anteriormente. El automóvil es el algoritmo que procesa el dato. El automóvil es un algoritmo. Así, si el dato es de mala calidad, se fundirá, se detendrá, o no arrancará. Que haya algoritmos, no es sinónimo de que haya inteligencia. Son numerosos los factores que inciden en el resultado final de una aplicación, ya sea la estructuración de los datos, el tipo de algoritmos que los procesan, o los niveles de satisfacción que otorgan. El hecho de que haya algoritmos, por sí mismo es algo que no revela nada.[19]

Algoritmos y datos no son más que la forma y el contenido de la información cuando ha sido procesada por máquinas. La taxonomía de los algoritmos, en virtud de esta unidad de forma y contenido, es amplia, pero como primera aproximación se los puede reducir a dos: los que funcionan y los que realmente sirven. El resultado va a depender de su relación con el usuario: ya sea que lo ayude complementándolo, o que derechamente lo sustituya. Es este último caso uno de los que más preocupación han estado causando. ¿Sustituirán los algoritmos a las personas en los mercados de trabajo? ¿Serán causa de desempleo masivo en el futuro?[20]

No hay almuerzos gratuitos

Suelen atribuirse a la generosidad las donaciones voluntarias. En días de elecciones los medios de transporte, por ejemplo, movilizan al votante sin cobrar el importe correspondiente. Se dice que ese día el transporte es “gratis.” Es cierto que es gratis, pero no es más que un decir. Lo cierto es que, hablando con franqueza, los contribuyentes ya lo hemos pagado. No hay gratuidad, lo que hay es apariencia de gratuidad, algo que, por lo demás, podría ser perfectamente genuino. En la novela *Ragtime*, el escritor E.L. Doctorow insinúa que el magnate norteamericano John Pierpont Morgan, podía dejar caer una moneda en el vaso de un pordiosero sentado en la acera. No tenía

---

19 Véase Sergio Quijada F., Chile, ¿líder en IA? Santiago, *El Mercurio*, 31/10/2023, p. A-2.

20 Véase el muy buen trabajo de Manuel Alejandro Hidalgo, *El Empleo del futuro*. Barcelona, Deusto, 2018.

inconveniente en hacerlo, pues sabía, que por uno u otro conducto ella volvería a su bolsillo.

Con la gratuidad de los servicios de internet ocurre otro tanto. Como veremos en el capítulo V, hay una tendencia a reprobar este *modus operandi* de las grandes compañías que, según se dice, hacen del cliente un producto. Aunque cuesta imaginar de qué otro modo podría ser gratis un servicio de correo como, por ejemplo, Gmail, sin el sustento del avisaje comercial.

En el caso del *big data*, que es el pienso de nuestros animalejos digitales, los datos son provistos por los mismos usuarios. En esta perspectiva, si usted es un usuario de internet, pregúntese si no estará recibiendo la moneda que le deja caer J.P. Morgan mientras navega por la web en el metro un día de gratuidad. Mitchell: "No es un secreto: el *deep learning* requiere de *big data* [...] ¿De dónde vienen todos estos datos? La respuesta es, por supuesto, de usted, y probablemente de cada persona que usted conoce. Las aplicaciones modernas de visualización computacional solo son posibles gracias a los miles de millones de imágenes que los usuarios de internet han subido y (en ocasiones) etiquetado con un texto que las identifica." Las grandes compañías tecnológicas, sostiene la autora, ofrecen servicios gratuitos para el computador y el móvil o cualquier otro soporte, desde la búsqueda en la web, pasando por videollamadas, hasta asistencia automatizada. ¿Qué ganan con ello? Muy simple, producir usuarios. Los clientes verdaderos son los avisadores. Pero hay algo más, sostiene: "cuando usamos servicios provistos por compañías tecnológicas como Google, Amazon y Facebook, estamos proveyéndolas directamente de ejemplos en forma de imágenes, videos, texto o palabras habladas, que ellas utilizan para entrenar mejor a sus programas de IA."[21]

Es un hecho que sin usuarios no se habría desarrollado el aprendizaje profundo y no tendríamos *chatbots*, asistentes virtuales, detectores de enfermedades y diagnosticadores médicos, sugerencias de películas o series en Netflix o HBO Max, o de canciones en Spotify o en YouTube Music, ni preferencias de noticias en Google, ni detección de noticias falsas o correo *spam*, ni aplicaciones de composición musical, de coloreado de imágenes, de robots en hospitales, en talleres y fábricas; no habría sistemas de captura de imágenes,

[21] Melanie Mitchell, *Artificial Intelligence*; *ob. cit.*, p. 112.

de detección de fraude, de traducción automática, de desarrollo de vehículos sin conductor; drones, satélites, aeronaves, y para qué seguir. Ya sabrá usted decidir si ha pagado o no un costo demasiado elevado por todo ello.[22]

Sin embargo, suele pasarse por alto que históricamente no fueron Google o Amazon los primeros cazadores recolectores de datos, sino los gobiernos. Fueron estos, señalan Mayer-Schönberger y Cukier, "los acopiadores originales de información a escala masiva, y todavía pueden competir con cualquier empresa privada por el mero volumen de datos que controlan. La principal diferencia con los tenedores de información del sector privado estriba en que los gobiernos muchas veces pueden forzar a la gente a suministrarles información, en lugar de tener que persuadirlos u ofrecerles algo a cambio [como un servicio de mensajería gratuito]. Por consiguiente, los gobiernos seguirán amontonando vastos tesoros de datos."[23]

La diferencia entre unos y otros es que los gobiernos no suelen ser tan eficaces ni innovadores como las compañías con las que compiten, no siempre de manera muy leal. Los gobiernos pueden prohibir a las compañías utilizar datos de sus usuarios, sin embargo, ningún usuario en el mundo tiene el poder de prohibir al gobierno que utlice los suyos. El caso, agregan Mayer-Schönberger y Cukier, es que, con la proliferación de datos en la web, la discusión sobre el uso público y privado de los mismos ha derivado en que los mismos gobiernos han debido abrir sus cajas de caudales de datos al escrutinio público, siempre y cuando ellos no representen un riesgo excesivo para las personas o la seguridad nacional, lo que deja un amplio margen decisional a la autoridad.

El valor de los datos abiertos, sostienen estos autores, equivale a ponderar monetariamente lo que no tiene precio. Todos comprobamos a diario el valor de la información en nuestros días. Para las grandes compañías es un dolor de cabeza. Valorar los bienes físicos es sencillo. "Facebook," por ejemplo, "declaró [en 2012] activos por valor de 6.300 millones de dólares." Pero ¿qué había del valor

---

[22] Puede verse una relación parcial en Avijeet Biswal, Top 25 Deep Learning Applications Used Across Industries, Simplilearn - Online Certification Training Course Provider, 26/10/2023, en https://www.simplilearn.com/tutorials/deep-learning-tutorial/deep-learning-applications

[23] Mayer-Schönberger y Cukier, *ob. cit.*, p. 146.

contable de la información que la plataforma tenía en su "caja fuerte corporativa"? "No se incluía, aun cuando la compañía prácticamente no es *nada más* que datos."[24]

Estimar el valor de intangibles con un alto potencial de reutilización, en apariencia ilimitado,[25] es un fenómeno que, si bien complica a los inversores, no ha frenado la expansión de las compañías en la adquisición de nuevas plataformas o aplicaciones. En 2020, la Universitat Oberta de Catalunya "publicó un interesante artículo sobre el comercio de datos personales en Internet. Según este texto, los datos personales con los que cuentan las plataformas y redes sociales que usamos tienen un valor cuantificable. Lo pusieron de manifiesto operaciones como la que llevó a cabo hace cinco años Facebook, cuando compró la aplicación WhatsApp por más de 21.800 millones de dólares, o la que cerró unos años antes Google, cuando adquirió YouTube por 1.650 millones de dólares. De acuerdo con los expertos de la universidad, ni Facebook ni Google desembolsaron esas cantidades por la estructura tecnológica de estas plataformas: 'lo que realmente tenía valor era el número de usuarios que tenían detrás'."[26]

Los datos poseen valor transaccional. Con independencia de cómo se calculen, es un hecho que los de las personas se transan y fluyen como el agua por las sedientas orillas de los mercados. Aun así, debiéramos distinguir entre tipos de datos. La fotografía que una persona sube a Instagram, o un comentario que alguien postea en Twitter o Facebook, pasan a ser de dominio público, y cualquiera la puede ver, si no leer, escuchar o comentar. Pero hay otro tipo de datos que poseen un valor de privacidad mayor, como el estado financiero de una compañía o empresa, la ficha médica de un paciente, un fallo judicial, el detalle de un proyecto de defensa, una investigación policial, entre muchos otros. Todo ello, sabemos, es reducible a datos digitales, y siendo así, podrán comercializarse directamente o extraerse de manera fraudulenta para venderse en espacios como la web oscura.

---

24 Ibid., p. 150 (cursivas en el original).

25 Mayer-Schönberger y Cukier, *ob. cit.*, p. 154.

26 Cristina Albarrán, ¿Sabes cuánto valen tus datos personales en Internet?, Redes & Telecom, 28/4/2023, en https://www.redestelecom.es/seguridad/sabes-cuanto-valen-tus-datos-personales-en-internet/

No todos los datos tienen el mismo valor, no todos los datos tienen precio. El dato, en este esquema, no es una sola cosa. Para la Unión Europea (UE), sin embargo, no parece ser este el caso. Es sabido que las normas que ella impone a sus países miembros son las más estrictas del mundo, y siempre bajo el supuesto de que, tratándose de datos, caemos en la órbita de un derecho fundamental. ¿A qué datos se refiere la UE? He aquí algunos ejemplos:

- Nombres y apellidos.
- Domicilio.
- Dirección de correo electrónico.
- Número de documento nacional de identidad.
- Datos de localización (como los que utiliza un teléfono móvil).
- Dirección de protocolo de internet (IP).
- Identificadores de *cookies*.
- Identificadores de publicidad para el móvil.
- Datos en poder de un hospital o médico, que podrían ser [incluso] un símbolo que identificara de forma única a una persona.[27]

Antes que diferenciación vemos generalización. La dirección de correo pesa en este listado lo mismo que un identificador hospitalario. Para el profesor Sergio de Juan-Creix, no puede soslayarse el valor de uso de ciertos datos, tanto para las empresas como para los usuarios individuales. "Es incuestionable que los datos tienen valor económico, basta con fijarse en el hecho de que las principales empresas del mundo se alimentan a base de datos, mientras que a los usuarios se nos impide obtener beneficios de ellos. Además, el hecho de que sea un derecho fundamental no debería bloquear la posibilidad de que tuvieran una vertiente patrimonial, como sucede por ejemplo con los derechos de imagen, que también son un derecho fundamental."[28]

Los datos abren el apetito de todo el mundo. En la UE parece haber hambre de restricciones. Desde su creación no han hecho más que crecer.[29] A la hora de evaluar lo que significa bloquear a

---

27 Cristina Albarrán, *ob. cit.*

28 Ibid.

29 Cfr. Puro Marketing, La Unión Europea prohíbe a Facebook e Instagram el uso de datos para la publicidad dirigida, 2/11/2023, en https://shorturl.at/nsCM4. Cfr. asimismo la intervención del profesor Ryszard Legutko ante el parlamento

las compañías proveedoras el acceso a información sobre gustos y preferencias de sus usuarios, es indispensable tomar en cuenta dos aspectos. El primero tiene que ver con la personalización de la experiencia de navegación por la web. Al menos como una primera aproximación, la anonimización del usuario tendría como consecuencia la uniformidad de la experiencia de este en el ciberespacio. ¿Es esto un anhelo razonable? El segundo tiene que ver con los futuros desarrollos en IA que, como hemos visto, son fuertemente dependientes de los datos.

No debemos perder de vista la clave de todo el asunto hasta aquí: sin datos, no hay aprendizaje profundo. Sin ellos no habrá algoritmos de clasificación (detección de correo no deseado, transacciones fraudulentas, diagnóstico de enfermedades), de agrupación en clústeres (segmentación de clientes, hallazgo de patrones, identificación de valores atípicos), de regresión (predicción de ventas, pronósticos de demanda, evaluación de riesgos), de minería de reglas de asociación (ocurrencia o correlación de elementos en un conjunto de datos, recomendación de productos, detección de fraudes), de reducción de dimensionalidad (compresión y visualización de datos, eliminación de ruido, mejora de rendimiento), de detección de anomalías (detección de intrusiones, fallas o errores).[30]

---

europeo, en el que reprocha duramente a la corporación el haber dejado de observar su función primordial, que es la de representar los intereses de los pueblos, transformándose, *a contrario sensu*, en una maquinaria destinada a llevar adelante el así llamado proyecto europeo. En opinión de los autores, las limitaciones a la experiencia del usuario, obstaculizando tanto los desarrollos futuros como los servicios actuales que prestan plataformas como Facebook, Instagram, o Twitter, irá en directo perjuicio del mismo a la luz de lo expuesto por este notable filósofo polaco. Disponible en Prof. Ryszard Legutko: "Two minutes of truth, of bitter truth" in the European Parliament, YouTube, 7/12/2022, en https://www.youtube.com/watch?v=eHRwl6gdnj4

30 Autor corporativo, ¿Cuáles son algunos de los algoritmos de Big Data Analytics más populares y ampliamente utilizados?, LinkedIn, 2023, en https://www.linkedin.com/advice/3/what-some-most-popular-widely-used-big-data?lang=es

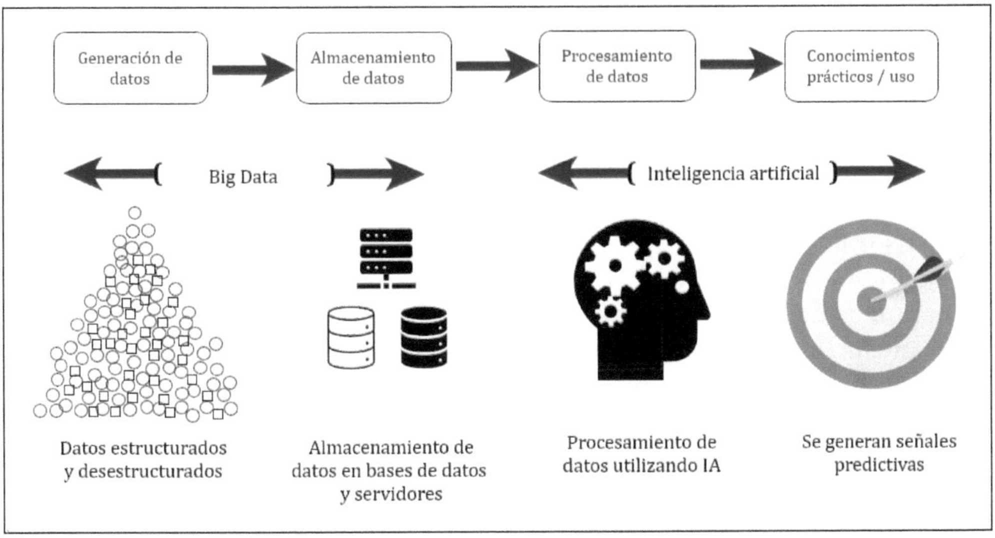

Figura 13. Relación entre IA y *big data*. Sin datos masivos la inteligencia artificial sería inviable. El análisis de datos permite predecir, hallar patrones, refinar y analizar datos. La IA actúa como un analista encargado de extraer información de los datos en un mínimo de tiempo, y se sirve de ellos para tomar decisiones.[31]

La pretensión de un almuerzo gratuito, como se lo conoce en la cultura popular,[32] es vana. No se puede aspirar a contar con IA negándole al mismo tiempo a los algoritmos el acceso al gran volumen de datos que generan los usuarios de la web. La protección de datos y la IA no son incompatibles, la dificultad estriba en separar con la adecuada precisión lo privado de lo público, y el uso del abuso. La mezcla sin ton ni son del concepto de "dato" como una entidad única a la que es imposible acceder, mucho menos utilizar, no solo postergará el desarrollo de la IA, sino que lesionará gravemente las prestaciones que ella otorga a la comunidad, en buenas cuentas un universo cada

---

[31] Adaptada de autor desconocido y utilizada bajo licencia de Creative Commons, en https://creativecommons.org/licenses/by-sa/3.0/

[32] "No such thing as a free lunch" es una fórmula de origen norteamericano que se remonta a la época de 1930. Básicamente propone que no es posible obtener algo a cambio de nada. Fue popularizada, entre otros, por el economista Milton Friedman en su libro homónimo de 1977. *No such thing as a free lunch*, Wikipedia, 12/9/2023, en https://shorturl.at/bhiIO

vez mayor (y cada vez más variopinto) de usuarios de todas las áreas, lo que incluye, ciertamente, a los celosos legisladores.

*

Purificar los datos de modo de romper su vínculo con el causante, dejando solo su valor de uso, no es fácil. Mayer-Schönberger y Cukier en su libro de 2013 ya hacían ver de qué modo las estrategias empleadas para "asegurar la privacidad —notificación y consentimiento individual, exclusión voluntaria, y anonimización— [habían] perdido buena parte de su efectividad." En efecto, diversos intentos, especialmente con la anonimización, han probado su ineficacia a la hora de cortar el vínculo existente entre el dato y el causante. Puestos a investigar, diarios como *The New York Times* o la Universidad de Texas en Austin, han podido reponer el vínculo aparentemente cortado, lo que ha hecho posible la reidentificación. En otras palabras, las huellas que usted dejó en la arena, no se borraron. Los datos no sufren erosión.

El conocimiento es poder, escribía Francis Bacon hacia 1597. Sabemos que el procesamiento de la información (datos) es conducente al conocimiento, ergo, al poder. El conocimiento y el poder se llevan bien. Antes señalábamos que los Estados recopilan enormes cantidades de información de sus ciudadanos (todos los gobiernos lo hacen), pero que, a la hora de limitar el uso de datos por los proveedores de internet, de hacer efectivo el derecho a la privacidad de las personas, él, el Estado, se queda fuera del cerco. "[S]e dice que la Agencia Nacional de Seguridad de Estados Unidos (NSA, por sus siglas en inglés) intercepta y almacena 1.700 millones de correos electrónicos, llamadas telefónicas y otras comunicaciones cada día, según una investigación realizada por *The Washington Post* en 2010. William Binney, un antiguo agente de la NSA, estima que el gobierno ha recopilado unos '20 billones de transacciones' entre ciudadanos estadounidenses y otros: quién llama a quién, manda correos electrónicos a quién, transfiere dinero a quién, etc."[33]

Vemos en las películas de antaño que los teléfonos se "pinchaban" para poder escuchar las conversaciones. Hoy en día Google y Facebook, entre otros, poseen una información que podríamos

[33] Mayer-Schönberger y Cukier, *ob. cit.*, p. 195.

calificar de enriquecida si la comparamos con la que se obtenía de un mero pinchazo. Las redes sociales, tal como lo indica esta denominación, no nos entregan únicamente el dato puntual de una llamada, sin que además nos permiten trazar la red de relaciones de un sujeto cualquiera y, por ende, el esquema completo de su actividad: no solo qué hace todo el día, con quién conversa, dónde y con quién ha estado, sino que además sus valores, sus inclinaciones privadas y, eventualmente, sus desviaciones si las tuviera.

Considerando estos elementos, resulta improbable que la protección de datos y la santificación del derecho a ejercerlo no afecten la esfera de la autoridad. La abrumadora cantidad de datos que las personas generan, meticulosamente procesados por algoritmos, se convierte en uno de los alimentos más codiciados por las entidades gubernamentales. Es un hecho que limitarán el uso de estos datos por parte de terceros, ya que, a nadie, y menos a ellos, les agrada la idea de la competencia en este ámbito. ¿Estarán dispuestos a renunciar a estos privilegios?

*

La paranoia que a menudo acompaña la sensación de ser vigilado, ya sea a nivel individual o colectivo, y que ocasionalmente da lugar a teorías conspirativas, no tuvo su origen en la Guerra Fría, pero Philip K. Dick, el destacado autor de ciencia ficción, se inspiró en ella. Su obra *Minority Report* (1956) explora la posibilidad de que un grupo de mutantes, tres en particular, sea capaz de prever la comisión de un delito. En la actualidad, esta premisa se encuentra dentro de las capacidades que ofrecen los algoritmos de inteligencia artificial. Los algoritmos de hoy son los mutantes de Dick. Así, no es infrecuente que determinados itinerarios de vuelo terminen con ciertos pasajeros siendo amablemente separados de su grupo de viaje, ingresados a un austero despacho con dos sillas y una mesa, y sometidos a un interrogatorio policial en el que deberán demostrar que los lugares en los que estuvieron junto a los tiempos de vuelo y permanencia no eran los propios de un malvado terrorista.[34]

---

[34] Cfr. de Albert-László Barabási, *Bursts. The Hidden Patterns Behind Everything We Do, from Your E-mail to Bloody Crusades*. London, Penguin Books Ltd., 2010, esp. p. 1 y ss.

La seguridad basada en algoritmos es real y cada cierto tiempo da lugar a fallos como el aludido. El algoritmo puede ser preciso, pero le faltará sutileza o cualquier rasgo humano que haga posible diferenciar la apariencia de la realidad. A veces la distancia es tan corta que ambos trazos se superponen —el aparente y el real. Calibrar los algoritmos para que no cometan errores de juicio, si así pudiera decirse, implicaría probablemente jugar con fuego porque al dejar fuera a sujetos perfectamente inocentes, puede llevar a excluir a otros perfectamente sospechosos. No siempre el tipo al que sorprendieron con el cuchillo en la mano, acuclillado junto al cadáver, es el asesino. Incluso si con la muerte de la víctima se beneficia.[35] Moverse en la ambigüedad seguirá siendo patrimonio de la humanidad.

Por ahora al menos.[36]

Un cuarto sin ventanas

En más de algún modo el científico de datos ha pasado a ser el hombre del momento. Antes de la revolución del *big data*, sencillamente no existía. Hoy la versión popular lo asocia a un sujeto gordo, que bebe Coca-Cola y nunca sabe si lo que se le pasó de largo fue el hoy o el ayer. Aun así, en él se combinan, según Mayer-Schönberger y Cukier, "las aptitudes del estadístico, del programador de software, del diseñador infográfico y del narrador. En lugar de escudriñar por un microscopio para desvelar algún misterio del universo, el científico de datos escruta bases de datos al acecho de descubrimientos."[37] No es poco.

¿Pero qué es la ciencia de datos?

Para Kelleher y Tierney "es un conjunto de principios, definiciones de problemas, algoritmos y procesos para extraer patrones no obvios y útiles de grandes conjuntos de datos [L]os términos *ciencia*

---

[35] "Como en la descripción aristotélica de la tragedia," escribe W.H. Auden, "hay *ocultación* (los inocentes parecen culpables y los culpables parecen inocentes) y *manifestación* (la verdadera culpa se hace consciente)". En W.H. Auden, The Guilty Vicarage. Notes on the detective story, by an addict. *Harper's Magazine*, 1948, en https://harpers.org/archive/1948/05/the-guilty-vicarage/ (las cursivas son nuestras).

[36] Cfr. Mustafa Suleyman y Michael Bhaskar, *The coming wave*. New York, Crown, 2023.

[37] Mayer-Schönberger y Cukier, *ob. cit.*, p. 157.

de datos, *aprendizaje automático* y *minería de datos* a menudo se usan indistintamente," un poco como ocurre con la IA respecto del aprendizaje de máquina. Para estos autores, el aprendizaje automático tiene que ver con el diseño y evaluación de los algoritmos para extraer patrones contenidos en los datos. La minería de datos realiza análisis de datos estructurados con énfasis en las aplicaciones comerciales (por ejemplo, el modo en que se deben distribuir las bencineras en una ciudad). La ciencia de datos, en cambio, aborda desafíos mayores "como la captura, limpieza y transformación de redes sociales y datos web no estructurados; el uso de tecnologías del *big data* para almacenar y procesar grandes conjuntos de datos no estructurados; y preguntas relacionadas con la ética y la regulación de datos."[38]

Extraer patrones implica que el algoritmo descubre lo que el ojo humano no ve, de allí que se los señale como no obvios o no triviales. Los humanos podemos observar ciertas relaciones, no todas. Pero ocurre que en ocasiones esas que no observamos son las que importan.

En un supermercado los clientes pueden agruparse por edad, por sexo, por concurrencia (¿solos?, ¿acompañados?), por la frecuencia con que asisten al local, y así suma y sigue. Luego se los reúne por semejanza o cercanía en preferencias y comportamiento. "En la jerga empresarial, esta tarea se conoce como *segmentación* de clientes [mientras] que en la terminología de la ciencia de datos se llama *agrupamiento*."[39]

La idea, como el lector ya habrá adivinado, es predecir conductas.

Otro ejemplo lo constituye el correo electrónico. Si uno de ellos contiene la frase "hacer dinero fácilmente," señalan Kelleher y Tierney, ¿qué tan probable es que sea un correo no deseado? La expresión "probable" implica que por encima o por debajo de cierto umbral el algoritmo hará una predicción. Lo mismo si contiene información sobre compra-venta de automóviles a un destinatario que por perfil no se ocupa jamás de coches de ningún tipo. En estos casos el algoritmo etiquetará al correo como no deseado o *spam*.

---

[38] John D. Kelleher y Brendan Tierney, *Ciencia de datos*. Santiago; Ediciones Universidad Católica de Chile, 2020, p. 17. La versión original es de Cambridge, Massachusetts, MIT Press, 2018 (cursivas en el original).

[39] John D. Kelleher y Brendan Tierney, *ob. cit.*, p. 17 (cursivas en el original).

Cuando pese a todo, aparece un correo no deseado en la casilla principal, es que el algoritmo encargado (no es uno solo) ha sido engañado por el correo entrante. En este caso, si el usuario se toma la molestia de hacerlo, puede decirle al algoritmo, "esto es correo 'no deseado'," y entonces aquel aprende que ese correo en particular es la marca de un patrón no reconocido. Aun así, puede seguir siendo engañado. Los fabricantes de *spam* saben tanto como los detectores de *spam*. Se trata de una guerra sin término.

Con los móviles pasa algo parecido. La alerta de un llamado comercial propondrá una señal al recipiente que etiquetará al número como *spam*. En los móviles Android el número aparecerá con fondo rojo en la pantalla. Lamentablemente la actividad persiste porque una proporción de los recipientes de llamadas contesta. Los centros desde los que se llama pueden estar ya sea en el país del recipiente o fuera de él. Las llamadas no las realiza un operador (son millones de llamados por minuto) sino un algoritmo (también llamado *software*) que consiste en un *robocall* (básicamente un mensaje pregrabado), discado a su vez por el algoritmo que extrae el número de una base de datos. El algoritmo del móvil, es decir, el del receptor de la llamada, la recibe y clasifica, si es del caso, como *spam*. Si es *spam* le asignará una etiqueta en rojo que se verá como fondo en la pantalla (móviles Android). Si, pese a ello, alguien contesta, el algoritmo de salida asigna la llamada a un operador humano (que es la razón de que en ocasiones se produzcan retrasos en la comunicación: no hay operadores disponibles), que es el que transmite el contenido. La batalla cotidiana en el ciberespacio se da, en fracciones de segundo, entre enjambres de algoritmos que utilizan, de un lado, los datos de las cuentas telefónicas y, del otro, rutinas de aprendizaje que se instruyen en etiquetar llamadas. Ahora, si una proporción tan baja de la población contesta los llamados, ¿por qué se siguen haciendo? Respuesta: porque estamos en la era del *big data*. Hacer llamadas les cuesta a los operadores un penique, es decir, un centavo. Pero una sola persona que conteste el llamado le puede reportar entre seis y siete dólares de retorno (el pago de 700 llamadas). En seguida, puesto que "poco" en el mundo del *big data* es igual a "mucho" en el mundo real, el negocio es altamente rentable. Por si no bastara con esto, no todos los países contienen legislaciones que prohíban o pesquisen llamadas *spam*. En el mundo de los algoritmos y el *big data*, en ocasiones es mejor confiar en que el usuario sabrá defenderse por sí mismo. En este caso, no contestando llamadas *spam*.[40,41]

Cuando un móvil Android etiqueta un llamado como *spam*, lo que está haciendo es predecir. No siempre el *spam* es *spam*. Hay usuarios cuyas llamadas son recibidas en otros móviles como *spam* aun sin serlo. Los algoritmos "no saben" que se equivocan cuando todo lo que han hecho ha estado bien hecho. Si tal es el caso, bien puede ser que el equivocado sea el humano. Si un amigo de usted lo ha etiquetado por error como *spam*, el algoritmo indefectiblemente lo etiquetará como tal (lo que aprende, no se le olvida).

Una lección que podemos sacar de correos y llamadas *spam* es que no hay alternativa a los algoritmos. No es posible para los humanos manejar *big data*. Las cifras son tan elevadas (correos, cuentas telefónicas) que no es posible registrarlas una a una. "Se estima que la cantidad de datos recopilados durante los últimos cinco milenios desde la invención de la escritura hasta 2023 asciende aproximadamente a 5 exabytes. Desde 2013, los humanos generan y almacenan esta misma cantidad de datos todos los días." A ello debemos sumar el hecho de que los datos no solo han crecido en número, la variedad también ha aumentado. Solo de pensar en la cantidad de fuentes desde las que manan, resulta abrumador. Y eso sin considerar los metadatos, que son "los que describen la estructura y propiedades de los datos brutos."[42] No hay alternativa a los algoritmos, salvo la de hacerlos tan eficientes como sea posible. De otro modo no podrán manejar lo que ellos mismos producen.

En la tabla siguiente se presentan las cifras correspondientes a la unidad de información básica que es el *byte*. El *byte*, como veremos en el capítulo siguiente, está compuesto por ocho dígitos binarios (como en 10111001), y corresponde al tamaño del bocado que un ordenador digiere. No podría echarse a la boca, digamos, tres *bits* (como en 101) ni cinco (como en 10111), sino que siempre ocho (como en 10111001). El ordenador procesa *bits*, no *bytes*, pero lo

---

40 Élida Vega Córdova, ¿Por qué recibo llamadas que nunca contestan? *El Comercio*, 22/10/2021, en https://shorturl.at/iB579

41 Walt Hickey, The annoyance engine: Spam robocalls became profitable scams by exploiting the phone system, but you can stop them. *Insider*, 3/3/2021, en https://shorturl.at/qFHL5

42 John D. Kelleher y Brendan Tierney, *ob. cit.*, p. 21.

hace de a ocho. Una analogía podría establecerse con el lenguaje hablado. Nadie nos dice H-O-L-A, sino HOLA. Si bien las palabras que decimos se descomponen en fonemas, en la práctica resultan de la reunión de estos, dando lugar a palabras de distinto orden. Lo mismo ocurre con los *bytes*, solo que estos siempre cuentan hasta ocho.

Tabla 1. Representación de tamaños de memoria[43]

Nombre	Igual a	Tamaño (en *Bytes*)
Bit	1 *Bit*	1/8
Byte	8 *Bits*	1
Kilobyte	1024 *Bytes*	1024
Megabyte	1024 *Kilobytes*	1.048.576
Gigabyte	1024 *Megabytes*	1.073.741.824
Terabyte	1024 *Gigabytes*	1.099.511.627.776
Petabyte	1024 *Terabyte*	1.125.899.906.842.624
Exabyte	1024 *Petabytes*	1.152.921.504.606.846.976
Zettabyte	1024 *Exabytes*	1.180.591.620.717.411.303.424
Yottabyte	1024 *Zettabytes*	1.208.925.819.614.629.174.706.176

Los datos, a semejanza de los algoritmos que, como hemos visto, pueden escribirse en diferentes lenguajes, se almacenan a su vez en repositorios con diferentes formatos. Una planilla electrónica en que usted mantiene el estado de sus cuentas, las notas de sus alumnos, o los cumpleaños de sus amigos, es una base de datos y tendrá un formato especifico. Esto implica que no podrá abrirla con cualquier programa. Los datos existen en una variedad de formatos como NoSQL o Hadoop. "Todos los datos en estas bases y fuentes de datos deben integrarse, limpiarse, transformarse, normalizarse, etc. Estas tareas tienen muchos nombres, como *extracción, transformación y carga*, *organización de datos*, *tratamiento de datos*, *fusión de datos*, *procesamiento de datos*, etc."[44]

---

43 Akanksha Rai, Understanding file sizes | Bytes, KB, MB, GB, TB, PB, EB, ZB, YB. *Geeks for Geeks*, s. f., en https://shorturl.at/hxA37

44 John D. Kelleher y Brendan Tierney, *ob. cit.*, p. 29 (cursivas en el original).

Todo esto lo hacen las máquinas, solo que supervisadas por humanos. Si bien gran parte de la tarea la realizan solas, ello en ningún caso saca del *loop* al humano. Este debe mirar los datos y asegurarse de que no se están produciendo duplicaciones, clasificaciones erradas, correspondencias inexistentes, y otros. Esta es la razón de que cuando los datos son muy grandes tome tanto tiempo certificarlos. En ocasiones esto puede tomar años. "En realidad," subrayan Kelleher y Tierney, "la ciencia de datos requiere una supervisión humana especializada en las diferentes etapas del proceso. Se necesitan analistas humanos para enmarcar el problema, diseñar y preparar los datos, seleccionar qué algoritmos de aprendizaje automático son los más apropiados, interpretar críticamente los resultados del análisis y planificar la acción adecuada a tomar en función de la información que el análisis ha revelado." En una palabra, la ciencia de datos no es un proceso autónomo.[45]

Hemos señalado que los datos asociados a algoritmos nos sirven para tomar decisiones. Los datos provenientes de un sistema de información geográfico (SIG), se asocian con un algoritmo que me dice cuál es el camino más corto para ir de A a B. La propuesta del algoritmo (como el de Google Maps o Waze) contiene la decisión que este ha tomado respecto de la ruta más corta en términos de tiempo (no de panorama o seguridad). Con independencia de que nos sugiera otras tantas, remarcará la que considera como más corta en tiempo. Lo que deseamos resaltar es que al final lo que tenemos es una decisión, basada en una predicción, basada a su vez en datos.

La figura siguiente muestra la secuencia ascendente (o jerárquica) de los datos, desde las fuentes hasta la toma de decisiones. "[E]l ancho de la pirámide representa la cantidad de datos que se procesan en cada nivel: cuanto más alta es la capa en la pirámide, más informativos son los resultados de las actividades para la toma de decisiones."[46] En la base se hallan las fuentes de donde provienen los datos, que luego son procesados (ordenados), explorados (revisados), e incorporados como *input* a los algoritmos. En esta última etapa es donde se produce el aprendizaje automático. Recuérdese que el algoritmo deberá hallar relaciones y extraer de ellas información no trivial (la que los humanos no capturamos con solo mirar). Finalmente, a partir de lo aprendido,

---

45 John D. Kelleher y Brendan Tierney, *ob. cit.*, p. 37.

46 Ibid., p. 51.

lo que obtenemos en una sugerencia para llevar a cabo una acción. Un aspecto que vale la pena reiterar se refiere precisamente a esto último: a medida que subimos por la pirámide, la información disminuye, pero solo en cantidad. Ello porque el conocimiento requiere solamente de lo esencial. Lo reiterado o repetitivo está de más. De ahí la tendencia al estrechamiento que observamos en el diagrama. El incremento en el potencial de apoyo a la toma de decisiones es resultado de la abstracción creciente que se produce con los datos procesados. A medida que se avanza en el desbroce, la decisión debiera aparecer cada vez más clara. No más fácil, sino que más clara. El conflicto emocional que suele acompañar a las decisiones no forma parte del proceso. Un último elemento a considerar es la predicción misma. Que ella prediga, significa ni más ni menos darnos a conocer el valor faltante de un atributo, fin de la historia. Un filtro de *spam* es un modelo de predicción que nos dice si el correo entra a la casilla principal o se va directamente a la casilla de correo no deseado.[47] El valor faltante en este caso no es más que el *output* de la fórmula *if → then*.

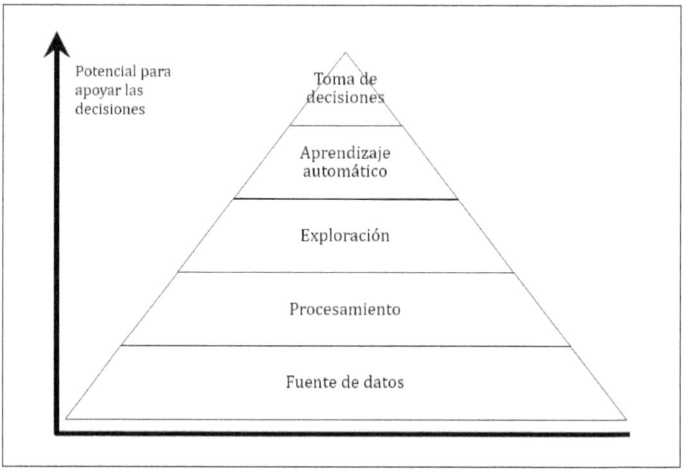

FIGURA 14. Pirámide de ciencia de datos.[48] Rutina ascendente que va desde las fuentes mismas, hasta la toma de decisiones final. A medida que aumenta la abstracción (con menos datos, se informa cada vez más), mayor el potencial decisional del proceso.

[47] John D. Kelleher y Brendan Tierney, *ob. cit.*, p. 65.

[48] Han, Kamber y Pei, *Data Mining: Concepts and Techniques*, 3rd. Ed. Haryana; India: Morgan Kaufmann, 2011, citados en John D. Kelleher y Brendan Tierney, *ob. cit.*, p. 51 (modificada por los autores).

Si camina —dice el saber popular— como un pato, si parpa como un pato, si vuela como un pato, si nada como un pato, entonces es un pato. He aquí resumida la formulación *if → then*. El valor faltante resulta de todos los condicionantes previos.

Las aplicaciones de *machine learning* conjugan los algoritmos con los datos antes que con las reglas. No debe perderse de vista que antes de la revolución en IA de los años 2000, el aprendizaje se basaba fundamentalmente (aunque no exclusivamente) en reglas. El proceso, en cierto modo, se invirtió: ahora las reglas las creaba el algoritmo mirando los datos. De tanto "mirar" esos datos, descubre que sus relaciones hacen aparecer patrones que, una vez reconocidos, permiten hacer inferencias sobre cualquier dato aislado.

El período que va de McCarthy, Minsky, Shannon y Rochester, entre otros, y que abarca las décadas de 1950 y 1960, fue de avances importantes en el desarrollo de la IA. Pero sin los datos masivos, esos avances no eran más que remolinos levantando polvo. Se los podía profundizar, pero de avance, poco. Este es el período al que se denomina invierno de la IA y que termina, podríamos decir, hacia 1997, año en el que Deep Blue venció en el ajedrez a Garry Kasparov (capítulo III).[49]

No está de más repetirlo, los datos masivos y los algoritmos (IA) son convergentes.

Los datos como tales se almacenan en bases de datos y estas no solo son repositorios inertes de los datos, como pueden serlo las fichas de una biblioteca. Las bases de datos relacionan, consultan, comparan, son entes activos. Si se tratara de una biblioteca física, equivaldría a hacerlos leer los libros, resumirlos, clasificarlos, descubrir relaciones entre ellos, frases que se repiten, cifras que coinciden, tiempos de lectura, entre muchos otros. Las bases de datos poseen toda clase de funciones estadísticas, y algunas de ellas pueden hablar más de un lenguaje informático.

Hoy día los proveedores de bases de datos "han integrado muchos algoritmos de aprendizaje automático en sus bases de datos. [Al]

[49] En realidad, se habla de primer y segundo invierno de la IA. Es un período que en lo global va de 1974, aproximadamente, a los 2000, con una interrupción en la década de 1980. Básicamente tiene que ver con las restricciones presupuestarias debidas, en muchos casos, tanto a las fallas que presentaban las propuestas de los investigadores como a lo largos que, no obstante, resultaban los desarrollos. Puede encontrarse un buen resumen en Wikipedia, AI Winter, 30/10/2023, en https://en.wikipedia.org/wiki/AI_winter

aprendizaje automático integrado en el motor de la base datos [se le] conoce como *aprendizaje automático en la base de datos*." Dicho aprendizaje acelera el desarrollo de modelos para identificar patrones útiles en los datos,[50] modelos que pueden utilizarse en otros repositorios, escalarse y mejorarse. Hoy el lema, según Kelleher y Tierney, es "Mueva los algoritmos a los datos en lugar de los datos a los algoritmos."

Pensemos de nuevo en una biblioteca. Si los datos son los libros, entonces la base de datos es una abstracción de los mismos. No solo me dice cuántos hay, sino cuáles son, su autor, la fecha de publicación, el número de páginas, el género, etc. No es difícil hacerse una idea del trabajo que ello demanda. Caramba, si se pudiera incorporar el dato automáticamente desde un índice preexistente (otra base de datos), la indexación sería mucho más rápida. El viejo, antiquísimo atractivo de la innovación: "¿no habrá una manera más fácil de hacerlo?," cobra pleno sentido aquí.

Figura 15. Sistema de fichas bibliográficas elaboradas manualmente.[51] La base de datos, en este caso, está en gran parte metida en la cabeza del bibliotecario.

---

[50] Estos modelos pueden adoptar distintas formas: árboles de decisión, modelos de regresión, redes neuronales. En John D. Kelleher y Brendan Tierney, *ob. cit.*, p. 77.

[51] Library Catalog, Wikipedia, 23/8/2023, en https://en.wikipedia.org/wiki/Library_catalog

En efecto, los algoritmos informáticos nos entregan esa fantástica posibilidad: la de que realicen el trabajo intelectual por nosotros. Aunque ya sabemos que la inteligencia de estos recetarios es restringida —recuerde a Janelle Shane diciendo que la IA posee la capacidad cerebral de un gusano—, nos permite, aun así, administrar una biblioteca (una bodega, un salón de venta de automóviles, una farmacia) incluso desde nuestra casa o durante las vacaciones, lejos de ella.

En otras palabras, es una manera más fácil de hacer un trabajo disponible para todo el mundo: una innovación.

Volvamos ahora a la posibilidad de predecir: antes de que aparecieran los algoritmos con capacidad de aprendizaje automático, las bases de datos demandaban una gran cantidad de tiempo para, al final, permitirnos hacer predicciones u obtener información relevante. Ello implicaba extraer datos, integrarlos, prepararlos, crear modelos que representaran patrones y subirlos a la base de datos. En otras palabras, una gran parte del tiempo se empleaba en la preparación de los datos para que estuvieran disponibles para su consulta. "Se puede pasar una cantidad de tiempo considerable simplemente moviendo los datos fuera de la base de datos y volviendo a mover los resultados [de vuelta a la base de datos]."[52] Ir y venir, una y otra vez. ¿No habría una manera más fácil de hacerlo?

Y he aquí que aparece el *dictum* que comentábamos antes: no mueva los datos, mueva los algoritmos a los datos. Expresión que la jerga redujo a: cargue los datos y váyase (*load and go*).

Preguntémonos una vez más: ¿qué fue lo que gatilló esta micro revolución en los datos? Respuesta: el *big data*. El *big data*, recuerde el lector, es como un pique minero. Sabemos dónde está, pero eso es todo. Explotarlo es otra historia. Volverlo rentable, es otra más.

En definitiva, como señalan Kelleher y Tierney, el usar algoritmos de aprendizaje automático trae consigo ventajas considerables:

- No hay necesidad de mover los datos.
- Se incrementa el rendimiento.
- Aumenta la seguridad.
- Se produce escalabilidad.
- Las prestaciones son en tiempo real.

[52] John D. Kelleher y Brendan Tierney, *ob. cit.*, p. 66.

Los mismos autores citan el caso de organizaciones o empresas que utilizan tecnologías de aprendizaje automático en sus bases de datos. Una de ellas es *Wargaming*, que utiliza esta técnica para "modelar y predecir cómo interactuar con sus más de 120 millones de clientes."[53]

Es fácil hacerse una idea de lo que supondría descargar, modelar, y volver a cargar cantidades de datos como estos si hubiese que hacerlo manualmente. La convergencia entre datos y algoritmos fue, oh sorpresa, de pronto una realidad. Ella multiplicó las posibilidades dormidas del aprendizaje de máquinas. En palabras de Randy Bean: "La convergencia del *big data* con la IA ha emergido como el desarrollo más importante para el futuro de la generación de valor en las empresas, partiendo de sus datos y sus capacidades analíticas. La disponibilidad de volúmenes cada vez mayores de datos está, por primera vez, produciendo capacidades en aprendizaje de máquinas e IA que permanecieran dormidas por décadas debido, precisamente, a la falta de datos, a muestras de tamaño reducido, y a la incapacidad de analizarlos en milésimas de segundo."

Ya no es necesario trabajar con muestras, ahora se trabaja con los datos mismos, con toda su granularidad,[54] matices y detalles. En vez de arriesgar hipótesis sobre lo que podría pasar si tal o cual cosa se diera, ahora están los propios datos mostrando "la dirección y [contando ellos mismos] la historia."[55]

Razón de más para que los científicos de datos y los creadores de algoritmos ocupen sillas contiguas. Kelleher y Tierney hablan de la asociación entre un científico de datos y una computadora. Lo que aporta el científico de datos a este cóctel es la preparación de los datos, la carga de los mismos en la computadora, y la interpretación de los resultados que arroje. El elemento humano de la dupla debiera poder conocer, al final del proceso, la diferencia entre un acierto informático y un disparate. En ocasiones será evidente,

---

53 John D. Kelleher y Brendan Tierney, *ob. cit.*, p. 69.

54 Nivel de detalle con el que se desea trabajar la información (¿meses, semanas, días?).

55 Randy Bean, How Big Data Is Empowering AI and Machine Learning at Scale. Big Data is powerful on its own. So is artificial intelligence. What happens when the two are merged? MIT Sloan. *Management Review*, 8/5/2017, en https://shorturl.at/aivE7

en otras no tanto.[56] El algoritmo no sabe si la vaca que pasta en la pantalla es un dibujo o una imagen, para él es una vaca y punto. En consecuencia, el científico de datos aporta la realidad según-los-humanos al sistema, en tanto la computadora aporta capacidad de procesamiento según-sus-microprocesadores.

Reiteremos: los algoritmos crean modelos con los datos. Estos modelos surgen de los patrones que el algoritmo descubre en esos mismos datos (si hay payasos, equilibristas, tragasables, leones, trapecios, y niños entre el público, estamos en presencia de un circo, no de un hospital). A continuación, con el modelo en nuestro poder, procedemos a realizar análisis. En algunos casos, el modelo busca atributos, en otros persigue únicamente etiquetar. En el primer caso, piénsese en accidentes cardiovasculares y en los factores (atributos) que se presentan usualmente para que estos se produzcan. La representación del fenómeno se realiza mediante un modelo que puede adoptar la forma, por ejemplo, de un árbol de decisión (véase la figura a continuación). En el segundo caso, cuando se trata de etiquetar, el algoritmo sencillamente cuelga una etiqueta al objeto (correo *spam*), obviando de plano sus atributos. No le interesa al usuario saber qué fue lo que determinó que un correo en particular acabara en la carpeta *spam*, importa la clasificación.[57]

---

[56] En Google Translate, si escribimos la palabra "manacles" (esposas) en inglés para que la traduzca al español, este propondrá "esposas" y "esposos". ¿Problemas de género en el algoritmo? Google Translate, 5/11/2023, en https://translate.google.com/?sl=en&tl=es&text=manacles&op=translate&hl=en

[57] John D. Kelleher y Brendan Tierney, *ob. cit.*, p. 78.

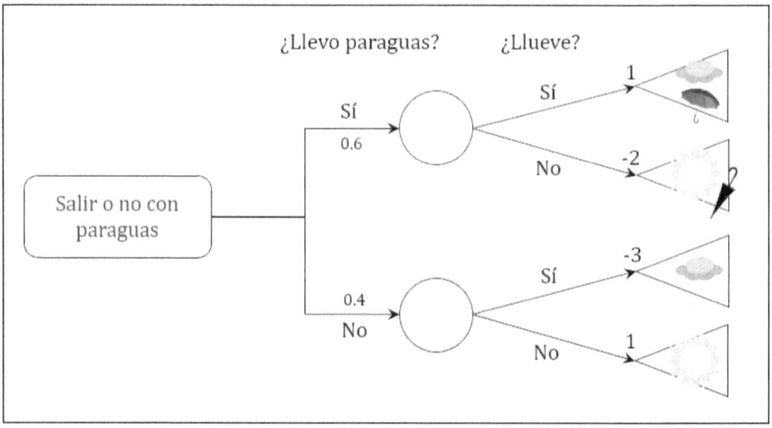

Figura 16. Un ejemplo de árbol de decisión. Si la probabilidad de que llueva es del 60% (0.6), llevar paraguas y que llueva, me producirá cierta satisfacción a la que asigno el valor 1. Si, por el contrario, llevo paraguas y no llueve, mi nivel de satisfacción será bajo, por lo que le asigno un valor -2. Si no llevo paraguas y llueve, mi insatisfacción será igual a -3. Si no llevo paraguas y no llueve, mi nivel de satisfacción será igual a 1. Un *software* para la toma de decisiones nos dirá que la mejor decisión, considerando las expectativas de lluvia y mis niveles de satisfacción, es llevar paraguas.[58]

Del aprendizaje automático ya se ha hablado en el capítulo anterior, y corresponde, en general, a cada una de las tres grandes corrientes o paradigmas de entrenamiento, a saber, aprendizaje por refuerzo, aprendizaje supervisado, y aprendizaje no supervisado. Es importante no perder de vista la convergencia algoritmo–*big data*, y el hecho de que "la idea central del aprendizaje automático," en palabras del matemático Marcus Du Sautoy, "es que se puede crear un algoritmo que sea capaz de plantearse nuevas preguntas si ve que algo no va bien [...] Por eso es tan importante el acceso a los datos: cuantos más ejemplos tengan estos algoritmos inteligentes para ejercitarse, más experiencia acumularán y más se perfeccionarán con cada retoque. [Así, lo] que crean los programadores es esencialmente

[58] El diagrama se basa en el uso del *software* DPL (https://www.syncopation.com/products/dpl-professional/); el empleo del mismo puede verse en un video corporativo de Syncopation Software en A simple decisión tree example, s. f., en https://www.youtube.com/watch?v=MMHQ2gUMoNA

un metaalgoritmo,"[59] una entidad programática capaz de crear nuevos algoritmos basándose en los datos que va encontrando.

Y ya que se ha hablado de datos, es momento de detenerse a observarlos más de cerca y con mayor detenimiento. ¿Qué es el dato? El dato es información. ¿Y qué es información? ¿Podemos pesarla, medirla, analizarla?

HABLEMOS DE INFORMACIÓN

"Lo que dicen por la televisión," "lo que escriben en los periódicos," "lo que leemos en el cartel de un manifestante," es el tipo de respuestas que suele recibirse en el salón de clases cuando se pregunta ¿qué es información? Casi nunca sucede que alguien diga: "Todo es información."

Para John Wheeler el asunto partía en el *bit* (*binary digit* o dígito binario). "Cada elemento del mundo físico tiene, en la base —en lo más hondo, en la mayoría de los casos— una explicación y una fuente inmaterial; eso a lo que llamamos realidad surge en último análisis del planteamiento de preguntas del tipo sí-no y del registro de las respuestas; dicho brevemente, todos los objetos físicos son, en origen, teoría de la información, y este es un universo participativo."[60] La idea, envuelta con sutileza en un halo de misticismo, aparece formulada en *Geons, Black Holes and Quantum Foam*, la autobiografía de Wheeler. Y es bastante simple de entender, según nos cuenta James Gleick en su libro sobre la información: todo el universo —en esta elucubración del físico norteamericano— puede verse como un computador, una máquina cósmica de procesamiento de información.[61]

Wheeler parecía convencido. De hecho, en su autobiografía él resumía su vida en tres períodos: "Todo es partículas," "Todo es campos," "Todo es información." De allí la conocida expresión acuñada por él mismo de *it from bit*, o sea, lo que existe proviene

---

59 Marcus du Sautoy, *Programados para crear. Cómo está aprendiendo a escribir, pintar y pensar la inteligencia artificial*. Barcelona, Acantilado, 2019, p. 87.

60 Rachel Thomas, It from Bit? *Plus. Bringing Mathematics to Life*, 18/12/2015, en https://plus.maths.org/content/it-bit

61 James Gleick, *The Information. A History, a Theory, A Flood*. New York, Vintage Books, 2011, p. 10.

del dígito binario, de modo que en el principio fue el *bit*, es decir, el verbo del que habla san Juan en su evangelio.

Pero esto es elucubración nuestra. Wheeler, en los hechos, la utilizaba para decir que la física cuántica no era acerca de la realidad, antes bien se trataba del mejor modo de describir lo que observamos. No hay mundo cuántico, solo una buena descripción (la mejor, en cualquier caso) de cómo los objetos se nos aparecen.[62]

Para físicos como Anton Zeilinger, el lema de Wheeler establecía que para definir la realidad era imprescindible la información. Aun así, para Zeilinger, información y realidad eran asuntos diferentes. Para Rachel Thomas, de cuyo artículo hemos tomado en parte estas notas, nos aclara que en su propia percepción, información y realidad forman un tejido tan imbricado como el que forman el espacio junto con el tiempo en el espacio-tiempo.

Todo es información. La energía, la materia, el espacio y el tiempo no son más que información codificada. "La mayoría de la gente," explica el catedrático español José Enrique Campillo, "no tiene ni idea de todo lo que significa este término, porque en realidad 'información' es una palabra baúl que sirve para miles de cosas. La raíz de esta palabra es un concepto físico. Más concretamente, la información hoy en día es una magnitud física cuya unidad de medida es el *bit*. Es una magnitud física más, como puede ser la energía, la fuerza, la materia, la masa, etc. Y, quizá, la información sea la sustancia fundamental de la que deriva todo, lo que tiene unas implicaciones extraordinarias."[63]

Nada se salva, ni los alimentos, ni quienes los consumen. "Lo que encontramos en el corazón de cada criatura viva no es un fuego, no es un aliento cálido, no una 'chispa de vida'," sostiene Richard Dawkins. "Es información, palabras, instrucciones [...] Si deseas entender la vida, no pienses acerca de vibrantes, palpitantes cienos y geles, piensa acerca de tecnología de la información."[64]

"El círculo de la información representa la unidad de la vida," comenta el biofísico Werner Loewenstein. Es un principio de

---

[62] Rachel Thomas, It from Bit?, *ob. cit*.

[63] Fran Sánchez Becerril, El 'homo ciberneticus' dará la libertad completa a la especie humana. *Ethic*, en https://ethic.es/2023/02/el-homo-ciberneticus-da-ra-la-libertad-completa-a-la-especie-humana/

[64] James Gleick, *ob. cit.*, pp. 8-9.

organización y orden, nos dice, y nos entrega una medida exacta de eso.[65] Los memes, replicadores y propagadores de ideas, son información, lo mismo que la economía y el dinero. "[Aunque] el dinero parecía ser un tesoro material, haciendo peso en los bolsillos y en las bodegas de los barcos, o en las bóvedas bancarias, siempre fue información." Así no fueran monedas o notas de crédito, siempre se trataba de las mismas chucherías, fichas de corta vida que entregaban información acerca de quién posee qué.[66]

Con los átomos ocurre otro tanto. Con las partículas subatómicas también. Nada se salva. Las leyes de la física, propone Gleick, son los algoritmos. Ellos describen, como sabemos, paso a paso lo que ocurrirá una vez que una y otra partícula interactúen. El sustrato teórico del cosmos de Wheeler, y como hemos venido observando, de legiones de científicos y pensadores, es la información. Su unidad básica (como la célula lo es de la vida o el átomo de la materia), es el *bit*, el dígito binario.

*

La teoría matemática de la información quedó formulada por Claude Shannon en una publicación de 1948 (véase el capítulo III). Hasta donde es posible saberlo, fue en esta publicación donde se utilizó por primera vez la expresión *bit*. Este *bit* es, y seguirá siendo, una de las piezas clave en el rompecabezas del mundo actual, en conjunto con la máquina universal de Turing.

En consecuencia, el *bit* es la unidad básica de la información. Si la unidad básica de la vida es la célula, la unidad básica de la célula es el *bit*.

La información, en este sentido, como fundamento básico de la realidad, es neutra. No es buena ni mala, acertada o errada, precisa o ambigua. Es solo información. En palabras del profesor César Hidalgo: "En 1949, Claude Shannon y Warren Weaver publicaron un librito titulado *Teoría matemática de la comunicación*. En la primera parte, Weaver describía los aspectos conceptuales de la información; en la segunda, Shannon explicaba la base matemática [...]." Para explicarse mejor, estos dos autores necesitaban desligar la

---

[65] Ibid., p. 9.

[66] Ibid.

palabra información de su significado coloquial. "Weaver estableció esta distinción al principio de su parte: 'La palabra «información,» en esta teoría, se utiliza en un sentido particular que no debe confundirse con su uso habitual. En particular, no debe confundirse información con significado'."[67] He aquí el portentoso alcance de la palabra. El significado es algo que añadimos los humanos, no viene con la información. Hidalgo nos propone pensar, a modo de ejemplo, en la frase "11 de septiembre." Para los norteamericanos ello supondrá el 11 de septiembre de 2001. Para los chilenos, el de 1973. Y para otros, el día de su primera cita. "Como podemos ver," añade, "el significado del mensaje es algo que creamos; no forma parte del mensaje, aunque lo parezca."[68]

La información nos conmueve, como escribiera alguna vez el poeta Jorge Guillén, ¿por qué?, porque significa. (Luego de haber visto, poco antes de morir en 1984, una cinta de video, filmada en 1928, escribe: "Pasa el vídeo misterioso / vuelve el pasado en movimiento, / y el instante insignificante / llega enseguida a conmovernos. / ¿Y por qué? Porque significa").[69]

Es el 11 de septiembre de unos y otros.

En cuanto se refiere a la información, el mensaje es neutro. "El significado es algo que asociamos a los mensajes sin apenas darnos cuenta cuando los interpretamos, porque los humanos no podemos evitar interpretar las ráfagas de orden físico que nos llegan. Pero el hecho de que lo hagamos sin apenas ser conscientes de ello no quiere decir que significado e información sean lo mismo."[70]

Si no lo ha pensado ya, es muy probable que llegue a esta conclusión: somos máquinas de cierto tipo (hay otras, muchas) que procesamos información. Engendramos y damos a luz información, ya sea que se trate de otros humanos, pinturas, poemas, fusiles o coches para bebés. Zapatos, lámparas y lavadoras, acota Hidalgo, están hechos de información. "Nuestro mundo está preñado de información. No es una sopa amorfa de átomos, sino una colección

---

[67] César Hidalgo, *El triunfo de la información*. Barcelona, Debate, 2017, p. 17.

[68] César Hidalgo, *ob. cit.*, p. 18.

[69] Elsa Fernández Santos, El vídeo misterioso. Ven la luz las únicas imágenes en movimiento de los poetas de la Generación del 27. *El País*, 16/8/2009, en https://elpais.com/diario/2009/08/16/revistaverano/1250373601_850215.html

[70] César Hidalgo, *ob. cit.*, pp. 18-19.

organizada de estructuras, formas, colores y correlaciones. Dichas estructuras son manifestaciones de la información, aun cuando esos pedazos de orden físico carezcan de significado."[71]

La información está en todos lados, pero en algunos es más rica que en otros. David Deutsch en *El comienzo del Infinito* nos propone la idea de que viajemos unos cien años fuera del sistema solar. Resultado: no veremos nada. Ni un solo punto de luz. Aquí y allá, pobreza total de información.

Pero esto no es todo: la información está en lucha constante con el desorden, la entropía del universo. La información es entropía negativa, desorden que decrece. "Para luchar contra el desorden y hacer posible que la información crezca, el universo se guarda varios trucos bajo la manga, como los sistemas fuera del equilibrio, la acumulación de información en los sólidos y la capacidad de computar de la materia. [Estos] tres mecanismos contribuyen al incremento de la información en pequeñas islas o burbujas donde esta puede crecer y ocultarse, como por ejemplo nuestro cuerpo o nuestro planeta."[72]

Huir del equilibrio es la premisa. El equilibrio equivale, en nuestro caso, a decir "aquí no pasa nada." El químico ruso Ilia Prigogine[73] realizó contribuciones importantísimas a la comprensión de los sistemas alejados del equilibrio y las estructuras disipativas. La información, sostenía, surge de manera natural en los estados estacionarios de los sistemas físicos alejados del equilibrio. Esta afirmación, añade Hidalgo, es la que resume el origen físico de la información. Una canica, dice, puesta al fondo de un saco, no se mueve, no va a ningún lado. Podemos decir, entonces que se encuentra en un estado estacionario estático. Pero si colocamos, nos dice, una carga de gas en una caja y esperamos un tiempo adecuado, muy pronto la distribución de gas en la caja será homogénea. Pero en la caja, subraya, las moléculas de gas se mueven constantemente. Cuando el número de moléculas que se mueven de izquierda a derecha es igual al que se mueve de derecha a izquierda, decimos que estamos en presencia de un estado estacionario dinámico.

Luego, cuando este estado estacionario dinámico se encuentra fuera del equilibrio, las cosas se ponen interesantes. El caso del

---

71 César Hidalgo, *ob. cit.*, p. 21.

72 Ibid.

73 Nació en Rusia en 1917. Posteriormente adquiriría la nacionalidad belga.

remolino de agua que se forma cuando quitamos el tapón de la bañera es, observa Hidalgo, el ejemplo por antonomasia. Antes de retirar el tapón, el agua se encuentra en un estado semejante al de la canica al fondo de la bolsa. La información que contiene es baja. Sin embargo, cuando sacamos el tapón, el remolino que se forma desarrolla configuraciones poco habituales (en una bañera con el tapón puesto no se suelen ver remolinos correteando por ahí). Se dice entonces que el del remolino de agua que vemos formarse, constituye un estado rico en información. Esto sucede de manera natural porque el estado estacionario del que surge (o que hace posible el remolino) se encuentra lejos del equilibrio.[74]

Por lo tanto, un alto contenido de información está asociado a un sistema estático dinámico que se encuentra lejos del equilibrio. "Una colección de moléculas en equilibrio habrá alcanzado su distribución más probable y, en consecuencia, la entropía será máxima. Sin embargo, si el sistema no estuviera en equilibrio, se movería hacia él. Al hacerlo, veríamos aparecer eventos creativos."[75] Eventos creativos como el arte pictórico, la danza, la música, o la vida misma, ni más ni menos. Por otro lado, cuando vemos que el remolino de la bañera se mueve, vemos también que no es posible aprehenderlo. Ambos son eventos, si bien paulatinos o prolongados, igualmente fugaces. ¿Cómo hacemos entonces para retener la información que nos proporcionan esos eventos? Pues bien, en los sólidos, nos propone César Hidalgo, basado en la idea propuesta por Erwin Schrödinger en *¿Qué es la vida?*

Los sólidos retienen información.

Así, al juntar a Prigogine con Schrödinger, como propone Hidalgo, podemos comprender de dónde procede la información, esto es, del estado estacionario de sistemas fuera del equilibrio, donde perdura por... estar almacenada en sólidos.[76]

Pero sabemos que la información por sí sola no basta para hacer posible el universo como tal. Hace falta algo más. Eso que falta es el algoritmo.

---

[74] César Hidalgo, *ob. cit.*, p. 49.

[75] Robert Melamede, *Dissipative Structures and the Origins of Life*. University of Colorado, s. f., en https://shorturl.at/anGX0

[76] César Hidalgo, *ob. cit.*, p. 53.

La receta para fabricar átomos y estrellas, la receta para que árboles, animales y personas sepan cómo procesar energía, y cuándo, dónde, y en qué utilizarla, es el algoritmo. En efecto, todos los seres vivos y los que no lo son, computan datos (información) para realizar sus procesos: tanto el nacimiento, como la vida y la muerte de una estrella obedecen a un proceso computable. El campo de lo computable, entonces, no es exclusivo de, ni se reduce a los seres vivos. Lo computable es una propiedad de la materia. El algoritmo le dice a la materia cómo computar y esta sencillamente obedece. Y nunca deja de hacerlo. El presente, escribe Hidalgo, siguiendo a Prigogine, se calcula en cada instante.

Lo que nos devuelve a Shannon. Al introducir la idea de *bit* como una medida de la información, nos mostró que la información podía ser tratada, medida y analizada como si fuera una sustancia física. La información podía ser comprimida como un gas (por ejemplo, al reducir el tamaño de un archivo de película en un disco duro), o filtrada como un líquido (por ejemplo, para extraer los resultados significativos de una búsqueda).

"Después de Shannon, la 'información' adquirió la apariencia de una sustancia física." Es decir, apareció, igual que si hubiese sido un objeto.

"Después de Shannon, la información pasó a ser una *cosa*."[77]

Un algo, un componente de la realidad toda, una entidad fundamental. La información no es solo lo que vemos en los noticiarios o leemos en los diarios, es mucho más que eso, es lo que hace posible que veamos los noticiarios, leamos los diarios, los recordemos y los olvidemos. El componente "esencial de la mente es pura información. La información no es materia ni energía, aunque necesita materia para instanciarse y energía para comunicarse."[78] Lo que no significa que se trate de una sustancia inmaterial o, como decíamos antes, una propuesta surgida de una visión mística. Nada de eso. Más bien lo contrario. Es algo que puede ser pesado, medido, analizado, igual que un ladrillo, un grano de arena, o el punto que imprimiremos al final de esta frase.

---

77 Andrew Thomas, *Hidden in Plain Sight 9. The Physics of Consciousness*. Andrew Thomas, 2018, p. 17 (cursivas en el original).

78 Andrew Thomas, *ob. cit.*, p. 23.

Resumen del capítulo

La aparición y el rápido desarrollo de internet determinaron el surgimiento de los datos masivos. Si bien en un comienzo no se sabía muy bien qué hacer con ellos, muy pronto se descubrió que se los podía utilizar para una gran cantidad de tareas. Siendo tan grande el volumen de información que generaban segundo a segundo los usuarios, se requería de algoritmos para procesarlos y ver lo que surgiría. Los algoritmos recibían los datos, los procesaban, y entregaban resultados útiles (o inteligencia). Los datos, con independencia de su cantidad, debían ser depurados, por cuanto los usuarios al subir imágenes, mensajes de texto o audios a la web, no lo hacían para entrenar a los algoritmos. La información para ser convenientemente clasificada y valorada debía someterse a un proceso de comprobación adecuado. Este es el origen del llamado aprendizaje profundo o *deep learning* de las máquinas de aprendizaje. Recurriendo a distintos paradigmas de aprendizaje (capítulo I), los científicos hicieron que el dato se volviera el oro de nuestro tiempo. El desarrollo de la IA es un subproducto de la interacción entre la internet, los usuarios, y la evolución de los algoritmos, en último término, un fenómeno de convergencia. Por su parte, la información lo es todo. Ella es la materia de que están hechos los datos. Los datos son información y la información es medible. Su unidad básica es el *bit* (*binary digit*) y como tal se dice que es computable por toda clase de ordenadores, tal como sucede a cada instante en el mundo real.

CAPÍTULO 3:

RETRATO DEL ALGORITMO COMO ARTISTA CACHORRO

Un visitante deambula por una galería de arte y repentinamente se devuelve a mirar algo que ya vio. ¿Qué fue lo que resonó en su visión, acaso en todo su ser? ¿El color, la forma, el motivo? No lo sabe. Su esposa lo observa. Mira el cuadro. A ella no le agrada. En un momento dado le pregunta: «¿Qué le ves a eso?» Y él responde la más elemental y más verdadera de todas las elucubraciones que jamás hayamos podido concebir acerca de por qué experimentamos el arte, en ocasiones, como un vacío en el estómago: «No lo sé."

No lo sabemos, esa es la verdad. La razón, o el prestigio académico de la obra, nunca serán suficientes: ¿la distribución de las figuras en la tela, la fuerza del color, la atmósfera, la sensación de que hay algo que sobresale del plano, la historia, la tradición pictórica?

No lo sabemos. Y es que lo que está mirando la obra no son solo los ojos. Es todo el cuerpo. La sensación tiene su origen en el órgano de la visión, que lo transmite al cerebro, que procesa el estímulo visual, que lo transforma en emoción, y lo reparte a todo el cuerpo en ondas de placer (o como latigazos de fría repugnancia). Ya habrá tiempo de decir por qué. Por ahora solo dediquémonos a contemplar.

Un ordenador puede pintar una tela, componer una fuga de Bach, o escribir el guion de una serie policial. Puede hacer todo eso y más. Jugar una partida de ajedrez o de Go, y ganar, ganarles a todos. Pero nunca podrá celebrar. No podrá irse de copas con los amigos. (No podrá besar a su chica como Iker Casillas a Sara Carbonero delante de las cámaras, luego de haber ganado España la copa del mundo en el mundial de fútbol de Sudáfrica el 2010).[1]

---

1 Puede verse en Sport, Así fue el beso de Iker Casillas a Sara Carbonero en pleno directo en el Mundial de 2010, 21/8/2023, en https://www.sport.es/es/videos/seleccion/20230821/beso-iker-casillas-sara-carbonero/91195943.shtml

Una máquina podrá componer sinfonías, pero no podrá disfrutar de ellas. Con qué lo iba a hacer. El arte no vale nada si no saca al público de su marasmo cotidiano. El arte es para todo el cuerpo, no solo para el cerebro. Su fin último no es suyo, es de otro, y ese otro es el público. Cuando decimos que una obra es clásica, no lo es por lo de cerebral que pueda tener, lo es por la voluntad del público de mantenerla viva en el tiempo, generación tras generación. El arte es una carrera de postas. El público escoge, él sabe lo que hace. Clásico es el nombre que damos al afán de conservar algo aunque no sepamos muy bien por qué. Las razones las podemos inventar, pero ellas no pueden hacer que nos conmueva lo que no nos conmueve en absoluto.

En las imágenes siguientes mostramos dos obras correspondientes a dos artistas de los siglos XIX y XX. Henri de Toulouse-Lautrec (1864-1901) y Vasily Kandinsky (1866-1944), francés el primero, ruso el segundo.

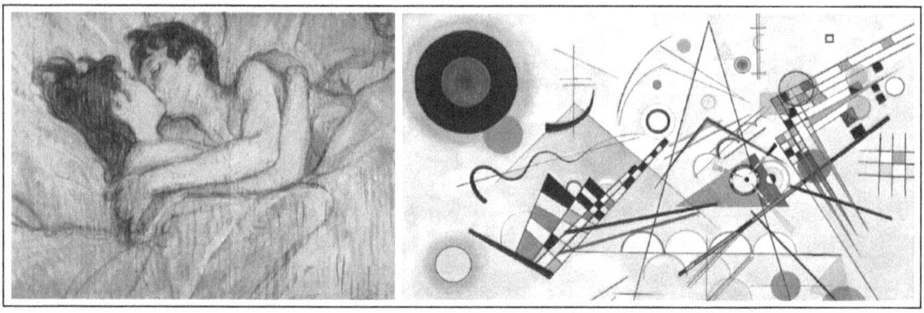

Figura 17. A la izquierda, *Dans le Lit, le Baiser* (En la cama, el beso) de Toulouse-Lautrec; a la derecha, Composición 8 de Vasily Kandinsky.[2]

Cuando vemos este tipo de imágenes experimentamos ciertas reacciones difíciles de verbalizar porque, como sea, no son estrictamente racionales. De allí el «no lo sé» de nuestro visitante ficticio.

Un estudio realizado por la Universidad de Turku (Finlandia) buscó establecer cómo el arte visual afecta nuestras emociones. Para ello, se propuso a diferentes sujetos observar distintas obras de arte y describir las sensaciones que les provocaban. Lo relevante es que mientras los sujetos observaban, los investigadores grababan

[2] Wikipedia, Toulouse-Lautrec, In Bed the Kiss, 14/8/2023, en https://shorturl.at/emCPU; Vasily Kandinsky, Composition 8, en https://www.guggenheim.org/artwork/1924

el movimiento que hacían con los ojos. Posteriormente se les pedía que describieran las emociones que habían experimentado.[3]

Al mirarlas, estas obras "evocaron [en ellos] diferentes tipos de sentimientos y emociones [...] Aun cuando muchas de las piezas proyectaban tópicos tristes o aterradores, las emociones que los sujetos experimentaron fueron mayormente positivas [...] Las sensaciones corporales evocadas por el arte también contribuyeron [a la respuesta] emocional: mientras más fuerte la reacción del cuerpo al trabajo artístico, más fuertes las emociones experimentadas por el sujeto."

¿Qué tipo de figura llamó con más fuerza la atención de los sujetos? Como era de esperar, el premio se lo llevaron las figuras humanas. Los humanos miran a otros humanos con más interés que el que ponen en mirar composiciones abstractas. Más Toulouse-Lautrec, menos Kandinsky. "En los trabajos artísticos las figuras humanas fueron el objeto más interesante y el más contemplado." Las personas tienen tendencia a empatizar con otras, y tal vez "sea este el caso cuando vemos figuras humanas en el arte."

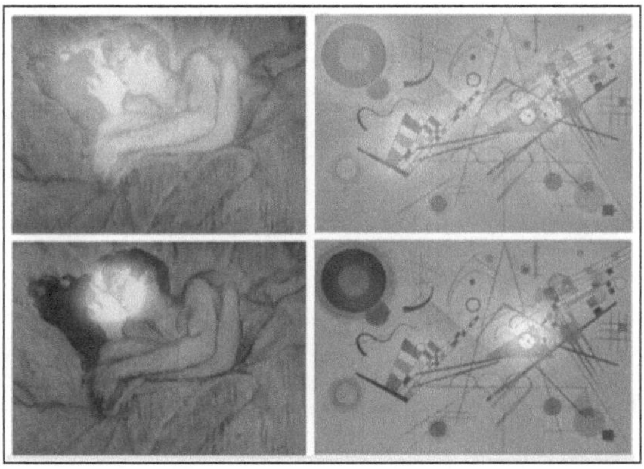

Figura 18. En los cuadrantes superiores se detallan los rasgos generales en los que los sujetos declararon haber fijado su atención; en los cuadrantes inferiores se aprecian los mapas de calor obtenidos con los aparatos de seguimiento de movimiento ocular, confirmando lo declarado por los sujetos del experimento.[4]

[3] Para principiantes: digamos que las sensaciones se originan en los sentidos, las emociones en el sistema límbico, es decir, en el cerebro (A. Damasio). Las emociones, así generadas por este mecanismo interno, gatillan sensaciones que son las que experimentamos con el cuerpo (lo que se conoce como respuesta somática).

[4] Lauri Nummenmaa y Riitta Hari, Bodily feelings and aesthetic experience of art. *Cognition and Emotion*, *37*(3), 2023, 515-528, DOI: 10.1080/02699931.2023.2183180

La investigación se llevó a cabo con 1.186 personas de diferentes países, que debieron evaluar más de 300 obras de arte. Se realizó "con encuestas *online* y registro de movimientos oculares en el laboratorio." Y he aquí lo importante: "Los resultados sugieren que nuestros cuerpos juegan un rol significativo en la experiencia estética. Las sensaciones corporales hacen que el arte sea atractivo para las personas: el arte evoca sensaciones en el cuerpo, y la estimulación de centros de placer corporales resultan gratos al espectador."[5]

Como veremos en los apartados siguientes, los algoritmos, en la medida en que cuenten con los datos adecuados, estarán en condiciones de emular el arte producido por un humano, ya se trate de pinturas, esculturas o música.[6] ¿Pero es arte, en definitiva, lo que vemos, si no lo ha producido un humano? Incluso para expertos es difícil responder esta pregunta porque cuando han debido decidir si lo que están viendo u oyendo fue producido por un humano o un algoritmo informático, no siempre lo saben (ver la figura siguiente).[7] Y es en este respecto donde suele centrarse la discusión, en el creador, mientras que como hemos visto el arte también tiene que ver con el público, con lo que este a la larga preserva. De otro lado, el artista es una persona que, sin perjuicio de su imaginación, de sus emociones e intuiciones, utiliza diversos materiales para plasmar su arte, de modo que siempre habrá un intermediario (pinceles, óleos, telas, pigmentos) entre el público y el creador. Así, el ordenador es otro intermediario. Y en cierto modo, el programador también lo será. Al presentar en forma de datos las fugas de Bach al ordenador, el compositor será el mismo Bach, mediado por el programador y el ordenador. Y de nuevo será el público el que decida.

---

5 Art Evokes Feelings in the Body, Neuroscience News, 27/3/2023, en https://neurosciencenews.com/art-body-emotion-22883/

6 Cfr. Marcus Volz, When Computers Make Art. Artificial intelligence is proving to be as good as humans at making art. What does that mean and where will it go? The University of Melbourne, 22/2/2018, en https://shorturl.at/djmrZ

7 En palabras de Marcus Volz: "[más] que algoritmos que simplemente aprenden a emular arte, los investigadores añadieron un giro que inducía al sistema a crear arte que se desviara de los estilos establecidos, siempre y cuando se mantuviera dentro de los límites del arte reconocido como tal. Cuando las personas miraban los resultados, eran incapaces de distinguir el arte generado por el sistema [(redes neuronales)] del arte generado por humanos" en Marcus Volz, *When Computers Make Art*, *ob. cit.*

Para Marcus Volz, de la Universidad de Melbourne, no hay nada que sea exclusivamente humano en el arte. "Las máquinas ya están creando un arte original que parece extenderse más allá de la creatividad humana." De paso, hace hincapié en que si bien los computadores no crean el arte desde cero (los humanos tampoco), pues son alimentados —como en el caso de un algoritmo preparado por la universidad de Rutgers— por decenas de miles de imágenes producidas por miles de artistas diferentes, llegará el momento en que extenderán las posibilidades de la creatividad humana hacia regiones todavía inexploradas.[8]

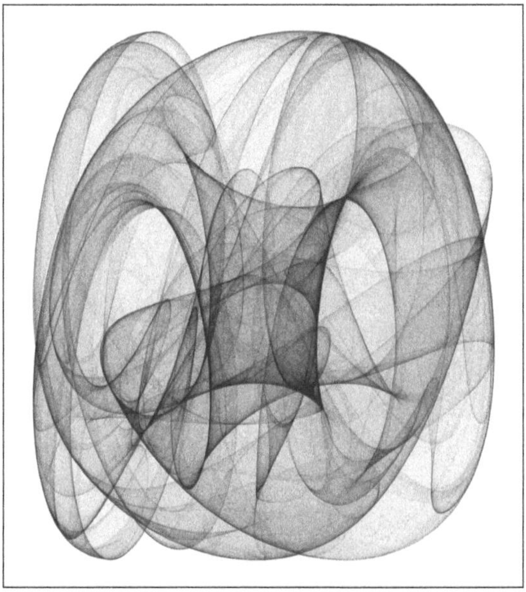

Figura 19. Arte generado por computador. En la imagen, "Strange Attraction," por el Dr. Marcus Volz. "Desarrollo sistemas" dice Volz, "para generar arte [con] parámetros que puedo modificar y retocar. Usualmente introduciré aleatoriedad y variabilidad [...] un proceso que nos llevará a resultados inesperados," como el que se aprecia en la figura.[9]

No solo en el arte pictórico. La ola revolucionaria avanza sin hacer distingos. Agréguense la salud, la administración de justicia,

8 Marcus Volz, *When Computers Make Art*, *ob. cit.*

9 Marcus Volz, *When Computers Make Art*, *ob. cit.* Imagen publicada bajo licencia de Creative Commons, en https://creativecommons.org/licenses/by-nd/3.0/au/

los guiones cinematográficos, la seguridad policial, la selección de personal, la conducción de automóviles, la demostración de teoremas matemáticos, solo para empezar.

Una vez más: el ordenador habilita los algoritmos y estos, alimentados con cifras monumentales de datos, entregan *outputs* a pedido, tal como hemos venido viendo.[10] El ordenador no es más que un intermediario. Uno que carece de cuerpo para sentir y experimentar emociones. Es pura inteligencia o como sea que llamemos a su fabulosa capacidad de cálculo. Los resultados están a la vista y de ellos hablaremos a continuación.

El paraíso del tonto solemne

Las computadoras no crean arte, son las personas las que utilizando computadoras crean arte.[11] El resultado lo produce la máquina, pero esta no ha hecho otra cosa que seguir instrucciones. En el caso de una fotografía, las instrucciones son sencillas. Una máquina fotográfica es un algoritmo constituido por piezas que trabajan en la sombra. Su funcionamiento se basa en reglas mecánicas, eléctricas y químicas, coordinadas entre sí con precisión. Todo sucede tan rápido que parece no haber secuencia. Pero la hay.

Y al producto de esa secuencia, la fotografía, le llamamos arte fotográfico. Y al fotógrafo, lo llamamos artista. Sin embargo, este último operó a través de la cámara. Sin la cámara no habría habido artista. ¿A qué se dedicaban los fotógrafos antes de que se inventaran las cámaras fotográficas, nos preguntamos? Tal vez reparaban pianolas, restauraban muebles, vendían enciclopedias.

No, la tecnología o, mejor, la innovación tecnológica no es neutra. Ella revela, hace que emerjan, a veces de un modo brutal, potencialidades que de otro modo hubiesen permanecido ocultas. Piense en los llamados *youtubers*. Antes de 2005 no había uno solo de ellos. ¿A qué se dedicaban entonces? ¿Soñaban con una plataforma como YouTube? Las pocas personas que en las décadas previas

---

[10] Cfr., a modo de ejemplo, Deep Dream Generator, aplicación *online* para la generación de imágenes por medio de algoritmos de IA. Disponible en https://deepdreamgenerator.com/. Existen otros, como DALL-E 3, Stable Diffusion y MidJourney.

[11] Aaron Hertzmann, Can Computers Create Art? *MDPI Open Access Journal*, 10/5/2018, en https://shorturl.at/moADI

tenían acceso a cámaras de televisión y notoriedad pública, habrían cabido —en un país como Chile— en dos o tres autobuses. Muchos de ellos provenían del medio radial, donde solía escogérselos por la voz y la dicción. Después, muchos de ellos pasaron a la televisión. La televisión dio lugar a una cultura que antes no existía: la de la imagen. Ya no bastaba con la voz y la dicción. El culto de la imagen se tradujo en el triunfo, si así pudiera decirse, de la apariencia. Como haya sido (y con independencia de como siga siendo), la marea innovadora puso en el aire a cientos de miles de personas que, de otro modo, hubiesen sido presentadores televisivos sin nunca haberlo sabido. Nadie recuerda el futuro.

La innovación tecnológica, como toda innovación, produce, entre otros, desplazamiento, reemplazo y reinvención. Es inevitable. Las innovaciones son invenciones que, por regla general, se masifican o tienen efectos sobre una parte importante de la población, a una escala y en momentos imposibles de prever. Es por ello que no había un solo *youtuber* preparado para lo que venía. Cuando sucede, hay personas que pierden sus empleos y otras que ganan empleos. La innovación desplaza a sus precursoras y las reemplaza con nuevos aparatos. En ocasiones, hay superposición, y el reemplazo es suave y gradual. En otras es brusco, incluso inmisericorde.

Véalo de este otro modo: cuando la poesía de Nicanor Parra irrumpió en el panorama literario chileno e hispanoamericano, lo hizo igual que una innovación. Si la poesía era difícil, ahora era fácil, y lo que había sido solo para algunos, se encontraba al alcance de todos. La antipoesía se masificó. Cualquiera podía ser poeta. Y a semejanza también de los televisores, que todos saben cómo utilizar, pero cuyo funcionamiento solo unos pocos pueden explicar, la poesía de Parra se llenó de usuarios, celebrando el hecho de que podía escribirse coloquialmente. Bastaba con una pizca de ingenio y deseos de expresarlo. Al diablo con la rima, el metro y el ritmo. Adiós al endecasílabo, hasta siempre, Garcilaso.

> Durante medio siglo la poesía fue
> el paraíso del tonto solemne.
> Hasta que vine yo
> y me instalé con mi montaña rusa.
> Suban, si les parece.

> Claro que no respondo si bajan
> echando sangre por boca y narices.[12]

Los ferrocarriles desplazaron a las diligencias, los aviones a los transatlánticos, la antipoesía al tonto solemne. Ascendieron a la cima los representantes de lo nuevo, de lo nunca visto. Y cuando parecía que el mundo ya nunca sería el mismo, se produjo la reinvención: siguió habiendo ferrocarriles, siguió habiendo transatlánticos. ¿Y las diligencias? Esas sí que se acabaron. Pero se reinventaron. En 1905, la mítica Wells Fargo separó sus operaciones bancarias de las del correo, quedándose solo con las primeras. Hasta siempre, John Wayne.[13]

Las innovaciones coexisten, pues como ocurre con la rueda (inmejorable, en palabras de Umberto Eco), no tienen sustituto. Kevin Kelly lo resume así: las innovaciones nunca mueren. La internet no acabó con los servicios de correo, los algoritmos no acabarán con los astrólogos (mucho menos con los que ofrecen servicios *online*).[14]

Las innovaciones ramifican, diversifican, expanden. Y producen dos fenómenos que se entretejen como lobos y ovejas: la euforia y el fatalismo. La IA traerá grandes beneficios a la humanidad, dicen de un lado. ¿A qué costo?, preguntan del otro.

Su rostro es el de un niño triste. Pareciera que la IA está a un paso de hacernos creer que basta con el cerebro de un gusano para mantenernos a todos alelados. ¿Es verdad que seremos dominados por ella? Se lo preguntamos a ChatGPT. "Si bien ha habido importantes avances en IA y ella sigue evolucionando, la idea de que domine a los humanos es enteramente especulativa y a menudo cae en el ámbito de la ciencia ficción." ¿Lo estará diciendo en serio?

Véalo de esta manera: ¿quién se enteró de que los hermanos Wright andaban intentando hacer volar un aparato de madera y género en Kitty Hawk, en 1903? Afortunadamente, casi nadie.[15] Es posible

---

12 Nicanor Parra, "La montaña rusa", en https://www.nicanorparra.uchile.cl/

13 En efecto, en la actualidad la compañía ya no utiliza diligencias, pero es uno de los bancos más grandes de Estados Unidos, el Well Fargo Bank, Wells Fargo, Britannica Online, 3/11/2023, en https://www.britannica.com/topic/Wells-Fargo-American-corporation.

14 Véase, por ejemplo, Astrotalk. Free Online Astrology Predictions, en https://astrotalk.com/ (la búsqueda en Google arrojó más de noventa millones de resultados).

15 Increíble pero cierto: la historia apareció al día siguiente del vuelo (18/12/1903) en un diario local, el *Dayton Daily News*. "La historia fue escrita por tres

que, de haber estado expuestos a la exhaustiva presencia de los medios masivos de hoy, estos hubiesen acabado pidiendo una moratoria para los vuelos en avión. No cabe duda de que se debe actuar con cautela, pero nunca será posible decir cuál es la dosis adecuada.

Veamos a continuación algunos desarrollos en IA. Todos ellos han causado sorpresa, admiración y rechazo, no necesariamente en idénticas dosis. Hay algo en el pesimismo que hace que el optimismo luzca ridículo. El descrédito público de la IA parece crecer día a día, pero no se desvanece. ¿La razón? En privado todo el mundo la ama.

Veamos.

La feria de los datos

La revolución del *big data* pilló por sorpresa al mundo. Lo que comienza como un experimento en el laboratorio, rara vez acaba siendo lo que se esperaba en un principio. Dicho de otro modo, nadie pudo anticipar lo que vendría.

Recordemos que la enorme acumulación de datos que los usuarios de internet compartían en las redes sociales encontraron un uso inesperado en el entrenamiento y producción de algoritmos. Para nadie era un misterio que el *big data*, como escribieran Andrew McAfee y Erik Brynjolfsson en una edición de 2012 de *Harvard Business Review*, era "mucho más poderoso que la analítica del pasado." La analítica, es decir, las reglas. "Más datos atraviesan hoy internet cada segundo de lo que ella almacenó en todos los pasados 20 años [...] Y toda esa información proviene de redes sociales, imágenes, sensores, la web, u otras fuentes no estructuradas."[16] El mundo derrochaba información. ¿Por qué no aprovecharla?

El intercambio parecía justo, escribe Hanna Fry en *Hello World*. Los usuarios entregaban sus datos y a cambio podían utilizar los

---

periodistas, ninguno de los cuales pudo tomar contacto con uno solo de los hermanos Wright, ni mucho menos ver el vuelo". De todos modos, se sentaron a mecanografiar la historia, que por este motivo quedó plagada de inexactitudes. Años después, Orville Wright describiría el artículo como "99% equivocado". When the Wright brothers shocked the world, the Dayton media flubbed it, *Dayton Daily News*, 16/12/2021, en https://shorturl.at/dvCK0

16 Andrew McAfee y Erik Brynjolfsson, Big Data: The Management Revolution. *Harvard Business Review*, 10/2012, en https://hbr.org/2012/10/big-data-the-management-revolution

algoritmos de Facebook para conectar sus redes con las de otros.[17] No nos queda claro que los usuarios tuviesen demasiada claridad sobre el trato. En retrospectiva sí lo parece, pero en retrospectiva el futuro es el destino. Razón de más para que Zuckerberg acabara compareciendo ante el Congreso norteamericano para dar explicaciones sobre el uso de los datos de sus clientes, el análisis de los mismos (por medio de la minería de datos o *data mining*), las regulaciones comprometidas y, por si todo esto fuera poco, bajo el espectro de Cambridge Analytica.[18]

A la sazón, una de las respuestas más interesantes de Zuckerberg durante la maratónica jornada en el Congreso, fue la que diera al senador Dick Durbin al preguntarle este si se sentiría cómodo compartiendo [allí, en público] el nombre del hotel en que se alojara la noche anterior. Zuckerberg contestó: "No. Probablemente no escogería hacer eso públicamente aquí. Creo que cada uno debería tener control acerca de cómo es utilizada su información."[19]

Y esto es importante: en primer lugar, porque Zuckerberg aclara que no desea hacer público un dato privado. Y, en segundo lugar, porque reconoce el derecho a la privacidad. Pero hay otro aspecto que nadie suele tocar: la responsabilidad individual. ¿Evaluar cada uno su conducta como usuario de una red social? Vamos, quién va a confiar en un sujeto aislado tomando sus propias decisiones. Es cierto que las compañías deben proteger los datos de sus clientes (hoy por hoy, después de todo lo sucedido, es evidente que están en ese plan), pero también es cierto que los clientes deben proteger sus datos de las compañías. ¿Cómo hacerlo? Estableciendo regulaciones.[20] ¿Y cuál debiera ser el carácter de esas regulaciones? No es fácil decirlo. Sin embargo, prácticamente la totalidad del extenso *corpus* de información que hemos revisado nos deja la impresión de que la solución es bastante simple, solo que nadie dice cuál es específicamente. Zuckerberg tampoco parece tenerlo muy claro:

---

[17] Hanna Fry, *ob. cit.*, pp. 25-26.

[18] Chloe Watson, The key moments from Mark Zuckerberg's testimony to Congress. *The Guardian*, 11/4/2018, en https://www.theguardian.com/technology/2018/apr/11/mark-zuckerbergs-testimony-to-congress-the-key-moments

[19] Chloe Watson, *The key moments*, *ob. cit.*

[20] Nótese la desconfianza total y absoluta en el individuo. Él por sí solo no se puede proteger, de manera que alguien debe hacerlo desde arriba. El Gobierno, claro.

"Mi posición es que no debiera no haber regulaciones." En seguida: "Pienso que la verdadera cuestión, a medida que internet se vuelva más importante en las vidas de las personas, es: cuál es la regulación correcta, no si debería haberla o no."

Uno de los problemas de las regulaciones (entre otros muchos) es que producen problemas otrora inexistentes, o bien hacen más hondo el hoyo que se buscaba tapar. ¿Estaba siendo irónico Zuckerberg? En 2018, las normas de protección de datos (GDPR, en inglés) "han causado el caos," anotaba por esas fechas Kai Weiss, en el blog del Instituto Mises, "incluso antes de entrar en vigor el 25 de mayo. Y probablemente hayan causado la mayor ola de *spam* de todos los tiempos, todo en nombre de luchar contra el *spam*, por supuesto." El deseo (al menos en abstracto) de proteger a los consumidores de posibles violaciones de datos, incluían, como mejoras, un derecho al olvido (el usuario pide a la empresa que borre sus datos), al consentimiento (el usuario debe consentir en el uso de sus datos por una empresa, "aunque lo que signifique ese 'consentimiento' sigue estando en discusión"), la obligación de contratar a un responsable de la protección de datos si eres una gran empresa (¿un chivo expiatorio?), y enormes multas por infracciones ("multas administrativas de hasta 20 millones de euros o, en el caso de una empresa, hasta el 4% del total de los ingresos anuales mundiales del año financiero precedente. Lo que sea mayor").

La piscina más segura es aquella en la que nadie se baña. Un principio básico de la seguridad, ya sea para personas o instalaciones, es que la seguridad absoluta no existe. La seguridad absoluta no es solo inmovilidad, es la imposibilidad del ejercicio de la función que se protege. La estufa más segura es la que nunca se enciende. ¿Qué ocurrió tras las primeras horas luego de haber entrado en vigor las medidas de la UE?

> El día en que las normas entraron en vigor, varias páginas de EE. UU. apagaron sus plataformas, presas del pánico, en países de la UE, entre ellas las de *Los Angeles Times*, *Chicago Tribune*, *New York Daily News* y *Orlando Sentinel*. Pero no solo los periódicos han bloqueado a los europeos desde entonces: la lista también incluye Shoes.com, Instapaper y History Channel. Entretanto, las empresas de publicidad, [...] las más afectadas por las nuevas normas, han renunciado completamente a la UE, incluyendo Drawbridge y Verve, [que sindican

> a las] GDPR como la razón por la que no pueden continuar sus negocios en el continente. Las que se han quedado han tenido que incurrir en costes gigantescos. Las empresas británicas se dice que han gastado 1.100 millones de dólares y las estadounidenses 7.800 millones en previsión de las GDPR.[21]

Entre los capítulos profesionales más favorecidos se encuentran los abogados. Para ellos, "el período de gestación de las GDPR ha equivalido a un período de vacas gordas. Los profesionales legales se refieren a la ley de 88 páginas como el 'regalo que sigue produciendo', debido a la rica corriente de horas facturables y trabajo contractual que llega con ella." No es de extrañar. El primer día de vigencia de la ley, Facebook y Google recibieron demandas por 8.800 millones de euros. Pese a ello, han sido estas "gigantes tecnológicas," las que más se han beneficiado de la norma, pues llevaban un año preparándose para su promulgación. A las empresas más pequeñas, como las de publicidad, no les quedó más remedio que abandonar el mercado europeo, donde actuaban como entes aislados, y abrirse a la posibilidad de anunciar a través de Facebook y Google, con lo cual las dos últimas, lejos de perder poder, lo habrían aumentado. La norma, entonces, no solo no cazó al Leviatán, sino que lo engrosó. Para colmo de males, las normas debieron excluir a la misma UE, luego de que se revelara que la Comisión Europea había sufrido una fuga de datos personales "de cientos de ciudadanos europeos, lo que habría constituido una violación de las GDPR." En la imposibilidad de multarse a sí misma, la Comisión indicó que las normas no afectarían a la propia UE.[22]

Promulgar leyes y normas que regulen sistemas complejos, no es fácil, según se ha visto. Ello, porque en un sistema complejo es muy difícil, si no imposible, conocer la causa de algún fenómeno específico (Ovidio: "La causa está oculta, el efecto es visible para todos").[23] Por si esto fuera poco, se dice que en algunos casos un sistema complejo, se puede volver incluso "endemoniado" (*wicked*

---

[21] Kai Weiss, Las nuevas normas de protección de datos de la UE ya están dañando a los europeos, Mises Institute, 17/7/2018, en https://shorturl.at/ahI12

[22] Kai Weiss, *Las nuevas normas*, *ob. cit*.

[23] Ovidio, *Las Metamorfosis*. Libro IV, 287.

problem).[24] El problema endemoniado es muy difícil de definir. Son muchos los factores y elevada la interdependencia entre ellos. Asuntos complejos como la salud pública y la educación son ejemplos de problemas endemoniados.[25] La solución al problema de la protección de la privacidad de las personas es otro.[26]

Volveremos a este punto más adelante. Adentrémonos por ahora en el lado más oscuro del dato y sus curiosos algoritmos.

*

Nuestra sombra digital es un botín nada despreciable para algunas compañías. Muchas de ellas ofrecen servicios gratuitos sin recibir nada a cambio. Con la revolución del *big data* aparecieron modelos de negocios que se valieron de esta nueva realidad. En términos simples, el rastro que deja el usuario en la web puede ser un indicativo de sus gustos y preferencias. Como las grandes compañías son las dueñas del territorio en el que ese rastro va quedando, entonces pueden ofrecerlo a distintos avisadores que estarán encantados con la posibilidad de aprovecharlo. Hasta aquí el cuento de hadas.

La historia verdadera termina así: "Nunca me lo habría imaginado."

Empecemos: Hannah Fry cita el caso de Palantir Technologies (hay otras como Acxiom, Corelogic, Datalogix, eBureau) que es una compañía cuya especialidad es la intermediación entre los avisadores y sus potenciales clientes. En consecuencia, lo que hacen es sencillo: recogen y compran datos de personas y luego los revenden.[27] Al registrarse en un sitio web o al realizar una compra, una persona genera datos (no hay almuerzo gratis, ¿lo recuerda?). Estos datos en ocasiones se venden a los intermediarios o *brokers*, que son los

---

[24] Los problemas endemoniados son aquellos que no es posible formular *a priori* y la solución, por si esto fuera poco, no está disponible; en Saber UCV, El devenir de los problemas en la planificación: Conocimiento en acción para estructurar problemas, 2/2015, en http://saber.ucv.ve/handle/10872/13516

[25] Interaction Design Foundation, What are Wicked Problems?, en https://www.interaction-design.org/literature/topics/wicked-problems

[26] Cfr., entre otros, Paul Ormerod, *Why Most Things Fail: Evolution, Extinction and Economics*. Hoboken, New Jersey, John Wiley & Sons, 2005; Nassim Nicholas Taleb, *El cisne negro*. Barcelona, Paidós, 2007.

[27] Hannah Fry, *ob. cit.*, p. 31.

encargados de ordenarlos, clasificarlos, referenciarlos, y comprobarlos. Luego se "empaquetan" y se venden. En palabras de esta autora:

> En el sentido más literal, en cualquier base de datos de estos *brokers*, usted podría abrir un archivo digital con su número de identificación (un número que nunca se lo dirán) que contiene el rastro de todo lo que usted haya hecho. Su nombre, su fecha de nacimiento, su afiliación religiosa, sus hábitos vacacionales, el uso de su tarjeta de crédito, su valor neto, su peso, su estatura, su afiliación política, sus hábitos de juego, sus limitaciones físicas, los medicamentos que toma, si se ha realizado o no un aborto, si sus padres se encuentran divorciados, si es susceptible de sufrir adicciones, si ha sido víctima de violación, sus opiniones sobre el control de armas, su orientación sexual aparente, su orientación sexual real, y qué tan cándido es usted. Hay miles y miles de detalles dentro de miles y miles de categorías y archivos almacenados en servidores ocultos en algún lugar, por casi cualquiera de nosotros.[28]

¿No había oído hablar de estos *brokers*?, nos pregunta Fry. Pues bien, con toda seguridad ellos han oído hablar de usted. Ahora bien, el hecho de seguir y confinar el rastro que cada usuario de internet va dejando, no es exclusivo de estos *brokers*. Los gigantes de internet como Google, Facebook, Instagram, y X, operan de la misma manera. Sus algoritmos pueden ser tan sofisticados como sea necesario para que el gigante lo vea a usted, ya no como una entidad masiva (estamos hablando de *big data*) sino como un ente individual, diferenciado y único. Por eso las comunicaciones que usted recibe de cada una de estas aplicaciones le parecen personalizadas. De hecho, es así, son personalizadas. El gigante le está hablando a usted. La unidad más sencilla en este largo tren que lo comunica a usted con estos monstruos informáticos, tal vez sea una humilde *cookie*. Mediante las *cookies* los sitios web saben si usted ha iniciado sesión con ellos o no. Por detrás los algoritmos le ofrecerán, ya sea columnas de opinión, pasajes aéreos, selecciones musicales, lo que sea, todo ello con precios que, tratándose de usted y su particular perfil, pueden ser más altos o más bajos que el estándar del momento.

---

[28] Hannah Fry, *ob. cit.*, p. 32.

Ellos han hecho, comenta Fry, de sus datos personales un verdadero *commodity*.

Esta es la condición a la que el par algoritmo-dato ha dado lugar. Ya no quedan continentes por descubrir, pero habitamos uno por completo renovado, y se llama ciberespacio. Todavía no conocemos sus parajes, sus tribus, sus zonas de mayor peligro. Por eso las señales importan.

*

Se estará preguntando cómo se regula esto, sin afectar el lado bueno de todo el asunto. Uno de los dictámenes en el decálogo de los problemas endemoniados dice que las soluciones a los mismos no son verdaderas ni falsas, sino tan solo buenas o malas.[29] Pues bien, necesitamos una buena solución (habrá que ir olvidándose de la verdadera),[30] para que el lado bueno lo siga siendo.

Para Hannah Fry es importante tener en mente que mientras se da la batalla por el dominio real o, cuando menos, figurado del ciberespacio, no deberemos perder de vista que "necesitamos ser cuidadosos para no dejarnos adormecer por un falso sentido de la privacidad. Cada vez que usemos un algoritmo —especialmente si es gratuito— deberemos preguntarnos acerca de los incentivos ocultos,"[31] lo que equivale a repensar el don recibido diciéndonos: a cambio de qué.

*

Uno de los casos de mayor resonancia mediática en cuestión de datos fue el de Cambridge Analytica. Según la revista *Wired*, esto fue lo que ocurrió: Cambridge Analytica es una firma de análisis de datos que trabajó [según *Wired*] para la campaña de Donald Trump en 2016. Con los datos que la firma decía tener de cada votante norteamericano, podía realizar "focalización psicográfica." En otras palabras, ajustar la publicidad al perfil del usuario. ¿De

---

[29] Interaction Design Foundation; What are Wicked Problems?, *ob. cit.*

[30] Cfr. de Seth Stephens-Davidowitz, *Todo el mundo miente. Lo que Internet y el big data pueden decirnos sobre nosotros mismos*. Madrid, Capitán Swing, 2019.

[31] Hanna Fry, *ob. cit.*, p. 47.

dónde obtuvo los datos? Se acusó a la compañía de haber usado y mantenido los datos de unos 50 millones de usuarios de Facebook, sin su permiso. [Estos] datos se adquirieron mediante una aplicación "thisisyourdigitallife" que casi trescientas mil personas descargaron, lo que permitió a Cambridge Analytica acceder no solo a los datos del usuario, sino que también a los de sus amigos. Al parecer, dado que la campaña de Trump se basaba fuertemente en avisaje digital [(lo mismo que la de su contrincante, Hillary Clinton)], bien podría haber utilizado estos datos de Cambridge Analytica.[32]

Dejando de lado los entretelones y desenlaces que trajo consigo esta teleserie, lo importante es que todo comenzó sin que se avizorara el final. Es cierto. La idea de extraer perfiles de personalidad a partir de unas pocas características es anterior a la web. De paso, eran siempre un capítulo en los manuales de inteligencia de la época de la Guerra Fría. Con esta idea en mente, hacia comienzos de 2010, un grupo de investigadores de la Universidad de Cambridge unido a otro de la Universidad de Stanford se dio a la tarea de descubrir si existía o no un vínculo entre cinco características específicas (apertura a experiencias, escrupulosidad, extraversión, amabilidad, neuroticismo) y los *likes* que las personas ponían en Facebook.

Eso era todo. ¿Existiría aquel vínculo?

Para probarlo construyeron un algoritmo que sentenciara el vínculo con solo 300 *likes*. El algoritmo debería ser capaz, escribe Fry, de juzgar el carácter de un usuario mucho mejor que su propia esposa. La idea, en cualquier caso, era verificar la precisión del perfil para ajustarlo así a un avisaje personalizado. Mientras los académicos publicaban sus trabajos, anota Fry, Cambridge Analytica trabajaba para la campaña de Trump.[33]

La estrategia de Cambridge Analytica consistió en identificar personas a las que se pudiera enviar mensajes emocionalmente cargados para influir por medio de ellos en sus decisiones electorales. Al hacerlo, se pasó de la raya: no solo se trataba de avisaje, sino

---

[32] Wired, The Cambridge Analytica Story, Explained, s.f., en https://www.wired.com/amp-stories/cambridge-analytica-explainer/

[33] Hanna Fry, *ob. cit.*, p. 41.

que además de noticias falsas del tipo "10 verdades inconvenientes sobre la Fundación Clinton."[34]

Como haya sido, el intento de influir en las personas seleccionadas se realizó a través de Facebook.[35] Esta es la razón de que, tras los fallos de 2019, la compañía haya debido pagar una multa de 643.000 dólares a la Oficina del Comisario de Información del Reino Unido, por su papel en el escándalo de Cambridge Analytica.[36] Harry Kinmonth, consejero general asociado de Facebook, declaró sin ambages que "proteger la información y privacidad de las personas es una alta prioridad para Facebook. Seguiremos construyendo nuevos controles para ayudar a las personas a proteger y administrar su información."[37] En ningún caso era opción el no hacerlo.

Ahora bien: ¿sirvió la estrategia utilizada por Cambridge Analytica? ¿Influyó en las personas elegidas?

Es imposible saberlo. El efecto de una determinada inducción en las personas (esto es, en su psicología), ha resultado ser cuantitativamente bajo si se toman en cuenta los clics adicionales que cierto avisaje provoca entre el público. En rigor, menos del uno por ciento. Aun cuando en el caso de las elecciones se trata de reunir unos pocos miles de votos para cargar la balanza en una u otra dirección ("Trump ganó Pensilvania por 44.000 votos de un total de seis millones, Wisconsin por 22.000, y Michigan por 11.000"),[38] lo que viene a significar menos del uno por ciento del total, no es posible decir con seguridad que la diferencia se debió a la manipulación. "Incluso," escribe Fry, "si tuviéramos acceso a todos los datos, no podemos mirar hacia atrás y desentrañar la espesa cadena de causa y efecto para determinar con precisión una única razón para la decisión de voto de cada persona."

---

34 Ibid., p. 42.

35 No es ninguna casualidad que haya sido Facebook. Un tercio de la población mundial tiene cuenta allí. Es la base de datos personales más grande del mundo.

36 Eso en el Reino Unido. En Estados Unidos la multa acordada por la Comisión Federal de Comercio habría ascendido a cinco mil millones de dólares.

37 Paolo Zialcita, Facebook Pays $643,000 Fine for Role In Cambridge Analytica Scandal, NPR News, 30/10/2019, en https://www.npr.org/2019/10/30/774749376/facebook-pays-643-000-fine-for-role-in-cambridge-analytica-scandal

38 Hanna Fry, *ob. cit.*, p. 44.

¿Dónde nos deja todo esto?

De cara a lo sucedido en las elecciones, más o menos en el mismo lugar donde empezamos. Pretender que es posible manipular convicciones anidadas en las personas por décadas, tal vez resulte demasiado audaz. Las noticias falsas no comenzaron con la web, los mensajes retorcidos de los candidatos, sus discursos llenos de promesas y compromisos, tampoco. Los pocos que cambian su voto a última hora y se deciden por una opción que contraviene sus certezas más íntimas, pueden llegar a sumar los votos que requiere el candidato ganador. Y, con todo, ¿no ha ocurrido así desde antes de la web, por otros medios?

Pensamos que no va por aquí el problema. Puede que los organismos que recauden las multas sean a la larga los únicos que ganen siempre, pero el problema, endemoniado como es, se extiende por otros rumbos. Por ejemplo, cuando los datos personales no son utilizados para persuadir al individuo, sino para que un proveedor, pongamos por caso, de seguros, se haga una idea del tipo de persona con la que está tratando (a partir de los datos), no de la persona real de carne y hueso, puede ser un problema mayor. Los datos nunca cuentan toda la historia.

Se hará justicia

La justicia, nos dice la enciclopedia Stanford de filosofía, es lo contrario de la arbitrariedad.[39] Para Platón y Aristóteles, "era la virtud esencial, la suma de las virtudes, la virtud más importante para el 'animal social' que somos."[40] En un comienzo, nos dicen Solomon y Murphy, tanto en el Antiguo Testamento como en la *Ilíada*, la definición "está mucho más unida al castigo, o más precisamente, con la retribución y la venganza." Pero ya en tiempos de Sócrates y de Jesús, la "venganza había quedado claramente separada de la justicia y vista más como un vicio que una virtud."[41]

---

[39] Stanford Encyclopedia of Philosophy, Justice, 26/6/2017, en https://plato.stanford.edu/entries/justice/

[40] Robert C. Solomon y Mark C. Murphy, *What is Justice? Classic and Contemporary Readings*. New York, Oxford University Press, 2000, p. 3.

[41] Ibid., p. 4.

No se puede seguir el derrotero de la justicia porque no se trata de un solo camino, sino de múltiples caminos que conforman ramales, un dédalo inextricable por el que circula una idea vaga, algo así como una cucaracha kafkiana con una certeza en las entrañas.

Diferentes jueces dictaminan penas diferentes para los mismos delitos. En todo sistema carcelario hay presos que son inocentes,[42] y un número nada despreciable de ejecutados que nunca fueron culpables.[43]

Estudios de casos, tanto reales como supuestos, confirman una y otra vez que la fortuna juega un rol en los tribunales. No solo ella, en ocasiones lo juega la política, en ocasiones el sistema de creencias, tanto el de jueces como el de jurados y testigos. Para asegurarse de que acabaría con el anunciado rey de los judíos, Herodes mandó matar a todos los menores de dos años que vivían en Belén. ¿Por qué en Belén? Porque así lo decían las escrituras. "En cuanto a ti, Belén de la tierra de Judá [...] de ti saldrá un gobernante que guiará a mi pueblo Israel" (Mateo 2, 6). No había modo de equivocarse, así lo había escrito el profeta. Yo qué culpa tengo, se habrá dicho Herodes a sí mismo.

Para reparar las inconsistencias se han ideado toda clase de mecanismos que, en condiciones ideales, asegurarían la relación entre la ofensa y el castigo. A paridad de delito, paridad de castigo. Se espera así que en el caso de personas que delinquieron por primera vez, robando especies parecidas, causando daños similares, las sentencias fueran las mismas. ¿Qué revelaron los datos? Son diferentes. ¿Qué fue lo que cambió? El juez.

"Ningún sistema es perfecto," anota Hannah Fry, "[s]iempre habrá un embrollo de inequidades en competencia, un caos de injusticias opuestas. Pero un algoritmo tiene la posibilidad de resolver todo este complejo conflicto por sí mismo. Porque —de manera notable— con un algoritmo siendo parte del proceso, tanto la consistencia

---

42 Cfr., *inter alia*, Baldani Law Group, How Many Innocent People are Jailed Each Year?, en https://baldanilaw.com/innocent-people-jailed-each-year/; Harvard Public Health Magazine, A Matter of Conviction, 2015, en https://www.hsph.harvard.edu/magazine/magazine_article/a-matter-of-conviction/

43 Cfr. Innocence; Death Penalty Information Center, 2023, en https://deathpenaltyinfo.org/policy-issues/innocence

como la justicia individualizada pueden quedar garantizadas. Nadie necesita escoger una de las dos."[44]

Una vez más nos encontramos en presencia de la posibilidad de unir algoritmos con datos para resolver un problema. Intuitivamente es fácil hacerse a la idea de que, reuniendo un *corpus* de datos sobre cualquier materia, se pueden obtener patrones. Los patrones permiten definir el color con que mayoritariamente saldrán de la fábrica los automóviles, el tipo de sándwich con mayor demanda a cierta hora del día, o la bebida y el dónut más solicitados.

Sabemos también que con los meros datos no basta. Necesitamos además una receta universal que nos permita decidir, tomando como base esos datos, cuál es la opción adecuada en cada caso. Así, un mismo algoritmo, alimentado con diferentes datos, arrojará diferentes ofertas de conveniencia, por ejemplo, para restaurantes de comida rápida, dependiendo de su ubicación y del horario de atención al público.

¿Por qué no probar entonces con las cortes criminales?

El sociólogo Ernest W. Burgess, conocido por sus investigaciones sobre la familia como unidad social, la estabilidad del matrimonio y la posibilidad de predecir su éxito o fracaso se abocó también a predecir el riesgo de conductas criminales. Era un firme defensor de los métodos cuantitativos a los que consideraba como superiores a la intuición. Su método actuarial (llamado así por los modelos estadísticos y matemáticos aplicados a la evaluación de riesgos en las industrias de seguros y financiera) ofrecía una pauta conveniente y sólida para decidir la mejor manera de acoger las solicitudes de libertad condicional de los reos. "No hay duda," sostenía, "de que es posible determinar los factores que rigen el éxito o fracaso de un hombre que ha solicitado la libertad condicional." La pregunta ¿volverá a delinquir?, se podía responder diciendo "Veamos lo que nos dicen los datos."

La ciencia actuarial propone que podemos conocer el futuro mirando al pasado. En el pasado se oculta el predictor más confiable del futuro, de allí que las empresas de seguros y financieras recurran con frecuencia a este supuesto para evaluar sus compromisos con clientes. Por ejemplo, en el caso de un seguro automotriz, las preguntas que un agente podría hacerse serían, "¿se trata de un

---

44 Hannah Fry, *ob. cit.*, p. 54.

conductor temerario?," "¿respeta las normas del tránsito?," "¿ha sufrido accidentes?". Las respuestas a cada una de estas preguntas se encontrarán en el pasado, en los datos del cliente.

Hoy día, los métodos actuariales se encuentran diseminados más allá de sus ámbitos originales, y se los puede encontrar tanto en los controles aeroportuarios como en las sentencias criminales, la evasión de impuestos, o la clasificación carcelaria. Aunque gozan de gran aceptación, no han dejado de recibir fuertes críticas por los efectos dañinos que eventualmente producen, y que claramente no se toman en cuenta.[45] Es difícil pasar por alto el valor que posee la intuición entre las personas, hasta el extremo de que resulta espurio el tratar de convencerlas (si es que realmente se consigue hacerlo) de que una determinada intuición es errada. Volveremos a ello más adelante. El caso es que las ideas de Burgess se tradujeron en mecanismos de consulta para los tribunales a la hora de decidir acerca de las solicitudes de los reos para acceder a los beneficios de la libertad condicional.

El *software* de Perfiles de Gestión de Delincuentes en Correccionales (COMPAS, en inglés) utilizado en las cortes penales de numerosos estados de Norteamérica, es en la actualidad uno de esos mecanismos de consulta. Se trata de una herramienta digital cuyos algoritmos evalúan el riesgo de reincidencia y que los jueces tienen a la vista para decidir. El secreto, como siempre, está en los datos. A base de ellos el algoritmo calcula un índice referido al riesgo.

Considérese el caso de Brisha Borden, que una tarde de 2014 iba con retraso a recoger a su hermana de la escuela cuando divisó una bicicleta azul sin el candado y un escúter Razor de color plateado. Borden y una amiga cogieron la bicicleta y el escúter, y montadas en ellos se los llevaron por la calle en Coral Springs, un suburbio de Fort Lauderdale. Sin embargo, luego de avanzar unos pocos metros se dieron cuenta de que ambos medios de transporte eran muy pequeños para su tamaño. La bicicleta pertenecía a un chico de seis años, la madre del cual, al ver que se la llevaban, corrió tras las jóvenes gritando, «¡Son de mi hijo!» Borden y su amiga inmediatamente dejaron la bicicleta y el escúter en el suelo, y se alejaron. Demasiado tarde. Un vecino, habiendo presenciado el robo, llamó a la policía.

---

[45] Para un crítica exhaustiva de la ciencia actuarial, cfr. Bernard E. Harcourt, *Against Prediction: Profiling, Policing, and Punishing in an Actuarial Age*. Chicago, The University of Chicago Press, 2007.

Borden y su amiga fueron arrestadas y acusadas de robo y hurto menor por los dos artículos que fueron avaluados en 80 dólares.

Compárese dicho crimen con otro similar: el verano anterior, Vernon Prater, de 41 años, fue detenido por robar herramientas de una tienda Home Depot por un valor de 86,35 dólares. Prater era un criminal más experimentado. Había sido procesado por robo e intento de robo a mano armada, lo que le valió una condena de cinco años en prisión (además de otro cargo por robo de armas). Borden, la mujer de la bicicleta, tenía antecedentes también, pero por delitos menores cuando era menor de edad.

Lo más sorprendente de todo ocurrió cuando Prater y Borden fueron encarcelados. Un programa computacional arrojó inmediatamente un puntaje prediciendo la probabilidad de que cada uno de ellos reincidiera en el futuro.[46]

Borden —que es negra— fue evaluada como de alto riesgo. Prater —que es blanco— fue evaluado como de bajo riesgo. Dos años después de haber sido puestos en libertad, indicaba el informe de *Pro Publica*, "supimos que el algoritmo había pronosticado justo al revés. Borden no ha sido acusada de ningún cargo posterior. Prater cumple actualmente una condena de ocho años en prisión por irrumpir en un almacén y robar productos electrónicos avaluados en miles de dólares."[47]

Calificaciones y recomendaciones como estas son comunes en los tribunales norteamericanos asistidos por algoritmos. Se los utiliza para complementar decisiones que abarcan todo el extenso proceso judicial de los inculpados, esto es, desde la sentencia hasta la solicitud de libertad vigilada.[48] Lamentablemente, los algoritmos no parecen estar a la altura de su importancia en las cortes. Aun cuando no sean ellos los que deciden, contienen en sí mismos un peso que cuesta ignorar (millones de datos), razón por la cual se ha buscado recalibrarlos con informes adicionales, realizados esta vez por humanos.

---

[46] Julia Angwin, Jeff Larson, Surya Mattu y Lauren Kirchner, Machine Bias. There's software used across the country to predict future criminals. And it's biased against blacks, Pro Publica, 23/5/2016, en https://www.propublica.org/article/machine-bias-risk-assessments-in-criminal-sentencing

[47] Julia Angwin et al., *ob. cit.*

[48] Julia Angwin et al., *ob. cit.*

FIGURA 20. Dos delincuentes, dos prontuarios, dos evaluaciones. Antes de cumplir condena por un robo en Home Depot, Prater ya había sido acusado de robo e intento de robo a mano armada, además de un cargo por apropiación ilegal, por lo que había pasado cinco años en prisión. Borden, por su parte, tenía cuatro delitos menores juveniles, y ninguno posterior a su liberación, luego de cumplir condena por haber tomado prestada (sin haberla pedido) la bicicleta de un menor. ¿Cuál de los dos representaría un riesgo mayor para la sociedad luego de su liberación?[49]

Diversas evaluaciones, entre ellas la de *Pro Publica*, han permitido comprobar que solo en el veinte por ciento de los casos referidos a crímenes violentos, el algoritmo acertó al evaluar posibles reincidencias. Cuando se amplió el rango, incluyendo esta vez delitos menores como conducir con una licencia vencida, el algoritmo resultó algo mejor que arrojar sin más una moneda al aire, es decir, en el sesenta por ciento de los casos.

En definitiva, lo que vemos es que el algoritmo, con todos sus datos y su enorme capacidad de procesamiento, no es mejor que lo esperado cuando se trata de crímenes violentos, mientras que en el espectro más amplio es apenas como una moneda cargada. Si esto ya es grave, el sesgo más notorio viene por el lado de la raza. La fórmula contenida

[49] Boost Labs, Bias: How Data Can Be Dangerous, 2018, en https://boostlabs.com/bias-how-data-can-be-dangerous/

en el algoritmo resultó ser mucho más severa con hombres y mujeres negros que con sus símiles blancos. Así lo estableció *Pro Publica*:[50]

- Era muy probable que la fórmula identificara a acusados negros como futuros criminales, clasificándolos erróneamente casi el doble de veces que a los acusados blancos.
- Los acusados blancos eran mal clasificados como de bajo riesgo, más a menudo que los acusados negros.

El algoritmo, de acuerdo a los análisis de *Pro Publica*, transparenta un sesgo cuya causa no es fácil de identificar. Por ejemplo, el riesgo más alto en promedio para sujetos negros que para blancos, puede deberse a correlaciones como pobreza, cesantía, y marginalidad social. De ser así, nada se ganaría con quitar estos sesgos (aun cuando ello implique un giro hacia personas de raza negra) si resultan ser consustanciales a la reincidencia. En este caso, no sería el algoritmo el que esté sesgado, antes bien es la misma estructura social la que al producir el sesgo, lo pone de manifiesto en el algoritmo. Pese a todo, la discusión no cesa. En *The Marshall Project*, una fuente periodística sin ánimo de lucro, se dice que, mal que nos pese, todas las evaluaciones de riesgo terminan sopesando tres premisas: sexo, edad, historia criminal previa. Una herramienta de evaluación de riesgos bien diseñada, funciona, sostienen, mejor que las opiniones de expertos sin ayuda de *software*, al menos en un 10%. Diversos estudios sostienen que cuando se implementan correctamente, ya sea en campos como la medicina, las finanzas, y la justicia criminal, se obtienen mejoras como la anotada. No obstante, para los críticos, solo porque un rasgo predice un crimen no significa que sea justo usarlo en sentencias judiciales.[51]

El *software* COMPAS es un producto de la empresa Northpointe y es privado, por lo tanto, mantiene derechos exclusivos sobre las fórmulas con que opera. Sin embargo, a grandes rasgos, asigna puntajes a las respuestas que obtiene ya sea de los acusados o de sus archivos judiciales. Dependiendo de los puntajes obtenidos, los acusados son

---

[50] Julia Angwin et al., *ob. cit.*

[51] Anna Maria Barry-Jester, Ben Casselman y Dana Goldstein, The New Science of Sentencing. Should prison sentences be based on crimes that haven't been committed yet?, The Marshall Project, 8/4/2015, en https://www.themarshallproject.org/2015/08/04/the-new-science-of-sentencing

indexados en *rankings* o categorías de riesgo, a saber, riesgo bajo, medio, o alto. Las respuestas se obtienen de un cuestionario de 127 preguntas, ninguna de las cuales incluye la raza. Las preguntas son del tipo, ¿estuvo alguno de sus padres en prisión?, ¿cuántos de sus amigos consumen drogas?, ¿cuántas veces se vio implicado en peleas en su escuela? Se incluyen también declaraciones con las que el evaluado debe declararse de acuerdo o en desacuerdo: "una persona hambrienta tiene derecho a robar," "si alguien me hace enojar o pierdo los estribos, puedo volverme peligroso." Por último, además de los prontuarios judiciales de los acusados y de las respuestas obtenidas de los cuestionarios, COMPAS también considera "necesidades criminógenas" que corresponden a un conjunto de teorías sobre criminalidad entre las que se cuentan la "personalidad criminal," el "aislamiento social," el "abuso de sustancias," y el par "residencia/estabilidad."

En seguida, cabe aclarar que el *software*, aunque muchas veces se lo tiene a la vista al momento de dictar sentencia, no fue diseñado para eso. Fue lo que salió a la luz en un caso de robo de una cortadora de césped y de algunas herramientas en Wisconsin. Zilly, un trabajador de la construcción de 48 años llevaba algún tiempo luchando por dejar el consumo de metanfetamina, ayudado por un pastor cristiano, cuando en 2012 recayó y cometió el robo. En la ocasión, Zilly fue ranqueado como de alto riesgo por COMPAS y enviado a prisión. Un defensor público apeló a la sentencia y llamó a declarar a Tim Brennan, uno de los fundadores de Northpointe, como testigo. Brennan testificó señalando que el software no había sido diseñado para dictar sentencias. "Deseaba mantenerme alejado de las cortes," declaró en la oportunidad, dejando en claro que su foco era la reducción del crimen antes que el castigo. "No me gusta la idea de que se utilice COMPAS como la única evidencia en la que debiera basarse una decisión." El juez Babler, el mismo que había procesado la causa, declaró, tras reducir la sentencia original a Zilly, que de no haber tenido el *software* a la vista habría decretado una sentencia más baja. Vale la pena preguntarse qué hubiese pasado si el juez otorga la misma condena a Zilly, sin la comparecencia del algoritmo en el proceso. ¿Habríamos tenido al defensor público apelando la decisión?

Por otra parte, es importante no perder de vista que Estados Unidos encierra en prisión a más gente que cualquier otro país en el mundo. A lo largo de más de dos siglos, señala *Pro Publica*, las decisiones las han tomado jueces y personas, en general, guiados por instintos y sesgos personales. Era de esperar que los algoritmos pusieran un poco de luz en las tinieblas. Los fundadores de Northpointe albergaban grandes esperanzas en la "taxonomía cuantitativa" que, en palabras de Tim Brennan y Dave Wells, cofundador este último junto con Brennan, permitía medir rasgos de personalidad como inteligencia, introversión y extraversión.[52] Medir y cuantificar, se entiende, para ranquear y clasificar.

Es obvio que diferenciar entre buenos y malos, con independencia de la fórmula que se utilice, es un trabajo arduo, especialmente si se trata de predecir. "Es difícil hacer predicciones, especialmente acerca del futuro," declaraba filosóficamente el gran Yogi Berra, aquel prodigio que transmutaba obviedades en verdades irrefutables. Quizá estamos necesitados de esta clase de intelectos cuando evaluamos algoritmos a los que pedimos hazañas imposibles. "Cuando llegues a una bifurcación en el camino, tómala" es, de hecho, toda una manera de connotar el fenómeno al que se expone un juez cuando tantea una solicitud de libertad provisional. Si pudiera hacerlo, quién sabe, tal vez se inclinara por las dos alternativas: mantener al sujeto en prisión y dejarlo libre.

En definitiva, ¿cómo se comportará una vez que el sujeto salga de aquí? ¿Bien o mal? A eso se reduce todo. Dejar libre a Darth Vader, como propone Richard Berk, profesor de la Universidad de Pennsylvania, es un tipo de error (falso negativo). Mantener encarcelado a Luke Skywalker es otro (falso positivo).[53] ¿Cómo no sentirse tentado a mirar la evaluación de riesgo que propone el algoritmo al momento de dictar sentencia?

Por consiguiente lo más grave es precisamente esto, aunque el algoritmo fue pensado para evaluar las solicitudes de libertad condicional, con el tiempo se ha ido incorporando al proceso de dictación de sentencias. No es el algoritmo el que se ha salido de su nicho, han sido los usuarios los que lo han sacado de él. "Las consecuencias," escribe Hannah Fry, "de etiquetar de manera equivocada a un acusado son algo demasiado serio cuando se utiliza un algoritmo para sentenciar, más que solo decidir sobre fianza o libertad condicional." Esta pesadilla se ha vuelto una realidad. "[A]lgunos estados en Norteamérica han empezado a permitir a los jueces mirar la puntuación

---

[52] Julia Angwin et al., *ob. cit.*

[53] En Hannah Fry, *ob. cit.*, pp. 61-2.

de riesgo del delincuente mientras deciden sobre el tiempo de permanencia en prisión. Se trata de un desarrollo que ha provocado un acalorado debate, en ningún caso gratuito: una cosa es calcular si alguien sale libre antes de completar su sentencia, otra muy distinta calcular cuánto tiempo debiera mantenerse en prisión."[54, 55]

*

Durante la Segunda Guerra Mundial, la *Wermacht* alemana, introdujo un cambio que resultó revolucionario en el uso del cañón antiaéreo de 88 mm, al cambiar simplemente el ángulo de servicio del arma. En vez de apuntarla hacia arriba, quedando casi vertical, la apuntaron hacia el suelo, dejándola horizontal. ¿El resultado? De arma antiaérea pasó a ser arma antitanque. Y una de las mejores de todo ese largo conflicto.

En ocasiones, una herramienta que sirve a un fin puede prestarse a otro. En ocasiones, no es así. La semejanza entre una aeronave y un tanque es enorme respecto del cañón, pues frente a ambas amenazas hace lo mismo: disparar un proyectil de 88 mm. Con COMPAS ocurre algo parecido. Acortar una sentencia judicial que está siendo ejecutada, es una tarea que el diseñador del algoritmo tiene en mente cuando lo diseña. Ese es su cañón después de todo. Para eso toma en cuenta los datos existentes sobre reincidencia *luego* de haber salido el sujeto de prisión, no *antes* de haber pasado una temporada en ella.

No puedo disparar el cañón antes de que aparezca el tanque. Es fácil darse cuenta al operar un arma como esta. No es fácil darse cuenta con el algoritmo.

Quien se haya dado el trabajo de leer, alguna vez, las instrucciones de uso de una lavadora, de una aspiradora, de una juguera, descubrirá que no solo hay precauciones referentes a su uso, sino que además indicaciones acerca del tipo de carga que puedo ingresar al proceso (el *input*). Cuando se leen, pueden causar gracia por su obviedad, pero sucede que muchas de estas indicaciones se basaron

---

54 Hannah Fry, p. 62.

55 Un ejemplo sencillo de falso negativo (error tipo II) es el de una persona de la que se dice que no tiene, por ejemplo, una enfermedad, cuando en realidad sí la tiene. Por su parte, el falso positivo (error tipo I) es lo contrario; se dice que la persona tiene la enfermedad, cuando en realidad no la tiene.

en casos reales de uso que dieron como resultado accidentes con consecuencias graves.

¿La lección más importante?: no hay una herramienta universal. Ni siquiera el lenguaje (que eventualmente, por el hecho de poder traducirse, podría considerarse universal). Se ha estimado que la radiación en Chernóbil podría permanecer aposada allí por unos 20.000 años.[56] Si todavía quedan seres humanos para entonces, es muy probable que deseen abrir un túnel justo en ese lugar, pues no entenderán lo que dice la advertencia.

Lo demás es ciencia ficción.

Lo importante es que si un algoritmo se diseña para un tipo de prestación, ello no implica que servirá para cualquier otra por semejante que parezca, pues la semejanza para el humano puede resultar una diferencia para el algoritmo, solo que este último no tiene cómo alertarnos. Si entra basura, sale basura. Al depositar un recipiente de aluminio al interior de un horno microondas, este no le dirá nada. Usted cerrará la puerta del aparato y lo echará a andar...

Los accidentes eléctricos en el hogar ocurren por el mal uso que se da a los aparatos (especialmente en la cocina) o a descuidos (como ocurre al dejar un aparato funcionando mientras la persona responsable duerme o sale a hacer las compras).[57] En todos estos casos, las instrucciones de uso advertían sobre estos eventos, pero, tal como nos diría Yogi Berra, si no fueran tan obvias, las leeríamos.

De manera que el uso y el mal uso de los algoritmos en los tribunales refleja una condición natural, o varias, que afecta a todas las personas. El exceso de confianza es una de ellas. La ley, como los tribunales, conforman campos de batalla en los que tanto importa conocer al enemigo como conocerse a uno mismo.[58] El algoritmo que me ayuda a decidir, contiene un modo de operar que debo conocer, so pena de tener que endilgar al algoritmo la

---

[56] Robyn White, Chernobyl Aftermath: How Long Will Exclusion Zone Be Uninhabitable?, Newsweek, 14/10/2022, en https://shorturl.at/enyzA

[57] Véase el caso inglés en Brian Sims, Cooking accidents causing 15 electrical fires a day, FSM, 6/8/2019, en https://www.fsmatters.com/Cooking-accidents-15-fires-a-day

[58] David C. Nelson, On Military Strategy and Litigation, Vermont Law Review, 31, 2007, p. 558. Véase además Paula A. DeSutter, *Sun Tzu, Clausewitz, and the Importance of Knowing Yourself and the Enemy*, Defense Technical Information Center, 1994, en https://apps.dtic.mil/sti/citations/ADA440962

decisión que afecta más o menos de la cuenta a un acusado formal, en circunstancias que en todo proceso no debieran ser las máquinas sino los seres humanos los que decidan. "Aun sabiendo que el juez humano podría cometer más errores, los acusados —pese a todo— prefieren el humano al algoritmo."[59]

En suma, todo indica que un juez puede buscar apoyo en los algoritmos con que trabaja COMPAS o cualquier otra aplicación destinada a ese efecto en los tribunales. Sin embargo, el algoritmo no debería introducir más sesgo del que ya existe sin su participación. Como decíamos antes, distintos jueces enfrentados a dos causas similares resuelven con benevolencia en una y con severidad en la otra. No es deseable, entonces, que el algoritmo agregue además un insulto a la herida. Mejorar los algoritmos es parte de la tarea pendiente, mejorar el entendimiento de los jueces sobre ellos, también. Veremos que, en otros ámbitos, como el de la prevención criminal o el de los automóviles sin conductor, el fenómeno reaparece, si bien con una apariencia distinta, una y otra vez.

Crímenes en la calle Morgue

En este célebre relato de Edgar Allan Poe, el detective C. Auguste Dupin es el encargado de resolver dos crímenes que tienen de cabeza a la policía. Dos mujeres asesinadas, y numerosos testimonios que concuerdan en haber escuchado balbucear al supuesto autor, pero sin coincidir en el idioma que utilizaba. Dupin, tras visitar el lugar de los hechos, rescata un cabello, uno que no parecía del todo humano.

Publicado en 1841, se dice que es la primera historia de detectives en que se dan cita todos los ingredientes de las narraciones posteriores, desde Poe hasta Raymond Chandler y desde este a Michael Connelly y Fred Vargas. Preguntémonos: ¿qué hace que el género policial resulte tan absorbente y demandado a la hora de buscar algo para leer?: que hasta la trama más compleja se revela como simple al final.

El caso de la calle Morgue juega con el hecho de que el lector es humano y por lo tanto asume que solo un humano hará lo que el asesino les hizo a las dos mujeres que dan pie a la historia. Poe

---

[59] Mandeep Dhami, en Hannah Fry, *ob. cit.*, p. 76.

juega con los prejuicios del lector, con la rigidez del lector, y es esto lo que otorga atractivo al género.

Dependiendo de los indicios, los detectives completarán el círculo, en una suerte de ingeniería en reversa que parte con el crimen y termina con la causa y, desde luego, el causante. Pues bien, los algoritmos no funcionan así.

Los algoritmos funcionan con datos, esto es, se entrenan y predicen sobre la base de datos, millones de datos. Al hacerlo, no calculan de manera lineal y esto les otorga una ventaja importante a la hora de predecir, puesto que tampoco el delincuente querrá volverse lineal (volverse lineal es volverse predecible, mal asunto para un delincuente). Esta ventaja también puede volverse una desventaja cuando el algoritmo "decide" de maneras que para determinadas sensibilidades pueden resultar ofensivas.

En consecuencia, si la ocurrencia de determinados hechos delictuales obedece a patrones (que van apareciendo a partir del entramado de datos), entonces es posible construir un algoritmo para pesquisarlos. Los patrones son las huellas que en su ocurrencia va dejando la actividad delictual, tanto en los casos individuales como en los agregados totales. Debe tenerse en cuenta que, para señalar la ocurrencia de delitos, el personal que presta servicios en los cuarteles policiales ha ido claveteando chinchetas en los planos de su jurisdicción por años. Donde sea que ocurra un incidente, alguien pincha una marca en el plano. El rol de la IA consistió en digitalizar la información y alimentar sus algoritmos con los datos correspondientes, de tal manera de que aparecieran las tendencias y se produjera la tan ansiada predicción. Es por eso que se produce una cisura que deja de un lado a la prevención y la predicción, y del otro a la investigación policial.

Investigar un delito no es lo mismo que prevenirlo. En el primer caso (investigación policial) estamos en presencia de la tarea que requirió los servicios del inspector Dupin en el relato de Poe: dar con el asesino de las dos mujeres. En el segundo caso, prevenir a la población de posibles delitos, ya sea por medio de charlas, o programas en radio, televisión y redes sociales, en los que se dan a conocer rutinas o hábitos seguros, además de procedimientos a seguir en caso de que determinadas personas resulten víctimas de agresiones. Todo ello, ciertamente, en conjunto con las actividades de ronda y control policial.

Ambos aspectos, la investigación y la prevención podrán realizarse teniendo a la vista los datos con que se cuente, tanto en el caso de las víctimas y su entorno, como en el de las personas a las que se desee educar en la prevención.

El tercer aspecto, el de la predicción, es a no dudarlo el más interesante en relación con los algoritmos. En este caso, no solo los datos, sino que las relaciones entre los mismos debieran mostrar tendencias (actividad delictual pasada y presente), tipos de delitos esperables, segmentos de población más afectados, todos ellos en un mapa de calor u otro similar que indique los escenarios posibles (también llamados *hotspots*, o lugares calientes) con mayor probabilidad de acción delincuencial. Dicho de otro modo, se trata de establecer el cuándo, el cómo, y el dónde es más probable que ocurra un hecho delictual, y quién o quiénes se verán afectados por él, tomando en cuenta lo sucedido hasta la fecha.

Más aún, la IA, vinculada a las cámaras dispuestas en diferentes lugares públicos, tiene la capacidad de reconocer rostros y asociar dichos rostros a los contenidos en los archivos policiales. Al hacerlo, permite conocer la ubicación de personas con antecedentes delictuales, y no solo eso. Con el entrenamiento adecuado, el algoritmo reconocerá un patrón de actividad anormal que, de darse, gatillará una alarma en el sistema.

Si está pensando en el relato de Philip K. Dick que hemos comentado más arriba, *Sentencia Previa* (Minority Report, 1956),[60] ha dado en el clavo. En ella, como se recordará, hay tres mutantes humanos llamados "precognitivos" ("*precogs*"), que poseen la facultad de predecir los crímenes antes de que ocurran. Dos años más tarde, en 1958, Isaac Asimov publicó *Todos los males del mundo* (*All the Troubles of the World*), un relato breve en el que un súper computador, MULTIVAC, tiene igualmente la capacidad de predecir los delitos que cometerán individuos específicos. "Un ejército de servidores le suministraba constantemente datos, y otro ejército relacionaba e interpretaba sus respuestas," escribe Asimov, poniendo de un lado los datos y del otro los algoritmos.[61]

---

60 La película de Steven Spielberg del mismo título (en español *Sentencia Previa*), es de 2002.

61 En Isaac Asimov, *Cuentos completos I*. Barcelona, De Bolsillo, 2009.

En ambos casos, las historias se tuercen (por razones distintas, desde luego) y no las vamos a precisar aquí. En lo sustancial, el período de la Guerra Fría es el gran culpable. Como hemos visto, un ambiente como ese propició la aparición de distopías en libros y revistas, en la radio y la televisión. Pero hoy, los sistemas de vigilancia han puesto en el tapete una vez más, no solo estas historias, sino el interrogante que yace impreso en el fondo: ¿es posible vivir una vida normal sintiéndose vigilado?[62] De algún modo, esas percepciones y las ideas que las acompañan resuenan hoy en los reportajes, estudios y filmes en los que cámaras y cintas de video ayudan a resolver casos policiales. Algunas de las narraciones contenidas en los relatos de autores como Dick y Asimov no son más que pura fantasía. Pero otras, no lo son tanto. Veremos algo de esto más adelante, por ahora reiteremos que tanto la prevención como la predicción son realidades que se han visto revolucionadas por la incorporación creciente de herramientas de IA (algoritmos). "Las capacidades predictivas, de predicción, y velocidad [en el procesamiento de datos], están siendo cada vez más aprovechadas en todo el mundo por las agencias encargadas de aplicar la ley y las organizaciones de seguridad para detectar, prevenir, y resolver [delitos] criminales." Por contrapartida, y tal como señalábamos anteriormente, "el despliegue de IA en predicción criminal y prevención no está exento de desafíos, [puesto que por lo bajo] invoca dilemas éticos y legales en torno a la privacidad y la discriminación."[63]

Es sencillo: grandes cantidades de datos referidos a sujetos con antecedentes policiales (que pueden incluir reportes criminales, nómina de arrestos, aspectos demográficos del entorno, placas de patente, presencia en redes sociales) asociados a una compleja trama de algoritmos, permiten identificar patrones, tendencias y correlaciones, que ciertamente eluden las posibilidades del análisis humano.[64]

Pero en el momento en que los algoritmos se vuelven proactivos se nos vienen a la mente Dick y Asimov, y sus infiernos digitales. Sin embargo, hay que decirlo: las tasas de criminalidad se han visto

---

[62] Michel Foucault utilizó la misma distopía en su *Vigilar y Castigar*, de 1975, solo que esta vez inspirado en las ideas del filósofo inglés Jeremy Bentham (1748-1832).

[63] Mirage News, The Use of AI in Predicting and Preventing Crime, 25/6/2023, en https://www.miragenews.com/the-use-of-ai-in-predicting-and-preventing-crime-1033699/

[64] Ibid.

reducidas gracias a las cámaras de vigilancia, por una parte, y al cruce de estas con la IA, por otra. Las grabaciones que realizan estos dispositivos instalados en zonas públicas son analizadas por los algoritmos, que identifican a determinados sujetos y con ello, redondean ya sea la probabilidad de que vayan a cometer un delito o bien de que, habiéndose cometido, hubiese habido participación de sujetos identificados con anterioridad. Los problemas se producen cuando el algoritmo se equivoca (si así pudiera decirse). No se debe perder de vista que los algoritmos son —o se comportan como— cajas negras. Las interacciones de decenas de miles de nodos en capas ocultas (capítulo I), hace imposible para un analista pesquisar el error que un algoritmo cometerá en una situación dada. En ocasiones se tratará de falsos negativos (la actividad criminal quedará impune) o de falsos positivos (se detendrá a personas inocentes).[65]

Si bien los crímenes suelen ser eventos altamente noticiosos (dependiendo del lugar donde se hayan cometido, el sexo y la edad de las víctimas, entre otros factores), son al mismo tiempo igualmente raros.[66] De allí que, como sostiene Arvind Narayanan, profesor de ciencias de la computación en Princeton, "lo más probable es que [la mayoría de] las predicciones de crímenes sean falsos positivos."[67]

Pero eso no es todo. Por alguna razón el control y la vigilancia policial se ejercen (en Estados Unidos) con mayor frecuencia sobre negros y latinos. De allí que para algunos autores la capacidad de predicción de delitos criminales sea limitada. Ello, en razón de que, al centrarse el control en un determinado grupo de interés, es muy probable que el sistema esté cayendo en un agujero de profecías autocumplidas. La acción policial, en Estados Unidos, suele centrar el control y la vigilancia en barrios pobres donde la proporción

---

65 Mirage News, *ob. cit.*

66 Los países más ricos suelen mostrar un marcado descenso en la proporción de crímenes por cada 100.000 habitantes. Países con muy bajos índices de criminalidad como Dinamarca (26,22), Noruega (33,72) y Japón (22,19), se caracterizan por la aplicación eficaz de la ley, y por tener algunas de las leyes sobre armas más restrictivas del mundo, en World Population Review, Crime Rate by Country, 2023, en https://worldpopulationreview.com/country-rankings/crime-rate-by-country

67 Pranshu Verma, The never-ending quest to predict crime using AI, The Washington Post, 15/7/2022, en https://www.washingtonpost.com/technology/2022/07/15/predictive-policing-algorithms-fail/

de tipos humanos como los señalados es más alta. Dicha realidad no implica necesariamente que el crimen esté ocurriendo en esos barrios y no en otros, sino el lugar en el que los policías pasan más tiempo. En palabras de Vincent Southerland del Centro sobre Raza, Desigualdad y Ley de la Universidad de Nueva York: "Esto implica que los conjuntos de datos de actividad criminal sobrerrepresentan a personas de color que vive en barrios de bajos ingresos. Alimentar con estos datos a los algoritmos lleva a pensar que hay más actividad criminal en esas áreas, dando lugar a un *loop* de realimentación que está racial y económicamente sesgado." En consecuencia, se tienen datos "infectados o teñidos por algún sesgo, y ese sesgo va a aparecer del otro lado del análisis. Tú sacas [del algoritmo] lo que pones en él."[68]

En 2019, según el *Washington Post*, la ciudad de Los Ángeles suspendió el uso del software LASER por su tendencia a someter a negros y latinos a mayores niveles de vigilancia y control.

¿Es el sesgo del algoritmo una consecuencia de la actividad delictual en barrios más pobres o un mero distorsionador de la realidad? Si volvemos a las chinchetas en el plano y vemos que los delitos se concentran mucho más en ciertos cuadrantes y no en otros, ¿dónde se debe centrar la vigilancia?

El año 2013 en Chicago, la policía usó un *software* del Illinois Institute of Technology que creó una lista con las personas con mayor probabilidad de verse envueltas en un crimen violento. Un estudio de RAND y una investigación posterior del *Chicago Sun-Times* reveló que el *software* incluía a cualquier persona arrestada o prontuariada. El *software* se desechó en 2020. Liberar al algoritmo de sesgos no es sencillo porque estos aparecen, muchas veces, después de haberlo utilizado o, incluso peor, después de que se hubiese equivocado. En todo caso, ¿es el algoritmo el que produce el sesgo o la policía la que actúa sesgadamente al emplear como fundamento al algoritmo? Es importante tener en cuenta que no es lo mismo actuar siguiendo las recomendaciones sesgadas del *software* que actuar como si no existieran. El sesgo se va formando como una cadena, eslabón a eslabón. Si la presencia policial es mayor en barrios pobres (lo que implicará más controles y, por ende, más detenciones), habrá más afiliaciones en esos lugares, y consecuentemente el algoritmo

---

[68] Pranshu Verma, *ob. cit.*

recomendará más presencia policial en esos barrios que en otros. El profesor Ishanu Chattopadhyay de la Universidad de Chicago, se dio a la tarea de dirimir el desacuerdo. Para hacerlo, diseñó un software que particionaba la ciudad en cuadrados de poco más de 90 metros, y procedió luego a alimentar la base de datos con el registro criminal de los últimos tres a cinco años para entrenarlo. El algoritmo indicaba el riesgo (alto o bajo) de que ocurriera un hecho criminal en el futuro inmediato (hasta una semana). Para limitar el sesgo se omitieron delitos menores, como el porte de marihuana o pararse en la calle a detener el tráfico, de modo que Chattopadhyay alimentó al algoritmo con delitos más graves, como homicidios, asaltos, y rencillas, junto con crímenes a la propiedad como robos en casas o de automóviles. El estudio arrojó como resultado que la acción policial mantenía un sesgo propio que en modo alguno era exclusivo de los algoritmos.[69]

El exceso de vigilancia en determinados sectores arroja más datos al pozo de los que el algoritmo necesita. No es de extrañar que, en ocasiones, donde esto ocurre, se culpe al modelo. A semejanza del rol que respecto de los jueces debía jugar la educación en el uso de aplicaciones complementarias a sus cargos (véase el apartado anterior), la acción policial debiera ajustarse de idéntico modo. En otras palabras, debieran leer las instrucciones impresas en el manual del usuario. A diferencia de la policía, el algoritmo ni ve lo que hace, ni hace lo que ve. Solo computa, en milésimas de segundo, cúmulos de datos. Nada más, nada menos.

Y no podría ser de otro modo. El pasado, contenido en los datos, alimenta la predicción. Puede ocurrir, entonces, que rehabilitarse o pagar una deuda no sirvan de nada, puesto que para el algoritmo, una persona, un grupo, o un barrio, no cambiarán de etiqueta porque ella viene prefigurada en los datos. Lo que vemos, entonces, es un *loop* de refuerzo: el sesgo no hará más que aumentar. ¿Qué otra cosa se podía esperar?

Kate Crawford y Jason Schultz en un reporte titulado *AI Systems as State Actors* (Sistemas de IA como actores estatales), apretaron un poco más la cuerda al poner de relieve la "brecha de responsabilidad" (*accountability gap*) que podría formarse eventualmente entre los operadores estatales y las herramientas de aprendizaje profundo.

---

[69] Pranshu Verma, *ob. cit.*

Más temprano que tarde, este distanciamiento "puede resultar en que tanto el Estado como los actores humanos sepan o se involucren cada vez menos en las decisiones específicas que causan daño."[70]

Cuando llegue la hora de señalar al responsable de una detención equivocada, ¿apuntarán al computador?

El sesgo contenido en los *softwares* que utilizan IA o máquinas de aprendizaje, sostienen Yeung y colaboradores, como apoyo a los procesos de toma de decisiones "pueden exacerbar las desigualdades sociales cuando se utilizan en dominios como los de la salud pública (Obermeyer et al., 2019) y la justicia criminal (Angwin et al., 2016)."[71] Como se puede ver, se trata de una realidad indesmentible. Pero no se puede pasar por alto que los algoritmos no contienen más sesgo que los humanos que los crean. Los datos, en casos como los revisados en este apartado, provienen de actuaciones humanas previas. Los diseñadores, aun cuando pretendan reducir las tasas de criminalidad, no pueden sino trabajar con los materiales que reciben. En ocasiones, inevitablemente darán la razón a prejuicios de base y torcerán el rumbo de los que —aun sin saberlo— iban por el recto camino.

El hombre que nunca estuvo allí

En 2011, Sebastian Thrun, científico informático de origen alemán, dictó una brevísima charla de menos de cuatro minutos sobre los vehículos sin conductor de Google. Vistiendo vaqueros, de pie sobre el círculo rojo del escenario central de las renombradas TED Talks, Thrun contó que desde niño aprendió a amar los automóviles. Pero ironías del destino, al cumplir 18 años perdió a su mejor amigo en un accidente automovilístico. Fue entonces cuando decidió dedicar su vida "a salvar un millón de vidas al año."[72]

---

[70] Hope Reese, What Happens When Police Use AI to Predict and Prevent Crime?, JSTOR Daily, 23/2/2022, en https://daily.jstor.org/what-happens-when-police-use-ai-to-predict-and-prevent-crime/

[71] Yeung, Douglas, Inez Khan, Nidhi Kalra y Osonde A. Osoba, Identifying Systemic Bias in the Acquisition of Machine Learning Decision Aids for Law Enforcement Applications, RAND Corporation, 2021, en http://www.jstor.org/stable/resrep29576

[72] Sebastian Thrun, Google's driverless car, TED Talks, 3/2011, en https://www.ted.com/talks/sebastian_thrun_google_s_driverless_car/transcript

Más de un millón de vidas, de hecho. Anualmente, 1,3 millones de personas fallecen en este tipo de accidentes según cifras de la Organización Mundial de la Salud. A ellas hay que agregar un número que va de 20 a 30 millones de personas que sufren heridas no mortales, con muchos otros sufriendo discapacidades como producto de las lesiones. El mismo organismo señala que los accidentes de tránsito son la principal causa de muerte en niños y adultos jóvenes en un rango que va de los 5 a los 29 años. Alrededor de tres cuartos de los fallecidos son hombres jóvenes de menos de 25 años, que tienen casi tres veces más probabilidades de morir que las mujeres jóvenes del mismo rango de edad.

Entre los factores de riesgo más recurrentes se encuentran el exceso de velocidad, la conducción bajo la influencia del alcohol, el no uso de cascos (en el caso de los motociclistas), de cinturones de seguridad, y de sistemas de retención infantil, además de la conducción descuidada. En lo referido a infraestructura, los factores que más afectan son la mala señalización, la mala o nula demarcación, y el estado deficiente de los caminos; asimismo los vehículos poco seguros (sin *air bags*, controles de estabilidad electrónicos, o cinturones de seguridad), la tardanza en la atención médica post accidente, y las leyes poco restrictivas.[73]

En Estados Unidos, según la revista *Forbes*, el cincuenta y cinco por ciento de los accidentes con resultado de muerte en vehículos de motor, fueron debidos a choques frontales. Una proporción importante de esas muertes afecta a los usuarios más vulnerables de las vías públicas, motociclistas, ciclistas, peatones. Según la misma publicación, más de 46 mil personas mueren cada año en Estados Unidos de acuerdo a las estadísticas de la Asociación para Viajes Internacionales Seguros por Carretera (ASIRT, en inglés), lo que representa una tasa de 12,4 muertes por cada 100.000 personas, cifra que más que duplica el mismo número de accidentes en Europa.[74]

---

[73] World Health Organization, Road traffic injuries, 20/6/2022, en https://www.who.int/news-room/fact-sheets/detail/road-traffic-injuries

[74] Shelby Simon, Adam Ramírez y J.D., How Many People Die From Car Accidents Each Year?, 10/6/2022, en https://www.forbes.com/advisor/legal/auto-accident/car-accident-deaths/

Entre los 15 y los 24 años de edad, la principal causa de muerte en el mundo son los accidentes de tránsito,[75] lo que nos devuelve a Sebastian Thrun y su cruzada por depositar en conductores no humanos las vidas de pasajeros humanos. "No puedo traer a mi amigo Harold de vuelta a la vida, pero puedo hacer algo por todos los que han fallecido [...] ¿Sabíais que casi todos [los accidentes automovilísticos] son debidos a errores humanos y no a errores de máquina, y que por lo tanto pueden ser prevenidos por las máquinas?" Y agrega: "podríamos cambiar por un factor de dos o tres la capacidad de las carreteras si no tuviéramos que confiar en la precisión humana para mantener el vehículo en la pista, [además, podríamos movernos] un poco más cerca de los autos vecinos en pistas incluso más estrechas, y deshacernos de todos los atascos de tráfico en las carreteras." No solo eso, en 2011, de acuerdo a Thrun, las personas pasan un promedio de 52 minutos al día en el tráfico, con un gasto asociado de 9 mil millones de litros de combustible (solo en Estados Unidos). ¿No será mejor probar con conductores no humanos? Puede que no solo resulten más seguros, sino que más eficientes en el consumo de combustible y en la reducción de factores contaminantes.

¿Cuál es el estado de la cuestión?

Veamos: los vehículos los conducen máquinas de aprendizaje profundo, por lo que estamos en presencia de algoritmos y datos. Los datos, ya se sabe, corresponden a millones de horas de conducción. En efecto, se graba la conducción, se generan archivos, los algoritmos aprenden. De día, de noche, en toda clase de caminos, a toda hora del día, en los lugares más diversos, tanto urbanos como rurales, lejos y cerca del mundanal ruido.

La idea inicial comenzó, un poco como la internet, con la Agencia de Proyectos de Investigación Avanzados de Defensa, DARPA, en 2004. El plan era sencillo: hacer que un vehículo recorriera unos 230 kilómetros por toda clase de caminos. Eso era todo. Incluso para conductores humanos la ruta era complicada (curvas cerradas, "subidas empinadas, rocas, desniveles, barrancos, terreno accidentado

[75] Las dos siguientes son las autolesiones y la violencia interpersonal. En World Health Organization, Older adolescent (15 to 19 years) and young adult (20 to 24 years) mortality, 28/1/ 2022, en https://shorturl.at/O4678

y algún que otro cactus con el que lidiar").[76] El primero en cubrir el trayecto completo se haría acreedor a un premio de un millón de dólares. Vaya pérdida: ni uno solo de los equipos llegó a la meta. El vehículo del equipo de Carnegie Mellon se las arregló para cubrir unos 12 kilómetros "antes de calcular mal una colina, momento en el que los neumáticos comenzaron a patinar y, sin la ayuda de un humano, continuaron girando hasta que se incendiaron."

Un año más tarde, cinco vehículos cubrieron la distancia asignada de 212 kilómetros, sin intervención humana. Diez años después, en palabras de Fry, se encuentra ampliamente aceptada la posibilidad de que en el futuro del transporte no habrá conductores humanos. Sin embargo, la realidad siempre tiene cartas bajo la manga. Y eso incluye las correcciones con que el cerebro humano ajusta distancias y tiempos. Las cámaras que filman los desplazamientos para entrenar redes neuronales no aportan el sentido de la proporción que sí posee el sistema visual humano. Si a eso se agregan las "ideas fijas" que caracterizan al algoritmo, no es de extrañar que se extravíe cuando descubre que a orillas del camino no hay rastro de maleza, como había aprendido en el entrenamiento. Tan pronto algo cambia, se confunde y, en un mal día, hasta se puede estrellar. Cuando, para evitar incidentes desgraciados como este, se apela a sistemas complementarios a la cámara, como un radar y un sensor LiDAR,[77] la respuesta puede que no sea tan concluyente como se esperaría. El LiDAR dice que hay un obstáculo delante (un matojo rodante, por ejemplo). La cámara está de acuerdo. El radar, que puede atravesar el débil matojo, dice que no hay nada de qué preocuparse. ¿En qué sensor debería confiar el algoritmo que conduce el vehículo?[78]

Nuevas mejoras incorporadas tanto a los sensores como a los algoritmos permitieron corregir en parte los problemas planteados. En el caso de los algoritmos, la introducción de métodos estadísticos bayesianos les permitió reevaluar sus estimaciones no bien la

---

[76] Hannah Fry, *ob. cit.*, p. 114. Véase además el artículo original en Michael Darter, From DARPA Grand Challenge 2004 to DARPA's Debacle in the Desert. Behind the scenes at the DARPA Grand Challenge, the 142-mile robot race that died at mile 7, 4//6/2004, en https://www.popsci.com/scitech/article/2004-06/darpa-grand-challenge-2004darpas-debacle-desert/

[77] Light Detection and Ranging (detección de luz y alcance).

[78] Hannah Fry, *ob. cit.*, p. 119.

información se actualizaba. Ello hizo posible que se produjeran avances importantes en la conducción. Así y todo, comenta Fry, nuevos problemas aparecen siempre. Entre otros el consabido dilema de la prelación, ¿quién está primero, el peatón o el conductor?

Figura 21. El vehículo rojo de Carnegie Mellon en la versión 2004 de la competencia de vehículos autónomos sin conductor organizada por DARPA.[79]

El problema no es tan simple. Probablemente no tenga solución. ¿Es esto un consuelo? De momento no nos es posible decidir quién está primero y quién segundo, ¿el conductor o el peatón? En cualquier caso, el algoritmo hará lo que le digan. Si el peatón, sacrificará al conductor; si el conductor, sacrificará al peatón.

Aquí vienen a cuento las leyes de Asimov para los robots. Han sido ampliamente citadas, pero vale la pena anotarlas una vez más: 1) un robot no puede hacer daño a un ser humano, ni por inacción permitir que un ser humano sufra daño; 2) un robot debe obedecer órdenes dadas por un humano, excepto cuando esas órdenes entren en conflicto con la primera ley; y 3) un robot debe proteger su propia existencia en tanto dicha existencia no entre en conflicto con la primera o segunda ley.

---

[79] Wikipedia, DARPA Grand Challenge (2004). RadicalBender at English Wikipedia. - Transferred from en.wikipedia to Commons, CC BY-SA 1.0, 11/3/2023, en https://commons.wikimedia.org/w/index.php?curid=1816535

Ahora bien, ¿qué debería privilegiar el algoritmo en caso de enfrentar el dilema de tener que elegir entre el conductor y el peatón? La respuesta, en modo alguno la dará el algoritmo. De nuevo: este solo hará lo que le digan que debe hacer. Para Paul Newman, profesor de robótica en la Universidad de Oxford, el problema, aunque difícil, debiera poder resolverse en algún momento en el futuro. Un escenario posible para estos vehículos, sostiene Newman, es que funcionen en áreas restringidas que den confianza a sus propietarios. Probablemente en sectores delimitados de una ciudad y no en lugares con rutas desconocidas por donde eventualmente las vacas podrían circular. Quizá funcionen durante ciertas horas del día y solo en ciertas condiciones climáticas. Quizá únicamente como servicios de transporte.[80]

En definitiva, sostiene a su vez Jack Stilgoe, un sociólogo del University College London, las "[c]osas que parecen sistemas autónomos son de hecho sistemas en los que el mundo está forzado a hacerlos parecer como autónomos."[81] No habría tal autonomía, sino el ajuste de las ciudades al hecho de que circulen por ellas vehículos sin conductor.

Aunque suene a toque de retirada, la idea que late en el fondo no es mala. Los problemas, o muchos de los problemas de los vehículos sin conductor son los vehículos conducidos por humanos, los motociclistas, los ciclistas y peatones. Si solo hubiese vehículos sin conductor que además pudiesen comunicarse entre sí, es muy probable que todas las promesas del transporte robotizado se cumplan, si no totalmente al menos en parte: seguridad en el tránsito, reducción en los tiempos de traslado, disminución en el consumo de combustible,[82] a las cuales cabría agregar la pérdida de sensibilidad que el conductor humano acusaría respecto del vehículo, por el hecho de que deja de conducir. En este caso hipotético, el humano no solo no conduciría cuando el vehículo esté siendo controlado por el robot, sino que no conduciría en ningún momento. Es probable que

80 Paul Newman, en Hannah Fry, *ob. cit.*, p. 130.

81 Jack Stilgoe, en Hannah Fry, *ob. cit.*, p. 130.

82 Véase Wanis Kabbaj y la idea de asimilar el sistema circulatorio de las ciudades al sistema circulatorio humano, en What a driverless world could look like, TED Talks, 9/2016, en https://www.ted.com/talks/wanis_kabbaj_what_a_driverless_world_could_look_like?autoplay=true.

con el tiempo pierda la práctica de la conducción, y la olvide por completo.[83] Tal como sucedió con los coches tirados por caballos, la cacería del alimento diario o la confección de prendas de vestir.

Por el momento, los vehículos sin conductor son un problema mucho más difícil de lo que se creyó. En los años cincuenta del siglo xx se pensaba que habría automóviles sin conductor hacia la década del setenta. En 2018, que los habría antes de final de año. En 2021, Elon Musk reconoció no haber esperado que el problema de la conducción autónoma fuera tan difícil. Para resolverlo, decidió lanzar modelos Tesla a los caminos y carreteras, con los propietarios atentos a su conducción, y rastreados de manera activa, con la consiguiente pérdida de privacidad, por cierto. El punto es que Musk, decidido a tomar la ruta más corta, escogió la alianza entre datos y algoritmos, antes que entre los datos aportados por los vehículos de prueba únicamente, con lo que esta vez ya no serían cien o doscientos sino miles de conductores, generando datos de conducción, en condiciones normales de empleo de sus vehículos sin conductor. Pese a todo, para la investigadora Kelly Funkhauser, que testea tecnologías de autoconducción para *Consumer Reports*, lo más preocupante es que estos sistemas funcionen bien casi todo el tiempo, lo que —como señalábamos antes— afectará la capacidad de respuesta del conductor cuando el problema, lo inesperado se presente. Para el conductor, apunta, es natural que haya "una tendencia a encontrar estímulos cuando esté aburrido." Y es coincidente con Musk en la evaluación del caos que representa conducir en una carretera, algo que, en sus palabras, "es mucho más difícil de lo que nadie hubiera pensado jamás." Por lo mismo, concluye, "no creo que puedas llamar un auto que te recoja en casa, y te lleve al trabajo hasta, probablemente 2050."[84]

Quizá ella misma esté mostrando un exceso de optimismo. Si en los cincuenta se pensaba que en los setenta habría vehículos

---

[83] Cfr. el fatal accidente aéreo acaecido al vuelo 447 de Air France en 2009, y que costara la vida a sus 228 pasajeros y tripulantes. "Si se espera que un piloto tome el control únicamente en circunstancias excepcionales, estos perderán las destrezas que se necesitan para operar los sistemas por ellos mismos. No tendrán la experiencia necesaria para enfrentar el desafío de una emergencia", citado en Hannah Fry, *ob. cit.*, p. 132.

[84] CBS News, What's the status of self-driving cars? There has been progress, but safety questions remain, 19/2/2022, en https://shorturl.at/bceil

autónomos, hoy en día ese anhelo sigue pareciendo distante. El problema de la IA no es la matemática, es la biología. ¿Cómo hace el cerebro humano para ajustar su realidad a instancias que le son desconocidas, instancias acerca de las cuales en ocasiones no tiene experiencia alguna? No todo lo que vive un conductor rutinariamente le ha sucedido con anterioridad. En ocasiones se enfrenta a situaciones por primerísima vez. ¿Cómo las resuelve si nunca antes le ha sucedido algo siquiera parecido? En otras palabras, ¿cómo es capaz de resolverlas si no tiene datos?

Se dice, no sin razón, que hay niveles de conducción autónoma que van desde el más básico hasta el más sofisticado (ese que le permite subirse al automóvil sin dejar de leer el periódico y del que puede bajarse posteriormente sin haber abandonado la lectura un solo instante).

Los seis niveles definidos por la Sociedad de Ingenieros Automotrices (SAE, en inglés) son los siguientes:[85]

Tabla 2. Niveles de conducción autónoma

Nivel 0	Nivel 1	Nivel 2
Sin conducción autónoma: toda la actividad la realiza el conductor humano.	Asistido por conductor: el vehículo posee sistemas automáticos individuales (por ejemplo, control de velocidad).	Automatismo parcial: el vehículo puede llevar el volante y acelerar; el humano todavía debe encargarse del monitoreo global.
Nivel 3	**Nivel 4**	**Nivel 5**
Automatismo condicional: el vehículo puede realizar la mayoría de las tareas de conducción, pero aún se requiere un humano a bordo.	Alto automatismo: igual que el anterior más el requerimiento de georreferenciación; el humano a bordo es opcional.	Automatización de conducción completa: igual que el anterior, solo que esta vez no es necesaria la presencia de supervisión o atención humanas.

De lo anterior se deduce que la conducción autónoma no ha pasado del nivel 2. Esto tiene sentido. Menos del dos por ciento de las invenciones, decía Genrich Altshuller, el gran inventor ruso,

[85] Cfr. SAE International, Taxonomy and Definitions for Terms Related to Driving Automation Systems for On-Road Motor Vehicles J3016_201806, 15/6/2018, en; https://www.sae.org/standards/content/j3016_201806/; el detalle de cada nivel en Synopsis, The 6 Levels of Vehicle Autonomy Explained, 2023, en https://www.synopsys.com/automotive/autonomous-driving-levels.html

corresponde a descubrimientos, hitos para los que no solo es necesaria la inventiva, sino que también la ciencia que permita imaginar el escenario posible.[86] En esta perspectiva es probable que estemos no a cierta cantidad de datos de distancia, sino que a uno o dos paradigmas científicos completos entre los niveles dos y cinco.

Así, es comprensible que se produzcan estancamientos, no retrocesos. Detenciones, en cierto modo, que más que hacia adelante avanzan hacia abajo, mejorando lo ya existente. Pese a ello, los promotores del modelo Argo AI, de Ford y Volkswagen, se han comprometido a partir de 2022 al desarrollo de niveles mínimos de asistencia humana para sus vehículos, algo en torno del nivel 3, lo que otorga una serie de beneficios al conductor humano. Originalmente, en 2017, se habían propuesto alcanzar el nivel 4, pero al parecer la rentabilidad es mayor en el 3, dado que ofrece vehículos con IA asociada, sin tener que arriesgar en la conducción total la posibilidad de accidentes fatales, graves, o menos graves. Aurora es una compañía que adquirió la división de vehículos autónomos de Uber. Según *Popular Science*, tienen previsto lanzar su vehículo autónomo en 2024. Cruise, de General Motors, ha tenido un éxito discreto. Sus robotaxis operan 24/7 en San Francisco para empleados de la compañía, y entre 10:00 y 17:30 para el público general, en un área limitada de la ciudad. La expansión a otras ciudades incluye, en todo caso, conductores de seguridad en el auto. Motional también ofrece servicios de transporte, pero al igual que Cruise en áreas del centro de Las Vegas. Waymo, una de las marcas más reconocidas de vehículos autónomos, pertenece a Alphabet, empresa matriz de Google. Funciona en el área de Phoenix, Arizona, y pretende expandir sus servicios a San Francisco. Actualmente, entre las dos ciudades, los vehículos de Waymo realizan una media de 10.000 viajes en respuesta a las demandas del público. El vehículo autónomo Zoox fue adquirido por Amazon y opera en California y Nevada. Se trata de un robotaxi, parecido a una tostadora, dado que no tiene parte

[86] El método creado por G. Altshuller para promover la innovación en ambientes que podían considerarse atrofiados o lejanos de cualquier posibilidad de invención, se denominó TRIZ (por teoría de solución de problemas de inventiva, en ruso). Se basaba en patrones de invención, obtenidos de miles de patentes que Altshuller revisó y evaluó en su labor como certificador de inventos originales. Cfr., entre otros, Mind Tools, TRIZ. A Powerful Methodology for Creative Problem Solving, 2023, en https://www.mindtools.com/amtcc5f/triz

delantera o trasera, sino que se mueve sobre la base de cuatro ruedas maniobrables, a la manera del par delantero habitual de los automóviles convencionales. Actualmente moviliza a los empleados de Zoox entre los edificios de oficinas de la compañía, cubriendo una distancia de 1,5 kilómetros, por una ruta que incluye semáforos, ciclistas, peatones, y otros vehículos. Estamos todavía lejos, asegura Harry Guinness, de ver vehículos autónomos por todas partes. Pese a las restricciones, las burlas y las críticas, esa lejanía se acorta. "Qué mejor época para ser un robot (o una persona a la que le guste ser conducida por uno)."[87]

*

Los automóviles autónomos o sin conductor humano nos entusiasman. ¿Será debido al inquieto innovador que todos llevamos dentro? No podemos dejar de lado el anhelo por hacerlo todo de un modo más sencillo, en menos tiempo, y por un costo menor. El sueño de Sebastian Thrun de sacar de la conducción al humano y poner en su lugar a una máquina que opere por sí sola, no solo tenía que ver con la comodidad de viajar sin tener que conducir (después de todo, numerosos servicios ofrecen esta posibilidad), sino el de poder hacerlo con una seguridad mayor y en menos tiempo. Máquinas que no duerman ni se cansen y cuya precisión les permita sincronizarse como ningún grupo humano podría hacerlo.

No ha sido fácil. Los obstáculos no solo son técnicos. Los riesgos en ningún modo ilusorios. Comprobamos a diario que en los aparatos electrónicos con que trabajamos se producen errores inexplicables. En San Francisco la autoridad de transporte comprobó que los servicios de taxi aprobados en junio de 2022 para los vehículos autónomos Cruise (ver más arriba) de pronto, inesperadamente, se detienen en una pista, obstruyendo el tráfico, creando condiciones de riesgo para ambulancias o carros bomba.[88] ¿Vamos a reiniciar el vehículo cuando veamos que no se detiene cuando debe hacerlo?

---

87 Harry Guinness, What's going on with self-driving car companies, from Aurora to Zoox, Popular Science, 27/6/2023, en https://www.popsci.com/technology/self-driving-car-companies-status/

88 Jae C. Hong, We were told we'd be riding in self-driving cars by now. What happened to the promised revolution?, The Conversation, 23/3/2023, en https://shorturl.at/eflxE

¿Nos arrojaremos por la portezuela para evitar caernos con el auto al barranco?

El aumento de la complejidad acompaña al progreso tecnológico de una manera no lineal. No marchan al mismo paso. La complejidad aumenta con la calidad de la prestación. Por eso es más probable que falle un móvil que un martillo, un procesador de textos que una máquina de escribir, una planilla electrónica que un libro de asiento contable. Y que encima duren menos.

Lo anterior porque el aumento de la complejidad implica que la conducta que se observa en un sistema de tipo complejo (como un móvil) no puede reducirse a sus componentes. En un martillo sí puede hacerse. En una máquina de escribir también. Lo que esta hace puede ser explicado a partir de sus partes y piezas. Lo mismo que una juguera o un horno eléctrico.

¿Y el cerebro humano?

En absoluto. Se sabe que hay partes involucradas en determinados procesos, y se conoce bastante bien el modo en que trabaja el cableado neuronal. Se ha avanzado una enormidad, pero con cada descubrimiento la meta parece alejarse. Lo sueños, por ejemplo, ¿cómo se producen?, ¿dónde?, ¿por qué? Nadie lo sabe con certeza plena. Saberlo nos ayudaría a construir mejores algoritmos, aunque puede ser que ellos mismos, en determinado estadio de su desarrollo, nos lo digan sin que se lo preguntemos.

Pura especulación. Volvamos a los utensilios. Miremos las herramientas con que el género humano se constituye. ¿Qué sería del pobre simio sin sus herramientas?

*

Los utensilios han cambiado tanto en número como en complejidad. Muchas de las herramientas actuales debieran incorporar una etiqueta que dijera "Advertencia: el aparato que tiene en sus manos es una máquina compleja." No sabemos cómo irán a terminar. ¿Alcanzarán alguna vez el estatus de rueda o libro, es decir, se volverán inmejorables? El final de ciertas herramientas no es divisable, como el de una flecha. A diferencia de la flecha, la IA (paradigma de complejidad) es un horizonte no una frontera. El sujeto del Paleolítico veía la piedra, la tripa de la cuerda, la madera del arco, la punta de la flecha, la vara del lanza-venablos, el hueso del anzuelo. El fabricante de microprocesadores no distingue los cientos de millones de transistores (piezas de 7 a 10 nanómetros)[89] contenidos en un milímetro cuadrado de *chip*.[90] La misma web, no hay nadie que pueda verla del mismo modo en que nuestros ancestros vieron las redes de pesca hace unos treinta mil años. No solo eso, a diferencia de la red de nuestros abuelos paleolíticos, la web se autoorganiza, es decir, se autoteje. "La World Wide Web entró en la escena mundial a comienzos de la década de 1990 y ha experimentado un crecimiento exponencial desde entonces. A semejanza de [otros sistemas similares] la web puede verse como un sistema social autoorganizado: individuos, con poco o ningún control central, realizan tareas simples como postear páginas web y vincularse a otras." Sin embargo, los científicos de sistemas complejos han descubierto que la red en su conjunto posee numerosas e inesperadas propiedades a gran escala. Estas propiedades incluyen aspectos como su estructura total, su crecimiento, la propagación de información a través de sus enlaces y las relaciones coevolutivas entre el comportamiento de los motores de búsqueda y la estructura de enlaces de la web. Todo esto nos permite hablar de comportamientos adaptativos, tanto por parte de los usuarios como de la tecnología. La emergencia de comportamientos complejos a partir de reglas simples en la World Wide Web es actualmente un área de estudio candente en sistemas complejos.[91]

Pese a ello, para Sebastian Thrun no hay nada que temer: "La IA es una herramienta, no algo que no podamos controlar. No es una entidad independiente que toma decisiones libremente." Y agrega que su "mayor miedo es que no se entienda. Que la gente sobreestime lo que puede hacer. La IA es algo muy simple; es encontrar patrones entre los datos. La IA no se convertirá en ningún supervillano, ni siquiera dentro de 20 años."[92]

---

89 Un nanómetro equivale a una milmillonésima de metro.

90 El microprocesador A11 de Apple, contiene cuatro mil trescientos millones de transistores en una placa de poco más de 1 cm de lado; en Andrew Thomas, *Hidden in Plain Sight 9*, *ob. cit.*, p. 58.

91 Melanie Mitchell, *Complexity. A Guided Tour*. New York, Oxford University Press Inc., 2009, p. 10.

92 Enrique Pérez, El tranquilizador mensaje de Sebastian Thrun, fundador de Google X: «La IA no se convertirá en ningún supervillano», Xataka, 22/9/2022, en https://shorturl.at/bhpE0

Aun así, los vehículos sin conductor, hasta 2021, habían significado unos 100 mil millones de dólares en capital de riesgo. No obstante, se cree que el 80% de la tecnología ya está creada, que es el 20% faltante lo que supone el desafío mayor. Genrich Altshuller diría que falta la ciencia para que ese 20% se materialice. Como sea, los desafíos están allí: calles, carreteras, ciervos, vacas, corderos, todo lo que cruza, se asoma o atraviesa en el camino, avisos luminosos indicando trabajos en la vía, cruces ferroviarios, barreras de restricción, cruces peatonales. Salvar estos obstáculos será el desafío en común, tanto para los robotaxis (Cruise, Waymo, Uber) como para los vehículos privados (Tesla). ¿Esperaremos hasta el 2050 como proponía Kelly Funkhauser? ¿Resistirán las compañías los enormes costos en investigación y desarrollo? Alphabet, la compañía detrás del modelo Waymo, perdió cuatro mil ochocientos millones de dólares en 2020 y cinco mil doscientos millones en 2021 en su búsqueda del Santo Grial. Las compañías venden sus proyectos, otras los adquieren, reducen sus alcances, o siguen experimentando. Ocurrió con Uber Arizona (vendido a Aurora Innovation), que al poco tiempo firmó un acuerdo con Motional (un *joint venture* con Hyundai y Aptiv), que se comprometió a proporcionar a Uber vehículos autónomos para reparto y transporte.[93]

Sin ir más lejos, en febrero de 2023, la Administración Nacional de Seguridad del Tráfico en Carreteras (NHTSA, en inglés), hizo ver que los algoritmos de IA de los vehículos en versión beta de autoconducción total de Tesla permitían exceder los límites de velocidad o pasar inesperadamente por las intersecciones de caminos, lo que naturalmente incrementaba el riesgo de accidentes. Esto llevó a Tesla a retirar la friolera de 362.000 vehículos para actualizar el *software*.[94]

---

[93] Jae C. Hong; *ob. cit*.

[94] Ibid.

FIGURA 22. Vehículo Tesla estrellado contra una barrera de contención mientras era conducido en modo autopiloto. El accidente costó la vida al conductor humano que no llevaba las manos al volante en el momento del accidente. En California, marzo de 2018.[95]

Más evolucionario que revolucionario, según se dice,[96] se trata en su conjunto de un proyecto de plazo y meta indeterminados. Los costos son crecientes, según se ha visto, y ello frenará el desarrollo de modelos, hasta ahora, exitosos, pese a su estado de logro en cierto modo embrionario (nivel 2). Por el momento, crecer hacia los costados puede resultar más rentable.[97]

DYLAN THOMAS, LOS ÁRBITROS DE ELEGANCIA Y LA JUGADA 37

No alcanzó a cumplir los cuarenta años. Murió en 1953, en Nueva York, luego de una fiesta en el hotel Chelsea, arrebatado, como escribiera Manuel Vincent, por el *delirium tremens*, el mismo que se llevó a otro artista maldito, Malcolm Lowry, cuatro años después. Pero no fueron las cervezas ni el plan celebratorio en que fue gastando su vida este joven galés, ni sus magníficos poemas leídos en emisiones de la BBC luego de terminada la Segunda Guerra

95 Ibid.

96 Ibid.

97 Véase, no obstante, la porfía de Mercedes Benz en hacer realidad vehículos autónomos de nivel 4: en Susannah Guthrie, Level Four self-driving 'doable' this decade, says Mercedes-Benz, 8/3/2023, en https://www.drive.com.au/news/level-4-self-driving-technology-mercedes-benz/

Mundial, ni sus magníficos relatos, ni el hecho de que Caitlin, su mujer, bailara borracha sobre su féretro, "como venganza por el abandono en el que tuvo sometidos a ella y sus hijos."[98]

Fue el público.

El público es el árbitro de elegancia, en ningún caso el gobierno. El gobierno (o, en nuestros días, incluso el *mainstream*) puede prohibir o limitar determinados gustos, pero solo por algún tiempo. Cuenta Henryk Sienkiewicz, en su *Quo Vadis*, que el emperador Nerón designó a Publio Petronio Nigro como árbitro de elegancia (*arbiter elegantiae*) en la Roma de su tiempo. Petronio dictaba el estilo, los demás lo seguían. Pero lo superficial es efímero: lo que Petronio determinaba como elegante, pasó irremediablemente al olvido. Ya nadie usa togas. Pero sobrevivió su *Satiricón*. Las generaciones lo conservaron y trajeron hasta nuestras estanterías. Hoy se lo encuentra en bibliotecas y librerías comerciales.

En la naturaleza humana persiste un innegable deseo de preservar objetos, de objetivar la realidad, de destilar de ella lo abstracto y convertirlo en algo tangible y perdurable, como un moai.[99] La excelencia del algoritmo radica en su capacidad para indicarnos cómo recuperar lo que alguna vez tuvimos y, en muchos casos, dimos por perdido. En tanto haya alcanzado el estado sólido podrá reproducir eventos pasados tantas veces como un usuario desee.

Tanto la pintura, como la escultura, hasta la conducción de un vehículo, constituyen instancias de creación. Pero la creación no ocurre *ex nihilo*, desde la nada, sino desde la experiencia, el saber o la intuición. Los algoritmos no tienen nada de eso, de modo que se les debe provisionar artificialmente de lo necesario para jugar al ajedrez o conducir un automóvil. En materia de aprendizaje, la memoria humana es un vasto almacén de algoritmos. Pasos de baile, recetas de cocina, declaraciones de amor, de todo hay ahí.

Eso en cuanto a la preservación. Pero qué pasa ahora con la creación. Ya hemos hablado de ello más arriba, pero pensamos que vale la pena traspasar una vez más ese precinto que hasta ahora parecía derecho exclusivo de lo vivo y animado.

---

[98] Dylan Thomas, *Cuentos completos*. Madrid, Nørdicalibros, Kindle, pos. 42.

[99] Recuérdese la relación entre lo sólido y la información que hemos puesto de relieve más arriba, en referencia al científico chileno César Hidalgo.

La creación es una especie de última frontera. No ocurre lo mismo con la operación en sí. Saber pintar un cuadro no es lo mismo que crearlo. ¿Por qué una reproducción vale muchísimo menos, órdenes de magnitud menos, que un original? Si la creación es el problema, el creador está en el origen.

Veamos: las primeras computadoras realizaban cálculos a velocidades imposibles para un humano, pero no más que eso. No podían atribuirse el mérito. No, ni de lejos. Pero luego, con el paso de los años, ¿qué había de jugar al Go, componer música o elaborar guiones para seriales de televisión?

Cuando a mediados de los años setenta Douglas Hofstadter escribía *Gödel, Escher, Bach* (GEB), se preguntaba por la posibilidad de que las computadoras (los algoritmos) escribieran partituras musicales. La sola idea lo escandalizaba, pero lo tranquilizaba creer que dicha posibilidad no tendría lugar en lo inmediato. Vamos, no le gustaba nada la idea. Los humanos tienden a preferir al creador de carne y hueso, ya sea como Dylan Thomas o Malcolm Lowry. Hofstadter comparte esta preferencia. Para él, la música en particular, se eleva como un bastión, una fortaleza inconquistable. "La música," escribía, "es un lenguaje emocional, y antes de que los programas experimenten emociones como las nuestras no habrá manera de conseguir que alguno componga nada dotado de belleza. Puede haber 'adulteraciones', es decir, imitaciones superficiales de la sintaxis de la música ya existente, pero, a pesar de lo que se pueda creer a primera vista, en la expresión musical hay mucho más de lo que puede ser capturado por las reglas sintácticas."[100] Y añadía: "Falta mucho tiempo para que los programas de computadora que componen música produzcan nuevos géneros de belleza. Llevaré esto un poco más allá: pensar —esta sugerencia ha llegado a mis oídos— que pronto podremos ordenar a un modelo de mesa de 'caja musical' preprogramada, fabricada en serie y obtenible por veinte dólares mediante envío postal, que haga surgir de sus estériles circuitos composiciones que pudieron haber sido creadas por Chopin o por Bach si hubiesen vivido más tiempo, implica

---

[100] O sea, algoritmos.

una grotesca y lamentable subestimación de la profundidad del espíritu humano."[101]

El libro se publicó en 1979. A mediados de los noventa, según cuenta Melanie Mitchell,[102] David Cope, un compositor y profesor de música, creó un programa al que llamó Experimentos en Inteligencia Musical (EMI, en inglés), con la intención de que lo asistiera en la composición de obras propias. Sin embargo, muy pronto el programa empezó a crear piezas basadas en el estilo de compositores clásicos como Bach y Chopin. Hofstadter interpretó él mismo algunas de las partituras elaboradas por EMI. "Me senté al piano y toqué una de las mazurcas de EMI 'en el estilo de Chopin'. No sonaba exactamente como Chopin, pero sonaba lo suficientemente parecido, y con cierta coherencia musical. Me sentí profundamente conturbado."[103]

Faltaba (y sobraba) el creador. "Se siente," continuaba Hofstadter, "que no hay nada más humano en el mundo que la expresión musical. Nada. La idea de que la manipulación de patrones de la clase más superficial pueda conseguir cosas que suenen como si salieran del corazón humano es muy, muy problemática. Quedé completamente destrozado por esto."[104]

En alguna ocasión, refiere Mitchell, Hofstadter propuso la pieza musical compuesta por EMI a un grupo de profesores en una escuela de música de Rochester, Nueva York. Lo hizo junto con una mazurca no muy conocida de Chopin. Después pidió a los profesores que le dijeran cuál había sido compuesta por el músico polaco y cuál por EMI. Muchos de los profesores estimaron que la pieza de EMI era la original de Chopin y que la de este, por supuesto, era la imitación del algoritmo. "Aterrorizado," escribió. "Lo odiaba [a EMI]. Me sentía incluso amenazado por él. Resultaba amenazante ver destruido lo que yo más apreciaba de la humanidad. Creo que EMI es el ejemplo supremo de los miedos que me produce la inteligencia artificial."[105]

---

[101] Douglas Hofstadter, *Gödel, Escher, Bach. Un eterno y grácil bucle*. Barcelona, Tusquets, 1987 [1979], p. 753, en Melanie Mitchell, *Artificial Intelligence*, *ob. cit.*, p. xviii.

[102] Alumna y amiga de Hofstadter; cfr. Artificial intelligence, *ob. cit.*, p. xiii y ss.

[103] Melanie Mitchell, *Artificial Intelligence*, *ob. cit.*, p. xix.

[104] Ibid.

[105] Melanie Mitchell, *Artificial Intelligence*, *ob. cit.*, p. xx.

No solo la música. En 1997, tras el término del invierno de la IA, Deep Blue de IBM dio cuenta del entonces campeón mundial de ajedrez, Garry Kasparov. En 2011, Watson, otro artilugio de IBM, venció a sus contrincantes humanos en el juego televisivo *Jeopardy!* En 2016, AlphaGo de Google DeepMind, hizo otro tanto con el campeón mundial de Go, Lee Sedol.[106] Y a poco andar, en 2017, AlphaGo Zero (una versión mejorada al tiempo que una concepción distinta de AlphaGo), aprendió las normas del Go en cuestión de días al jugar contra sí mismo, sin intervención humana, y sin datos históricos. Venció a AlphaGo (el vencedor de Lee Sedol) por 100 juegos a 0, transformándose en el mejor jugador de Go del mundo.[107]

*

"Entre las sordas raíces de los lenguajes humanos," escribió Neruda en su magnífico *Tango del viudo*. ¿Qué habrá querido decir?

Pero vamos, ¿es esta la pregunta: qué habrá querido decir?

Jeopardy! es un concurso de televisión que se emite en Estados Unidos desde mediados de la década de 1960. Con algunas interrupciones en la cronología, se las ha amañado para llegar a nuestros días. La idea del concurso es simple, aunque diametralmente opuesta a lo tradicional, especialmente cuando se trata de esquemas basados en lo que una persona sabe. En este caso, no es la respuesta a una pregunta lo que se pide al concursante, sino la pregunta que mejor conviene a la respuesta o proposición, según sea el caso. He aquí unos ejemplos:

- Respuesta: la ciudad en que se alza la torre Eiffel.
- Pregunta: ¿cuál es París?

- Respuesta: el río más largo del mundo.
- Pregunta: ¿qué es el Amazonas?

---

[106] Wikipedia, Timeline of artificial intelligence, 16/11/2023, en https://en.wikipedia.org/wiki/Timeline_of_artificial_intelligence; también en Rockwell Anyoha, The History of Artificial Intelligence, 28/8/2017, en https://sitn.hms.harvard.edu/flash/2017/history-artificial-intelligence/

[107] David Silver y Demis Hassabis, AlphaGo Zero, Starting from scratch, 18/10/2017, en https://deepmind.google/discover/blog/alphago-zero-starting-from-scratch/

- Respuesta: si Andy anhela a Brenda y Brenda se preocupa por Charlene, quien suspira por Andy, los tres forman uno de estos.
- Pregunta: (adivine el lector).[108]

A diferencia de sus homólogos televisivos o radiales, *Jeopardy!* es un concurso en el que el verdadero protagonista, antes que el saber mismo es la sutileza del lenguaje. No es que el saber dé lo mismo porque importa, y no poco. Pero la pregunta es la clave del éxito.

Siendo así, Brad Rutter y Ken Jennings venían a ser los Garry Kasparov o los Lee Sedol del programa. Ambos eran invencibles. Por lo tanto, fue precisamente a estos dos titanes del concurso a los que Watson desafió en 2011.

Ahora, puesto que el formato del programa hace competir a tres concursantes, en este caso concurrieron los dos ya mencionados, siendo Watson el tercero. Además, como hemos visto, en cuanto se formula la respuesta, el primero que crea haber adivinado la pregunta debe pulsar el botón de su consola, y decirla en voz alta. Así, si el animador plantea un argumento como "Mi hermano tiene el papel," el concursante que primero atine a dar con la pregunta, pulsa rápidamente su botón y responde: "¿Quién tiene el papel?," que es —en este caso— la pregunta correcta a esa proposición.[109]

Ahorraremos al lector los restantes detalles del concurso (que no son pocos).[110] Por ahora importa destacar que Watson es una máquina de aprendizaje, antes que una de seguimiento de reglas. Du Sautoy la incluye en la categoría de computación cognitiva, lo que quiere decir que Watson procesa las palabras, trabaja con ellas y sus significados.[111] Es lo más cercano a "pensar" que se hubiese

---

[108] Esta proposición apareció en un episodio de *Jeopardy!* Una concursante pulsó su timbre rápidamente, y dijo "¿Qué es un trío?". Cuando el conductor del programa dio por incorrecta la respuesta, el segundo concursante pulsó el suyo. "¿Qué es un triángulo amoroso?". Esta era la respuesta correcta. Tomado de Wikiquote, *Jeopardy!*, 9/9/2023, Wikiquote, en https://en.wikiquote.org/wiki/Jeopardy!

[109] Jeopardy Labs, Preguntas en español, en https://jeopardylabs.com/play/la-familia-en-espaol2.

[110] Pueden verse, *inter alia*, en Marcus du Sautoy, *Programados para crear*, *ob. cit.*, p. 310 y ss.

[111] Eduardo Villamil, El camino hacia la Inteligencia Artificial: de Deep Blue a AlphaGo Zero, El Imparcial, 23/11/2023, enhttps://shorturl.at/krBM9

visto hasta la fecha. Si bien la base de datos de Watson era de una magnitud considerable, pues incluía enciclopedias, diccionarios, diccionarios de sinónimos y antónimos, artículos de prensa, y trabajos literarios,[112] en palabras del filósofo John Searle no se podía decir que Watson pensara porque "Watson no sabe que ganó el concurso [...] Solo puede manipular símbolos, pero no tiene la capacidad de entender el significado de aquellos símbolos."[113]

En 2021, décimo aniversario del encuentro, Bryan Walsh, de Axios Future, escribía que la importancia del triunfo de Watson "marcaba una de las primeras ocasiones en que los norteamericanos pudieron presenciar un sistema de IA utilizando procesamientos de lenguaje natural." Y agregaba a continuación: "Diez años después, a este campo le queda aún mucho por avanzar."[114]

Al año siguiente, 2022, aparecería ChatGPT.

*

A comienzos de 2023, los guionistas de Hollywood se declararon en huelga, no solo por reclamos salariales, sino que también por el temor a ser reemplazados por *softwares* de IA, con capacidad para escribir guiones. "Con su capacidad para imitar la conversación humana," explicaba una nota de Deutsche Welle, "programas como el ChatGPT generan temor en muchos sectores: la Casa Blanca convocó incluso la semana pasada a los gigantes de la tecnología para discutir los riesgos potenciales." El tema está en la mente de todos los guionistas. "La IA es la antítesis de la originalidad," señala Ben Ripley, guionista de ciencia ficción. "El arte no puede ser creado por una máquina," comenta Eric Heisserer, guionista del filme *Cita a ciegas*. El sindicato de guionistas presionó, continúa la nota "para restringir el uso de IA durante las conversaciones previas a la huelga." Y, desde luego, para "evitar que los guiones escritos por sus miembros se usen para entrenar una IA." Entre tanto, el Milken Institute, un *think tank* con sede en California, especuló con

112 Wikipedia, IBM Watson, 14/11/2023, en https://en.wikipedia.org/wiki/IBM_Watson#cite_note-SearleWSJ-67

113 John Searle, Watson Doesn't Know It Won on 'Jeopardy!', The Wall Street Journal, 23/2/2011, en https://shorturl.at/bfrCK

114 Bryan Walsh, Looking back at Watson's 2011 "Jeopardy!" win, Axios, 13/2/2021, en https://www.axios.com/2021/02/13/ibm-watson-jeopardy-win-language-processing

la posibilidad de que la huelga de los guionistas fuera la primera de muchas intentonas por restringir una agenda que parece ir cobrando fuerza en los estudios cinematográficos. "Los comentarios en la conferencia global del Instituto Milken la semana pasada en Beverly Hills, alimentaron las preocupaciones de los guionistas. 'En los próximos tres años, verán una película escrita por IA, [y será] una buena película', aseguró el productor de cine Todd Lieberman. Y no serán solo guiones, también se usará IA para el 'montaje', la creación de 'guiones gráficos de una película, cualquier cosa', agregó Rob Wade, ejecutivo de Fox. Dentro de 10 años, 'la IA podrá hacer absolutamente todas estas cosas', recalcó."[115]

Todas estas cosas y más, incluyendo escenarios, actores sintéticos (ya sean reales o no, vivos o muertos), voces y vestimentas, gestos y estilos. Todo ello al alcance de la IA. Como señala Dawn Chmielewski de Reuters, "los realizadores han colocado monstruos en las pantallas durante más de un siglo. En 2023, el verdadero hombre del saco parece tan real como nosotros."

En julio de ese año, actores, profesionales de medios y guionistas se unieron en la primera huelga simultánea en sesenta y tres años. ¿La mayor preocupación de los actores? Sus contrapartes sintéticas. Duncan Crabtree-Ireland, principal representante de los huelguistas, señaló que "la IA plantea una 'crisis existencial' para los actores, ya que les preocupa que su trabajo pasado, presente y futuro pueda ser utilizado para crear 'artistas sintéticos' que ocupen su lugar."[116]

Es el triunfo de la información.

Recapitulemos: la digitalización no habría sido posible sin una teoría de la información. Parece una trivialidad, pero no son pocos los programadores o administradores de datos que lo ignoran. George Boole publicó *Una investigación sobre las leyes del pensamiento* hace más de un siglo y medio, en 1854. Y en efecto, "Boole revolucionó la lógica al encontrar formas de expresar declaraciones lógicas mediante símbolos y ecuaciones. Asignó el valor 1 a proposiciones verdaderas y el valor 0 a proposiciones falsas. Un conjunto

[115] DW, Guionistas de Hollywood en huelga por salario y temor a IA, Deutsche Welle, 8/5/2023, en https://www.dw.com/es/guionistas-de-hollywood-en-huelga-por-salarios-y-temor-a-la-inteligencia-artificial/a-65555834

[116] Dawn Chmielewski, Actors decry 'existential crisis' over AI-generated 'synthetic' actors, 21/7/2023, en https://www.reuters.com/technology/actors-decry-existential-crisis-over-ai-generated-synthetic-actors-2023-07-21/

de operaciones lógicas básicas, como "y," "o," "no," u "o/o," y "si/entonces," podían llevarse a cabo utilizando estas proposiciones, de manera similar a como se realizan ecuaciones matemáticas." Así y todo "[f]ueron necesarios casi cien años," escribe Ted Gross, "para que la seductora simplicidad de la proposición y/o y verdadero/falso generara cambios significativos." Esta, sostiene Gross, fue la semilla de lo que al día de hoy es la IA.

Salvo por un detalle: faltaba Claude Shannon (capítulo II). En 1948, recordemos, casi un siglo después de la publicación de las leyes del pensamiento de Boole, publicó *Una teoría matemática de la información*, a la que hoy se conoce como la carta magna de la teoría de la información. ¿Qué proponía? Nada más y nada menos que la información, según nos explica Gross, podía ser cuantificada y medida. En seguida unió esta idea sencilla con otra igualmente sencilla, la de Boole.

Así nació la era de la información.

El odiado *big data*, la temida IA. O si el lector lo prefiere, todo lo contrario.

El punto es que Shannon "comprendió que los circuitos eléctricos podían ejecutar estas operaciones lógicas de álgebra booleana utilizando una estructura de interruptores de encendido y apagado. Para realizar una función 'y', por ejemplo, se podían colocar dos interruptores en serie, de manera que ambos tenían que estar encendidos para que fluyera la electricidad. Para realizar una función 'o', los interruptores podían conectarse en paralelo, de modo que la electricidad fluyera si uno de ellos estaba encendido. Un tipo de interruptores algo más versátiles llamados 'puertas lógicas' podían hacer aún más eficiente el proceso. En otras palabras, se podía diseñar un circuito con muchos relés y puertas lógicas capaz de realizar paso a paso, toda una secuencia de tareas lógicas."[117]

A mayor abundamiento, tanto Boole como Shannon (y otros tantos notables como Alan Turing y John von Neumann) hicieron posible que el verbo se hiciera carne y habitara entre nosotros: la teoría, en términos más pedestres, halló su arcilla en el ordenador.

---

[117] Walter Isaacson, *Los innovadores*. Santiago de Chile, Debate, 2014, p. 64, citado en Ted Gross, Information Theory - A Short Introduction, 15/4/2022, en https://towardsdatascience.com/information-theory-a-short-introduction-a37f09959a1e

Esto ocurría en las décadas de 1940 y 1950 (la IA recibe su fe de bautismo, recuérdese, en 1956), de manera que nadie alcanzaba a prever lo que esto iba a significar. Un actor, una partitura musical, una escultura, lo que fuera, podía reducirse, en palabras de Shannon, a dígitos binarios, es decir, *bits*. Nadie podía suponer, comenta Gross, que la información pudiera ser objeto de una fórmula matemática. "Quizás el logro más destacado de Shannon," añade, "fuera el enfoque contraintuitivo de analizar la 'información' de manera independiente al 'significado'." ¿Un actor? ¿Una partitura? ¿Una escultura? Daba igual. "[A]l tratar con información, no es necesario considerar el significado del mensaje. De hecho, el 'significado' es superfluo para el contenido real. El 'significado' es, en efecto, insignificante."[118] Así, escriben Soni y Goodman, antes de "Shannon, información podía ser un telegrama, una fotografía, un párrafo, una canción. Después de Shannon la información puede reducirse por entero a *bits* [fragmentos]." Nada importaba, anotan, ni el emisor, ni la intención, ni el medio. Ni siquiera el significado: "una conversación telefónica, un fragmento de telegrafía Morse, una página de una historia detectivesca, todo quedaba sometido a un código común."[119]

El arte sintético contra el que se levantan furibundos actores y guionistas no es arte, dicen (aunque puede que el público no esté de acuerdo). El problema, como acabamos de ver, es que no hay un gesto humano que no sea reducible, tarde o temprano, a *bits*. Es cierto que algunos se nos escapan (risas en el auditorio). Pero hay un algoritmo, una operación matemática por debajo de cada pensamiento, sueño, ilusión. Es posible que las máquinas los encuentren sin buscarlos. El paso que va de AlphaGo a AlphaGo Zero, es una señal de que, en algún futuro, próximo o lejano, no serán necesarios los datos. Quizás solo baste con algunas reglas someras, como las del metro y la rima en la lírica, las notas musicales y su expresión en los instrumentos, o la manera de hacer de una historia trivial una tragedia o un relato de aventuras,[120] para que se produzca la magia.

---

118 Ted Gross, *ob. cit.*

119 Jimmy Soni y Rob Goodman, *A Mind at Play: How Claude Shannon Invented the Information Age*. New York, Simon and Schuster, 2018, en Ted Gross, *ob. cit.*

120 Tanto el *Hamlet* de Shakespeare como *La Odisea* de Homero (*inter alia*) pueden reducirse a conversaciones de pasillo: "¿Hamlet? Un tipo medio loco. Veía al fantasma del padre". "¿Odiseo? Vamos, el tipo aquel que tardó veinte años en regresar a casa."

¿Qué menos que eso podemos esperar?

Por ahora, IA es un frenesí. La última producción de The Beatles, *Now and Then*,[121] sin ir más lejos, es un espectáculo sonoro y visual de algo que nunca sucedió, salvo por los laberintos digitales de un *software* (o algoritmo) creado por el realizador Peter Jackson.

La historia: hacia mediados de los años setenta el exBeatle John Lennon interpretaba al piano una canción en su apartamento del Upper West Side en Nueva York. La cinta de una *cassette* lo grababa, pero al hacerlo capturaba tanto la voz de Lennon como el zumbido estático de una televisión que se oía de fondo.

Lennon fue asesinado en diciembre de 1980.

En 1994, Yoko Ono, la viuda del compositor, entregó la *cassette* con la grabación a los tres Beatles sobrevivientes. De la cinta nacieron dos canciones más, posteriores a la separación del conjunto: *Real Love* y *Free as a Bird*. La tercera tenía dos problemas: la *tele* encendida al fondo y un siseo adicional. Además, la voz y el piano de Lennon habían quedado grabados en la misma pista.

"Lo siento, chicos," parecía decir Lennon desde el más allá, "os falta la tecnología." Era finales de la década de 1990. Poco tiempo después, en 2001, las cosas se complicaron. Harrison falleció de cáncer de pulmón. El proyecto pareció desvanecerse. Lennon daba saltos en el más allá. Harrison se encogía de hombros. McCartney declaraba que se habían quedado sin viento en las velas.

Pasan veinte años: el director de cine Peter Jackson desarrolla una tecnología de aprendizaje de máquina capaz de distinguir instrumentos de voces. La llaman MAL (máquina de aprendizaje de audio, en inglés),[122] aparato que "permite tomar cualquier banda sonora y dividir los componentes en pistas separadas." He aquí que ocurre el milagro: la voz de Lennon es separada del piano, y atrás quedan la *tele* y el siseo.

"Ahí estaba la voz de John," declara McCartney, "clara como el cristal."

---

121 Puede verse en The Beatles, *Now and Then*, YouTube, 3/11/2023, en https://www.youtube.com/watch?v=Opxhh9Oh3rg

122 Cfr. Michael Sun, More new Beatles music 'conceivable' after Now and Then, Peter Jackson says. *The Guardian*, 6/11/ 2023, en https://www.theguardian.com/music/2023/nov/06/new-beatles-songs-ai-technology-now-and-then-peter-jackson

Entendámonos: MAL no creó voces nuevas, solo limpió la grabación, lo que no es ninguna bicoca. Es casi como andar sobre las aguas. Lo demás fue puro goce. The Beatles volvían a cantar juntos: se escuchan las voces de Lennon, la guitarra de Harrison (una interpretación de 1995), una nueva entrada de batería por parte de Starr, además de bajo, guitarra y piano en ejecución de McCartney. Los dos últimos agregan sus voces al coro y McCartney agrega un solo de guitarra, tocado al estilo de Harrison.

No, no es todo.

McCartney enriqueció la composición al incorporar una nueva pista con arreglos para cuerdas, creados en colaboración con los dos hijos del icónico productor de The Beatles, George Martin, reconocido —entre otros méritos— por sus arreglos orquestales a muchos de los grandes éxitos del cuarteto de Liverpool.[123] Además, se añadieron arreglos vocales inspirados en canciones originales como *Here, There and Everywhere*, *Eleanor Rigby* y *Because*.

La última línea: sin inteligencia artificial, no hubiese habido *Now and Then*, antes bien tendríamos que habernos conformado con el entonces (*then*), y en ningún caso aspirar, ni por asomo, a la fantástica posibilidad del ahora (*now*).[124]

*

En *Programados para crear*, Marcus du Sautoy plantea el interrogante de si la creatividad es o no una característica exclusiva de la especie humana o, si eventualmente, podría ser emulada por máquinas programables.[125] La misma pregunta que se hacía Douglas Hofstadter y, como ellos, tantos otros, mientras que al mismo tiempo (en sentido literal) numerosos compositores dejaban que las máquinas les tendieran una mano como facilitadoras de su proceso creativo. "Los algoritmos aprenden a actuar en función de los datos con los que interactúan," escribe Du Sautoy, luego, en el campo de la composición musical, nunca les habría sido posible saltar por sí

---

[123] Entre otros, el solo de piano de la recordada *In my life*.

[124] Will Sullivan, The Beatles Release Their Last Song, 'Now and Then,' Featuring A.I.-Extracted Vocals From John Lennon. *Smithsonian Magazine*, 3/11/2023, en https://shorturl.at/anwz3

[125] Marcus du Sautoy, *ob. cit.*, *passim*.

mismos, desde el estilo musical del medioevo al del barroco y de este al clásico. En cada uno de estos períodos y los que les sucedieron, los compositores dejaron de cumplir las reglas establecidas, aclara el autor, de trabajar con los datos habituales, y en un golpe de audacia crearon formas nuevas.[126] "¿No implicará esto," se pregunta, "que [las máquinas] siempre se verán condenadas a producir más de lo mismo?"[127] No hay datos sobre estilos increados, eso está claro, por lo tanto, solo nos quedaría esperar de ellas más de lo mismo.

Pero faltaba AlphaGo. Esta fue la primera señal de que un algoritmo podía adentrarse en el exclusivo *resort* de la originalidad humana (vedado hasta entonces para las máquinas). Es muy probable que el hito central de tamaño acontecimiento hubiese tenido lugar en la segunda partida de la máquina inteligente contra Lee Sedol. Fue en la jugada 37. En ella, la máquina colocó "una ficha negra en la quinta línea contando desde el borde del tablero. Todo el mundo enmudeció [...] AlphaGo había roto la ortodoxia vigente durante siglos de práctica del juego. [Cabía preguntarse, entonces, ¿se] trataba de un error de AlphaGo? ¿O es que había anticipado algo en la partida que pasaba desapercibido a los ojos humanos? Fan Hui, que también actuaba como árbitro de la competición, posó su mirada sobre el tablero. Su reacción inicial también fue de pasmo. Sólo después empezó a balbucear: 'No es una jugada humana. Nunca había visto a un ser humano realizar esa jugada. Tan bonita. Bonita, bonita, bonita'."[128]

En su análisis, Du Sautoy describe la jugada 37 como un acto creativo. No obstante este momento también conllevaba, para él, una sensación de profunda melancolía. "Carece de sentido proclamarse campeón mundial de Go cuando somos conscientes de la existencia de una máquina ante la cual nunca podremos prevalecer," escribió.[129]

Tampoco podremos correr como una motocicleta o volar como una aeronave, decimos nosotros. Las herramientas, desde el hacha de mano hasta los aceleradores de partículas, pasando por los anteojos y los paraguas, son piezas manufacturadas que hacen, por definición, lo que no podemos hacer con nuestros miembros humanos. Ellas nos aumentan, no nos disminuyen, con eso en mente fueron diseñadas y

---

[126] Como hiciera Nicanor Parra. Véase el capítulo III.

[127] Marcus du Sautoy, *ob. cit.*, pp. 20-1.

[128] Marcus du Sautoy, *ob. cit.*, pp. 47-8.

[129] Ibid, p. 57.

construidas. En este sentido, AlphaGo Zero no ha hecho sino lo que era previsible. Más aún ChatGPT y DALL-E. Y esto es solo el comienzo.

Pese a ello, nos decimos, todas las creaciones humanas —por ahora al menos— se encuentran limitadas al objeto al que fueron destinadas. Es cierto que se han hallado usos alternativos que en no pocas ocasiones se transformaron en el uso principal de un ingenio dado. Pero de su campo, ay, no pueden escapar. Por eso AlphaGo puede proclamarse campeón mundial del juego del Go, sin embargo, no puede salir al bar a celebrar con los amigos. Hay un límite que no pueden cruzar. No tienen sentimientos, no son capaces de emocionarse. Están condenadas a ser inteligentes, eso y nada más.

*

Los algoritmos son herramientas que hacen cosas inesperadas. A diferencia de otras herramientas, esta forma de lenguaje que es el algoritmo (una manera de hablar, de dar instrucciones), propone resultados que no estaban presentes en el guion. O como escribe Du Sautoy, nos permite obtener más de lo que pusimos en el saco. Y esto nos causa tanto extrañeza, como desazón y miedo.

Pero también nos maravilla.

Sucede que se olvida, como sostiene Du Sautoy, que los algoritmos no son como el martillo que nunca se equivoca (es el usuario el que se martilla el dedo con que afirma el clavo). Los primeros algoritmos eran determinísticos, como el de las calculadoras de bolsillo. Los actuales son más poderosos, y son además probabilísticos.[130] Dicho de otro modo, la IA es —en gran medida— una herramienta estadística. Se la podría llamar computación estadística. Quién sabe la de problemas que se ahorrarían los defensores a ultranza de la IA con solo cambiarle el nombre.

Fue con los algoritmos probabilísticos que se inventaron máquinas de aprendizaje que entregan de tarde en tarde resultados inesperados, desconcertantes, impensados, como la jugada 37. También equivocados, como en el caso del error cometido por la aplicación de fotos de Google que etiquetó erróneamente a dos personas negras

---

[130] Marcus du Sautoy; *ob. cit.*, p. 91.

como gorilas.[131] (En la ocasión se acusó a Google de racista.[132] Se dijeron cosas peores. No obstante, la respuesta más votada en Reddit fue la de un usuario que comentó, "Dudo que hubiese habido mala intención; la categorización de imágenes es un problema de ciencia computacional difícil. Parece un error honesto (*sic*) que Google corrigió en horas, con las disculpas del caso").[133]

Lo probabilístico está en la base de la creatividad. Probar a ver qué pasa si en vez de tomar el camino de la derecha se escoge el de la izquierda, ¿se llegará al mismo sitio? Y si no se llega al mismo sitio, ¿a dónde se llega? Se dice que los humanos no son buenos estadísticos por naturaleza. Cierto es, como detallan Blastland y Dilnot en *El tigre que no está*, que si dos cazadores paleolíticos consideran que existe una probabilidad mínima de que entre la maleza se esconda un tigre, aunque la mayoría de las veces sea solo el viento, optarán por huir.[134] La razón es clara: si se equivocan, lo arriesgan todo, es decir, el cien por ciento de lo que poseen. En la balanza de la vida, optar por salvar el pellejo justifica plenamente ignorar las estadísticas.

El que un evento pueda suceder o no es una suerte de motivo fuertemente enraizado en la naturaleza humana. Es cosa de ver: está lo que de seguro sucederá y no sucede, y lo que de seguro no sucederá y sucede. Los hombres son criaturas de estadística gruesa y compulsiva. Nada de abanicos, espectros o matices.

El arte desarrollado por una máquina inteligente y el que desarrolla un artista, contienen ambos elementos probabilísticos, es decir, de prueba, de tanteo. Tanto el arte como el juego son especímenes no lineales. Si no lo fueran, no solo no habría arte, no habría conciencia, mucho menos inteligencia.[135]

En suma, desde que comenzó esta loca aventura de la IA, no podíamos sino esperar a que los algoritmos acabaran haciendo arte.

---

[131] Alistair Barr, Google Mistakenly Tags Black People as 'Gorillas', Showing Limits of Algorithms. *The Wall Street Journal*, 1/7/2015, en https://www.wsj.com/articles/BL-DGB-42522

[132] BBC, Google apologizes for Photos app's racist blunder, 1/7/2015, en https://www.bbc.com/news/technology-33347866

[133] Rocketwidget, r/technology; Reddit, 30/6/2015, en https://www.reddit.com/r/technology/comments/3bkzmw/comment/csn761x/

[134] Michael Blastland y Andrew Dilnot, *El tigre que no está. Un paseo por la jungla de la estadística*. Madrid, Turner, 2009.

[135] Véase Andrew Thomas, *Hidden in Plain Sight 9*, *ob. cit.*, esp. cap. 3.

De qué nos extrañamos. No era cuestión de probabilidades: tarde o temprano iba a ocurrir.

Du Sautoy: "A mí esto es lo que más me fascina de los nuevos algoritmos. Tienen la capacidad de decir algo sobre nosotros que desconocíamos. En cierto sentido, el algoritmo de aprendizaje profundo reconoce rasgos de la programación humana, de nuestro código fuente, que todavía no hemos sido capaces de articular con palabras. Es como si no supiéramos qué es el color y no tuviéramos palabras para distinguir el rojo del azul, pero el algoritmo hubiera clasificado los objetos que nos rodean en dos grupos, los rojos y los azules, a partir [del modo en que expresamos nuestros gustos]. Realmente no sabemos expresar por qué nos gusta cierta película, ya que hay demasiados parámetros que determinan nuestros gustos. La programación humana que está detrás de estas preferencias permanecen ocultas. Los programas informáticos han detectados rasgos que guían nuestras preferencias, y que podemos intuir pero no articular".[136]

Las máquinas saben, nosotros no.

"[...] Entre las sordas raíces de los lenguajes humanos", escribió Neruda, ¿qué habrá querido decir?

*

Mostramos una cierta imprevisibilidad en nuestras acciones, sin embargo, al observar el panorama general, revelamos patrones discernibles. Es por eso que nuestras redes sociales reflejan, en cierta medida, nuestra naturaleza; no completamente, pero sí en una proporción considerable. Eche un vistazo a su guardarropa: descubrirá que hay prendas que ha dejado de usar, otras que no le gustan, y unas pocas que siempre usa, una y otra vez. Esa persona es usted, una mezcla de momentos que se concretan cuando se detiene a mirar. Su guardarropa es como una fotografía de usted. Su cuenta de servicios de *streaming* también.

Si no fuese así, ¿cómo sabríamos nada de las civilizaciones antiguas si solo contamos con los objetos que dejaron en el camino? Jarros, cestas, escudos, arados, figurillas de greda, viviendas sin ventanas, muros de piedra. Los objetos hablan por las personas. Cuando estas ya no están y vemos los utensilios, la disposición de

[136] Marcus du Sautoy, *ob. cit.*, p. 111.

los mismos, su materialidad, podemos absorber sus usos y costumbres. Parece ser cierto que, como proponía Marshall McLuhan, el medio es el mensaje.

Un mensaje a la posteridad, por qué no.

El lenguaje, ¿la última frontera?

Antes de ChatGPT los mediocres iban a la cola, escribe un usuario de Quora. Hoy, por primera vez, dice, tienen la oportunidad de ponerse a la cabeza gracias a ChatGPT.[137]

Es cierto. Los profesores de todas las aulas académicas tendrán que tomar nota. Quién sabe, tal vez los viejos exámenes orales renacerán. Pero en numerosas ocupaciones, no solo la de estudiante, la inteligencia será cuestión de mérito ajeno. A diferencia de Google, que es un buscador que responde preguntas mostrando páginas web, ChatGPT "genera lenguaje natural a partir de un *input*,"[138] según una publicación de *The Economist*, y por lo tanto se puede interactuar (incluso conversar) con él. Esto no es posible con Google.

ChatGPT, el detalle de cuya sigla de momento dice poco (transformadores generativos preentrenados, en inglés), permite crear contenido, escribir artículos, incluso libros completos. La vastedad de sus lecturas y saberes le permiten prestar ayuda tanto a un investigador en punto muerto como a un poeta falto de rimas, o a un autor de novelas de detectives que no sabe cómo perpetrar el crimen perfecto.

Este modelo de lenguaje fue creado por OpenAI, una organización sin ánimo de lucro, dedicada a la investigación, con instalaciones principales en San Francisco, California. Fundada por un grupo de desarrolladores que en su momento conformaron la primera mesa directiva, entre ellos se encontraba el siempre ubicuo Elon Musk. Sam Altman, el CEO de la empresa fue despedido el 17 de noviembre de 2023, pero repuesto cuatro días más tarde, en una suerte de microescándalo directivo, originado en una carta que ciertos investigadores de la compañía habrían hecho llegar al directorio de la entidad. ¿El motivo del despido? Así como iban las cosas, era

---

[137] Håkon Hapnes Strand, What can be the smartest use of chat GPT?, Quora, 26/3/2023, en https://www.quora.com/What-can-be-the-smartest-use-of-chat-GPT

[138] Business, How Good is ChatGPT. *The Economist*, 8/12/2022, en https://www.economist.com/business/2022/12/08/how-good-is-chatgpt

muy probable que la IA pusiera de un momento a otro, en riesgo a la humanidad. Vaya augurio.[139]

*

Los lenguajes humanos son las entidades más extrañas que quepa imaginar. Hay tantas maneras de decir lo mismo o de encontrar salidas a supuestos encierros que, sin ellos, los lenguajes, no serían posibles las democracias y el aparato discursivo que las sustenta. "El lenguaje afecta la política en muchos aspectos. [Es] crucial en el funcionamiento de la democracia. La capacidad de sugerir, persuadir, contraargumentar, satirizar [...] solo se puede lograr empleando el lenguaje de una manera [atrayente]. Hoy en día, la mayoría de la población en muchas naciones occidentales no participa activamente en la política *mainstream* ni muestra interés en los dilemas políticos. [...] Si decimos, de manera generosa, que el 20% de la población tiene un interés activo en los procesos políticos, entonces, para casi todos ellos, sus decisiones en asuntos [de esta índole] serán moldeadas abrumadoramente por estas formas de comunicación."[140]

Formas mínimas, pero cargadas de significado, atractivas y sugerentes, amén de cuidadosamente ambiguas. Hay gancho en la ambigüedad. Por lo mismo, es válido preguntarse cómo iba una máquina a entender lo que dice esta vez un joven Neruda en *Barrio sin luz*: "¿Se va la poesía de las cosas / o no la puede condensar mi vida? / Ayer —mirando el último crepúsculo— / yo era un manchón de musgo entre unas ruinas."

¿Un manchón de musgo?

Stephen Wolfram, un genio de la informática, creador, emprendedor, innovador, se preguntaba cómo es que hace ChatGPT su magia. Cómo funciona. En otras palabras, cómo es que puede producir texto con significado. "Lo primero es que lo que ChatGPT está tratando de hacer es producir una 'continuación razonable' de lo que sea que un texto haya dicho hasta aquí. Por 'razonable' quiero decir 'qué podría yo esperar que alguien escribiera después de ver lo que las personas han escrito en miles de millones de páginas web'."

---

139 Ibid.

140 Ben Waite, Language and democracy. *Open Democracy*, 20/2/2015, en https://www.opendemocracy.net/en/language-and-democracy/

Comparado con el par algoritmo-*big data*, Neruda, a sus quince o dieciséis años, cuando escribió *Plaza sin luz*, no podría haber leído sino unos pocos libros y, en el mejor de los casos, unos pocos centenares de poemas. La alianza algoritmo-*big data*, en cambio, juega con todo el arsenal disponible (o buena parte de él).

Prosigue Wolfram: imagine que tiene usted el siguiente texto: "Lo mejor de la IA es su capacidad para." Imagine ahora que escanea (es decir, lee) miles de millones de páginas de texto escrito por humanos (tanto en la web como en libros digitalizados) referidos a esta frase. ¿Qué es lo que escriben después, y con qué frecuencia? ChatGPT no mira el texto en sentido literal, lo que hace es buscar cosas que, en cierto modo, coincidan en significado. Al final, produce una clasificación, un *ranking* de palabras, con sus respectivas probabilidades. Algo como lo que se muestra a continuación.

Aprender	4,5%
Predecir	3,5%
Hacer	3,2%
Entender	3,1%
Producir	2,9%

Lo más significativo es que cuando ChatGPT escribe, por ejemplo, un ensayo, lo que está haciendo esencialmente es preguntar, una y otra vez, "dado este texto, ¿cuál debería ser la siguiente palabra?," y entonces la agrega. Pero, más interesante aún, es que el sistema no siempre escoge la palabra mejor clasificada. De hacerlo, sostiene Wolfram, sus textos serían planos, aburridos, predecibles. Con lo cual, si usamos la misma consulta muchas veces, es probable que en cada oportunidad obtengamos diferentes ensayos.[141, 142]

141 Stephen Wolfram, What Is ChatGPT Doing ... and Why Does It Work?, Stephen Wolfram. *Writings*, 14/2/2023, en https://writings.stephenwolfram.com/2023/02/what-is-chatgpt-doing-and-why-does-it-work/

142 Con ChatGPT se ha puesto de moda en español la expresión "promptear", derivada del término *prompt*, estimular, instigar. El *prompteo* con ChatGPT es una realidad hoy en día, y consiste básicamente en hablar con él. Al hacerlo, se ayuda "a los modelos de inteligencia artificial a generar respuestas más precisas y coherentes en una variedad de tareas, como la traducción automática, el diálogo

ChatGPT es una forma de IA que se suma a otras como el aprendizaje de máquina. En palabras de Douglas Eck, director de investigación senior en Google, IA es un término amplio que describe toda clase de sistemas computacionales avanzados. En la actualidad, sostiene, la IA es básicamente aprendizaje de máquina, cuya característica principal es que otorga a dichos sistemas la capacidad de aprender de ejemplos. ChatGPT no es más que otra variedad en el vasto ensamblaje de la IA.

Esta novísima innovación, continúa Eck, confirmando lo referido por Wolfram, es un modelo de lenguaje que predice la palabra que sigue a una secuencia de palabras. Por tanto, "entrenamos estos modelos con grandes volúmenes de texto para que comprendan mejor qué palabra es probable que siga. Una manera, pero no la única, de mejorar un modelo de lenguaje es proporcionarle más 'lecturas', o entrenarlo con más datos, algo así como aprender de los materiales que estudiamos [los humanos]. Si comenzaras a escribir la frase 'Mary pateó una...', un modelo de lenguaje entrenado con suficientes datos podría decir 'Mary pateó una pelota'. Sin entrenamiento suficiente, podría sugerir [algo del tipo] 'objeto redondo' o [...] 'amarilla'. Cuantos más datos se utilicen en el entrenamiento del modelo de lenguaje, más matizado se vuelve y mejores probabilidades tiene de ser todo lo perspicaz que se requiera para saber exactamente lo que Mary pateó."[143]

Poner la palabra siguiente a una secuencia de palabras es *generar* un contenido nuevo. De allí el concepto contenido en la expresión GPT. Los lenguajes humanos, como hemos visto, son hasta cierto punto impredecibles. Tan grande es la capacidad combinatoria que poseen.

En *The Blank Slate*, Steven Pinker resalta esta impresionante característica del lenguaje humano. "El lenguaje representa la cúspide de la conducta variable y creativa. La mayoría de nuestras expresiones son combinaciones completamente nuevas de palabras que nunca antes se habían pronunciado en la historia de la humanidad", sostiene el autor. A diferencia de los muñecos *Tickle Me Elmo*,[144] que poseen

---

y la generación de texto", en Trawlingweb.com, Prompt. El término de moda detrás de la Inteligencia Artificial, 14/2/2023, en https://shorturl.at/gmGMN

[143] Eben Carle, Ask a Techspert, What is generative AI?, 11/2/2023, en https://blog.google/inside-google/googlers/ask-a-techspert/what-is-generative-ai/

[144] Tickle Me Elmo (Hazme cosquillas, Elmo) es un muñeco de peluche inspirado en el personaje homónimo del programa *Plaza Sésamo*.

respuestas pregrabadas y fijas, el lenguaje es, según Pinker, simultáneamente libre y no libre. Aunque hacemos elecciones específicas de palabras, existen reglas que gobiernan cómo expresamos nuestras ideas. No podemos articular nuestras ideas en cualquier orden o de cualquier manera, lo que añade una capa de estructura y complejidad a la libertad inherente del lenguaje. Un hablante, detalla Pinker, puede decir algo del tipo, "Todos los días surgen nuevos universos," o "[A fulano le] gustan las tostadas con queso crema y kétchup," o "Mi auto ha sido devorado por carcayúes."[145] Pero no puede decir "Auto ha sido carcayúes devorado mi por." Tenemos algo en la cabeza que no solo combina palabras, sino que lo hace de manera ordenada.

"Ese algo," continúa, "es un tipo de *software*, una *gramática generativa* que puede echar a andar nuevos arreglos de palabras. Una batería de reglas [que] puede explicar la ilimitada creatividad de un hablante humano. Con unos pocos miles de sustantivos en condiciones de llenar el espacio correspondiente al sujeto y unos pocos miles de verbos dispuestos a llenar el del predicado, uno ya tiene disponibles varios millones de posibilidades de abrir una oración. Las combinaciones posibles rápidamente se multiplican para dar números insospechadamente grandes. Una regla recursiva permite que una frase contenga un ejemplo de sí misma, como en 'Ella piensa que él piensa que ellos piensan que él sabe', y así hasta el infinito. Y si el número de oraciones es infinito, el número de posibles pensamientos e intenciones es infinito también, porque virtualmente cada oración expresa un pensamiento o intención diferente."[146]

Razón de más para maravillarnos.

"Un modelo generativo," aclara Eck, "puede tomar lo que sea que haya aprendido de los ejemplos que se le muestran, y crear algo completamente nuevo basado en esa información. ¡Por eso la palabra generativo! Los grandes modelos de lenguaje (LLM) son un tipo de IA generativa ya que generan nuevas combinaciones de texto en la forma de [por ejemplo] lenguaje de sonido natural." Y luego añade: "Podemos construir modelos de lenguaje para generar otros tipos de salida [*outputs*], tales como nuevas imágenes, audios, incluso videos, como sucede con Imagen, AudioLM y Phenaki."

---

[145] Un mamífero carnívoro.

[146] Steven Pinker, *The Blank Slate. The Modern Denial of Human Nature*. New York, Viking Penguin, 2002, p. 37 (las cursivas son nuestras).

Con Imagen, el modelo no genera más palabras como continuación de un texto sino una imagen *a partir* de un texto. De allí la expresión modelo de difusión de texto a imagen (*text-to-image diffusion model*),[147] Siendo así, Imagen Editor de Google es competencia de DALL-E de OpenAI, y de otros como Midjourney o Stable Diffusion.

Los automóviles sin conductor y otros sueños truncados, celebrados o vilipendiados por especialistas y opinantes como los que hemos revisado a lo largo del libro, se encontraron de golpe y porrazo en 2023 con ChatGPT. Si con los problemas éticos, técnicos, políticos, y sus derivados ya parecíamos tener bastante, con este último desarrollo no solo se han debido reinventar en no poca medida detractores y defensores (*doomers* y *boomers*) de la tecnología en general,[148] sino que además encender nuevas alarmas, e implementar nuevas prohibiciones (como las referidas al uso de estas herramientas en la escuela).[149]

Por lo mismo, el despido de Altman no fue una reacción apresurada, fue una reacción natural. ¿Luchar o salir huyendo? El directorio de OpenAI escogió lo segundo. Altman, de CEO pasó, por unas pocas horas, al estado de total cesantía.

Pero volvió.

¿Acelerará su regreso la llegada de la tan temida por unos y ansiada por otros, inteligencia artificial fuerte? ¿Serán los humanos desplazados al fin por superinteligencias creadas por ellos mismos? Douglas Eck pone paños fríos al asunto. "Sabemos que las máquinas pueden resolver problemas simples como clasificación de imágenes y generación de documentos. Pero creo que estamos preparados para [desarrollar] capacidades aún más ambiciosas, como resolver problemas que demanden razonamiento complejo. Hoy día, la inteligencia artificial generativa podría ayudarte a escribir una carta tipo. Mañana, podrá revisar tus flujos de trabajo y procesos creativos para dejarte en condiciones de abordar desafíos completamente nuevos con esquemas mentales originales. A través de la colaboración y experimentación, seguiremos descubriendo más beneficios de este tipo de IA."[150]

---

147 Cfr. Google Research, Brain Team, Imagen. Unprecedented photorealism × deep level of language understanding, en https://imagen.research.google/

148 Según el diario *The Economist*.

149 Reid Hoffman, Technology Makes us More Human. *The Atlantic*, 28/1/2023, https://www.theatlantic.com/ideas/archive/2023/01/chatgpt-ai-technology-techo-humanism-reid-hoffman/672872/

150 Eben Carle, Ask a Techspert, *ob. cit.*

Beneficiarnos nosotros de ella y no ella de nosotros, esa es la idea. Por ahora.

Resumen del capítulo

Cuando Douglas Hofstadter publicó *GEB* en 1979 se inspiró en conceptos como recursividad y autorreferencia en relación con la mente humana. El libro era una primera aproximación a lo que hoy sigue quitando el sueño a filósofos y técnicos: ¿hay inteligencia donde no hay experiencias, pensamientos, ideas o significados? ¿Puede una máquina que no siente nada en absoluto dirimir asuntos como la libertad o la cárcel para una persona? Hacia fines de la década de 1990 y comienzos de la de los 2000, los algoritmos se encontraron con los datos o más específicamente con el *big data*. La IA parecía imparable. En 1997 la máquina Deep Blue de IBM derrotó a Garry Kasparov, campeón mundial de ajedrez. En 2011, Watson hizo otro tanto con los mejores exponentes del juego televisivo *Jeopardy!* En 2016, AlphaGo sumó un nuevo galardón a la IA tras derrotar a Lee Sedol, campeón mundial de Go. Por si todo esto fuera poco, en 2017 AlphaGo Zero, una versión mejorada de AlphaGo venció a esta última en el juego del Go, con un registro final de 100 juegos contra 0. Por esos mismos años surgió un *software* llamado COMPAS, encargado de perfiles de gestión de delincuentes en correccionales, que se integró a los procesos judiciales de libertad condicional en Estados Unidos. Sin embargo, aparecieron grietas en su funcionamiento. Se alegó que el *software* era inconsistente y sesgado. ¿Era culpa del *software*, de sus diseñadores o de la realidad misma? A pesar de las críticas, sigue siendo utilizado. Los automóviles sin conductor, otro subproducto de la inteligencia artificial, se estrenaron a principios de los 2000, siendo fundamental la inyección de *big data*. Los algoritmos de conducción aprendían observando a sus "homólogos" humanos. Sin embargo, cuestiones éticas, combinadas con problemas técnicos, frenaron el avance en el desarrollo de estos aparatos. La tendencia actual de las compañías financieras se centra en consolidar lo ganado. En espacios limitados y en rutas conocidas, estos singulares protagonistas de la escena urbana mantienen viva la ilusión del vehículo autoconducido. A pesar de todo, las máquinas de aprendizaje avanzan desde flancos inesperados. La irrupción de ChatGPT en 2022 avivó aún más la llama en la lucha entre tecnófilos y tecnófobos. Mientras los autos sin conductor aguardaban en espera, otros avances surgieron sin previo aviso (nadie, entre el público, vio venir a ChatGPT). En los dos capítulos restantes, exploraremos el impacto causado por su aparición y las ideas planteadas para abordarlo, incluyendo un llamado a la moratoria para el desarrollo de nuevas herramientas de IA.

CAPÍTULO 4:

LOS ALGORITMOS Y EL HOMBRE NUEVO

Al comienzo de su *Meditación de la técnica*, José Ortega y Gasset es categórico en afirmar que sin la técnica el hombre, lisa y llanamente, jamás hubiese existido. Competir con animales más ágiles, más fuertes, más rápidos, en la lucha por sobrevivir habría acabado con la especie humana,[1] La técnica resultó esencial en este sentido para que aquel ignominioso final hubiese dado paso a otro que todavía está por escribirse.

Sin embargo, en palabras del filósofo David Nye, el propósito central de las tecnologías no habría sido tanto el de satisfacer necesidades como las de alimento y refugio, pues los humanos ya lo habían conseguido. Más bien, sugiere, las tecnologías se habrían utilizado para, o habrían servido a, la evolución social. Y cita al mismo Ortega: "La tecnología es la producción de bienes superfluos, tanto al día de hoy como durante el Paleolítico. Esta es la razón de que los animales sean a-técnicos, porque ellos se contentan con el simple acto de vivir."[2] En cuanto a los humanos, prosigue Nye, redefinen continuamente sus necesidades para incluir más de las que ya tiene cubiertas. Al revés de lo que podría pensarse la invención no es la madre de la necesidad, es más bien lo contrario. La invención crea la necesidad. "Cuando los humanos poseen una herramienta, son insuperables a la hora de encontrarle usos. La herramienta a menudo

---

1 No son pocos, como se verá más adelante, los que lamentan que no hubiese sido ese el final de nuestra aventura sobre la Tierra.

2 José Ortega y Gasset, *Toward a Philosophy of History*. New York, W.W. Norton, 1941, p. 100, en David E. Nye, *Technology Matters*. Cambridge, Massachusetts, MIT Press, 2006, p. 2.

existe antes que el problema que resolverá. En cada herramienta existen, en estado latente, transformaciones imprevistas."[3]

Nye argumenta de manera convincente que las herramientas posiblemente precedieron al lenguaje, y todo sugiere que así fue. La recolección y el uso de herramientas como hachas de mano, junto con la creación de utensilios como anzuelos y sedales, parecen anteceder al desarrollo del lenguaje oral. Es probable que estas habilidades también hayan incluido manifestaciones simbólicas, como la creación de adornos y marcas en la piel,[4] Lo notable es que tanto la supervivencia como las interacciones sociales están intrínsecamente ligadas al uso de herramientas en todas sus formas.

Tanto las herramientas como la narración de historias, sostiene Nye, poseen elementos en común. Ambas surgen de secuencias organizadas, siguen un orden.[5] Herramientas e historias son, en este sentido, productos de órdenes secuenciales finitos, y por tanto de naturaleza algorítmica. De paso, es muy probable que los mismos algoritmos hayan sido al comienzo relatos que tuvieron por finalidad —en el caso de las matemáticas— describir operaciones con números.[6]

La producción de hachas de mano, realizada por numerosos pueblos en diversas regiones, fue factible gracias a un orden establecido. El uso de lascas para modificar o refinar piedras de tal manera de obtener filos o cortes únicos, permitió fabricar cuchillos y puntas de flecha. En todos estos casos, la organización fue fundamental para lograr el producto deseado, por lo que la narración desempeñó un papel crucial en la transmisión del *know-how* asociado a cada herramienta. La llegada del lenguaje no solo facilitó esta transmisión, sino que también permitió la complejización de estos y otros adminículos. La riqueza del lenguaje, muy probablemente, se tradujo en utensilios igualmente más sustanciosos y útiles.

En *El animal que cuenta historias*, Jonathan Gottschall nos invita a imaginar la existencia de dos tribus. En la tribu de la Gente

---

[3] David E. Nye, *ob. cit.*

[4] Cfr. una discusión reciente sobre el tema en Rachel Gutman-Wei, A 'Mic Drop' on a Theory of Language Evolution. *The Atlantic*, 12/12/2019, en https://www.theatlantic.com/science/archive/2019/12/when-did-ancient-humans-start-speak/603484/

[5] David E. Nye, *ob. cit.*, p. 4.

[6] Véase en la Introducción el modo narrativo en que Al Juarismi opera matemáticamente.

Práctica, la rutina diaria gira en torno a las metas y los trabajos necesarios para lograrlas. La oralidad se limita a lo esencial, nos dice. Contar lo que ya ha ocurrido no sirve, ya que pertenece al pasado. ¿Qué sentido tendría relatar lo que ya sucedió?

En cambio, en la tribu de la Gente de las Crónicas todo se cuenta sin importar si sucedió o no. Una vez que los hombres regresan de la caza o las mujeres de la recolección, o los niños de corretear entre los ancianos que permanecen en la aldea, empieza el palabreo. La tribu de la Gente Práctica trabaja para llenar sus estómagos, ganar compañeras, y criar niños. Mientras que "la Gente de las Crónicas vuelve a la aldea para tejer historias locas acerca de personas inexistentes y eventos que nunca ocurrieron, la Gente Práctica no para de trabajar. Ellos cazan más. Recolectan más. Cortejan más. Y cuando ya no pueden seguir trabajando, la Gente Práctica no pierde tiempo en contar historias, sino que se acuestan y descansan." Sabemos, dice Gottschall, cómo termina este relato. La Gente de las Crónicas prevalece. ¿Habríamos apostado, se pregunta, por la Gente Práctica?[7]

Imposible no pensar en los Hobbits, tal como los concibió J.R.R. Tolkien. No bien tenían un minuto entre trabajo y tarea, lo empleaban *ipso facto* en contarse historias.

Las historias, al igual que los algoritmos, conforman una sucesión finita de pasos claramente distinguibles, con un principio (*input*) y un desenlace (*output*), junto con definiciones y estados cruciales que no deben pasarse por alto para una comprensión cabal del relato. En consecuencia, no parece antojadizo considerar la posibilidad de que, en sus primeras manifestaciones, los algoritmos fueran esencialmente narraciones que detallaban operaciones numéricas.

*

La tecnología es lo que hay entre el hombre y su mundo. Es, sin ir más lejos, una forma de comunicación. Una de las primeras, si se considera que son anteriores al lenguaje. No solo eso. Para W. Brian Arthur, "la tecnología es el episodio subyacente a la economía, por lo tanto esta no sería más que la organización inteligente de las tecnologías" que proveen a nuestra subsistencia. La economía es

---

7 Jonathan Gottschall, *The Storytelling Animal. How Stories Make us Human.* New York, First Mariner Books, 2012, pp. 19-20.

una expresión, un reflejo de las tecnologías que le sirven de base. En coincidencia con Kevin Kelly, sostiene que "esas tecnologías [...] conforman la estructura esqueletal de la economía."[8] El resto, llámese comercio, flujo de bienes y servicios, transportes y comunicaciones, son el músculo, la sangre, el aparato neuronal de la economía.

La tecnología, entonces, no es ni el hombre ni el medio, por así decirlo, sino que la forma en que ambos se relacionan. En palabras de Walter Benjamin: "La tecnología no [consiste en] el dominio de la naturaleza sino de las relaciones entre la naturaleza y el hombre."[9]

La tecnología media, entonces, la relación que el hombre mantiene con el entorno. Es inevitable, pues está en él reformar la naturaleza, y no está en él no hacerlo. Por lo tanto, no se puede separar, escindir al sujeto humano de esta sobrenaturaleza que él mismo se ha encargado de vestir, de lucir, de habitar, supuesto el hecho de que es hasta la médula un *homo techné*. En consecuencia, sostiene Ortega, no está en el hombre restarse de modificar su entorno, negarse a hacerlo.

> De donde resulta que [sus acciones] modifican o reforman la circunstancia o naturaleza, logrando que en ella haya lo que no hay —sea que no lo hay aquí y ahora cuando se necesita, sea que en absoluto lo hay. Pues bien, estos son los actos técnicos, específicos del hombre. El conjunto de ellos es la técnica, que podemos, desde luego, definir, como la reforma que el hombre impone a la naturaleza en vista de la satisfacción de sus necesidades. Es, pues, la técnica, la reacción enérgica contra la naturaleza o circunstancia que lleva a crear entre esta y el hombre una nueva naturaleza puesta sobre aquella, una sobrenaturaleza. Conste pues: la técnica no es lo que el hombre hace para satisfacer sus necesidades. Esta expresión es equívoca y valdría también para el repertorio biológico de los actos animales. La técnica es la reforma de la naturaleza, de esa naturaleza que nos hace necesitados y menesterosos, reforma en sentido tal que las necesidades quedan a ser posible anuladas por dejar de ser problema su satisfacción.[10]

---

[8] W. Brian Arthur, *The Nature of Technology. What is and how it evolves*. New York, Free Press, 2011, p. 1, 191 y ss.

[9] En David Nye, *ob. cit.*, p. 7.

[10] José Ortega y Gasset, *Meditación de la técnica*. Madrid, Alianza Editorial S.A., 1983, p. 324.

Hay en los humanos, por mor de la tecnología, esto es, como consecuencia directa de ella, un distanciamiento del mundo natural que no es artificial como podría parecer a primera vista. Es un alejamiento que proviene de su propia sustancia. Y esto es lo que afirma Ortega cuando habla de sobrenaturaleza. En consecuencia, no es de extrañar que pueblos, ciudades, metrópolis, se organicen en unidades que, a semejanza de las células, separan mediante estructuras membranosas el exterior del interior, creando en este afán sistemas claramente demarcados que permiten mantener intercambios con el exterior, necesarios para vivir, sin sacrificar o poner en riesgo su estructura interna.

Por lo mismo, el llamado contacto con la naturaleza es una especie de tópico que nos recuerda que alguna vez anduvimos desnudos por el bosque. El relato bíblico de la expulsión del paraíso es un mito que, en este sentido, reivindica a la historia. En algún momento la especie humana debió protegerse del frío o la humedad con diversos ingenios que aprendió a extraer del medio natural, ya fuera en bruto: arcilla, hojas, ramas, pieles, o en formas más elaboradas: túnicas, mantos, sandalias. Es precisamente esa época a la que el filósofo español denomina "del azar." Si se ve que algo es útil, se recoge, no solo porque es útil ahora, sino porque puede servir para más tarde. Es el tiempo, entonces, del recolector. (¿Será este afán recolector el origen de lo que en Chile denominamos "cachureos," objetos sin utilidad actual, pero que podrían tenerla en el futuro?). A este del recolector le sigue el tiempo del artesano, que aparece junto con la aldea o la primera comunidad más o menos sedentaria y estable. Para el artesano es clave la permanencia. No hay artesano en la errancia. Ortega va más lejos: la del artesano, dice, es "la técnica de la vieja Grecia, [la] de la Roma preimperial y de la Edad Media. [En ella] el invento solo ha llegado a producir instrumentos y no máquinas. Esta distinción es esencial. La primera máquina es [el telar de Robert, creado en 1825]. Es la primera máquina, porque es el primer instrumento que actúa por sí mismo y por sí mismo produce el objeto." Por el momento el obrero y el artesano son uno y el mismo en este segundo estadio de la técnica. Cuando el artesano (zapatero, herrero, albañil, talabartero) deja de ser a la vez el obrero y pasa a tomar conciencia de sí, se produce —dice Ortega— "la separación radical entre el obrero y el técnico." Entonces, añade, he aquí que aparece la figura del técnico, que es aquel que se guía de un lado por un plan, "un método, [un] procedimiento —*mechané* decían los griegos—, y [de otro por la] ejecución de ese plan."[11]

Toda vez que el artesano se da cuenta de que ya no es conjuntamente el obrero, se siente portador de un saber que le permite modificar la naturaleza como ningún otro podría hacerlo; en ese momento, estamos en presencia del técnico, o para decirlo más orteguianamente, de la técnica del técnico, el tercer estadio en la secuencia propuesta por el pensador español, a saber:

1. La técnica del azar.
2. La técnica del artesano.
3. La técnica del técnico.

En síntesis, la técnica del azar es la de la recolección, la del artesano es la del fabricante que ignora que hay algo llamado técnica, y la del técnico es la del sujeto ya consciente de poseer una cualidad "por completo distinta de las rígidas, inmutables que integran su porción natural o animal." Este último sabe que es capaz de todo lo imaginable. Está azorado, dice Ortega, desconcertado "por la conciencia de su principal ilimitación." Sabiéndose capaz de todo lo imaginable, ya no sabe quién es él. Tan imbuido está el técnico de estas posibilidades sin término, que es incapaz, en palabras de Ortega, de determinar el contenido de la vida.[12]

¿Ausencia de técnica?

No hay hombre sin técnica, dice Ortega, queriendo decir que no hay especie sin técnica. Los humanos son el animal que fabrica, construye y modifica objetos. Hablar en nuestros días del *homo techné* es, en cierto modo, una perogrullada.

Por eso el juego y la técnica son entes relacionados. Jugar con objetos es aprender a ser técnico, algo que empieza en la infancia y termina con la muerte. En palabras de Kevin Kelly, la respuesta a la pregunta, ¿qué quiere la tecnología? es seguir jugando. Eso es lo que la tecnología quiere. La gran tarea en la vida de cada uno

[11] José Ortega y Gasset. *Obras completas*, *Meditación de la técnica*, *ob. cit.*, p. 351 y ss.

[12] José Ortega y Gasset, *Obras completas, Meditación de la técnica*, *ob. cit.*, p. 366.

es pasarse la vida descubriendo cuál es esa tarea. "Esa naturaleza recursiva es el juego infinito. [...] Y la tecnología es el medio en el que jugamos ese juego infinito. Creo que deberíamos abrazar la tecnología porque es una parte esencial de nuestro viaje en busca de saber quiénes somos."[13]

La tecnología, sostiene Kelly, es inevitable para los humanos, con lo cual confirma la tesis de Ortega de que no hay hombre sin técnica. La vida sobre la tierra ha aumentado en complejidad. A los seis reinos de la naturaleza habría que agregar un séptimo, opina Kelly, el de la tecnología. Ella coevoluciona con los humanos, y estos con ella.

La tecnología no tiene término, empieza, como hemos dicho, en la infancia, y ya no se termina Por eso se dice que es un juego infinito, porque además no tiene ganador ni perdedor. La ganancia está en jugar. Esta es la esencia encapsulada en el término "juego infinito," que es el que se juega para seguir jugando. Por contrapartida, un juego finito se juega con el objetivo de ganar, como en los deportes de competencia.

De aquí, entonces, el carácter incesante del devenir tecnológico: no tendría meta. La meta es seguir jugando.

Por lo tanto, no es una actividad humana en tanto opción, sino en cuanto condición. No se opta por la tecnología, antes bien es ella la que ha escogido a los humanos para que ejerzan de fabricantes de aparatos, de demiurgos en último caso, de allí que Kelly la adicione como un séptimo reino a los otros seis del mundo natural; el último en llegar, sí, pero en modo alguno en plan de bastardía.

Max Tegmark en *Vida 3.0* propone algo similar, solo que en clave especulativa. Sostiene que las máquinas, o mejor, el universo creó a los humanos, etapa intermedia en la producción de máquinas que son, en último término, la meta de un cosmos aparentemente desprovisto de finalidad.

La vida en general, sugiere Tegmark, tiene tres etapas. Serían estas:[14]

1. Vida 1.0: (etapa biológica): evoluciona su *hardware* y su *software*.

---

[13] Kevin Kelly, How Technology Evolves, TED Talks, 2/2005, en https://www.ted.com/talks/kevin_kelly_how_technology_evolves/transcript?subtitle=es. También en Kevin Kelly, *What Technology Wants*. New York, Penguin Books, 2011.

[14] Max Tegmark, *Life 3.0*. New York, Alfred A. Knopf, 2017, p. 29.

2. Vida 2.0 (etapa cultural): evoluciona su hardware. Diseña además la mayor parte de su *software*.
3. Vida 3.0 (etapa tecnológica): diseña su *hardware* y su *software*.

En la etapa 1.0 el conocimiento quedaba encapsulado y transmitido a su vez por el ADN, de manera que el aprendizaje residía en la especie, no en el individuo. En la etapa 2.0, que es cuando aparece el ser humano, el aprendizaje se produce en un aparato diseñado por la evolución para eso, ese aparato es el cerebro y sus redes de neuronas. La 3.0, la más interesante de todas, la de las máquinas autosuficientes, no ha hecho su aparición todavía. Nadie sabe cuánto tardará en aparecer, si es que lo hace. Lo que importa, de momento, es que nadie lo sabe con certeza porque de cualquier manera ocurrirá en el futuro, y el futuro, ya se sabe, es un hato de posibilidades. Es cosa de elegir.

*

Volvamos al presente: nadie esperaba la conjunción de algoritmos y datos. Mucho menos los modelos generativos como ChatGPT. Cuando Deep Blue triunfó sobre Kasparov o Watson sobre los mejores exponentes de *Jeopardy!*, lo hacían sobre la base de memoria y poder computacional o de procesamiento. La fuerza detrás de los últimos desarrollos (como ChatGPT) es el aprendizaje. Cuando se crea una red neuronal, relativamente simple, sin conocimiento alguno sobre el mundo real o lo que este contiene, y se la expone a imágenes o enormes cantidades de datos, aprende.[15] Esta es la magia. "Tal como no entendemos del todo," exclama Tegmark, "cómo es que nuestros niños aprenden, todavía no entendemos del todo como estas redes neuronales aprenden. Y por qué ocasionalmente fallan."[16] Las redes neuronales fueron —y lo siguen siendo— el paradigma central de las máquinas de aprendizaje actuales. Ellas son las que hacen posible que las aplicaciones actuales nos maravillen y sorprendan.

El estado actual, en cualquier caso, es un toma y daca entre aparatos y creadores humanos. Estos aprenden de ellos y ellos de sus creadores. En conclusión, se trata de un *work in progress*, de un

---

[15] Max Tegmark, *ob. cit.*, p. 79.

[16] Ibid.

proceso en marcha (un juego infinito) en el que tanto el artesano como la máquina aprenden el uno del otro. A modo de ejemplo, en 2015, Tegmark y uno de sus estudiantes, Henry Lin, una especie de genio veinteañero, publicaron un artículo en el que daban a conocer una conclusión sorprendente: "el interrogante de por qué una red neuronal funciona tan bien no puede ser contestada únicamente de manera matemática, pues parte de la respuesta anida en la física." No se trataba solo de buenos modelos matemáticos. Una red neuronal es un sustrato poderoso porque, en pocas palabras, obedece las leyes de la física, al igual que sus creadores humanos; siendo así, ella puede reordenarse a sí misma para mejorar cada vez más en la implementación de los cálculos deseados. La conclusión es harto asombrosa: hay una conexión entre las pocas funciones que son relevantes para la computación y las leyes fundamentales de la física, y ambas son notoriamente simples y restringidas en comparación con la diversidad de todas las funciones posibles.

Adicionalmente, Tegmark, junto con otro estudiante del MIT, David Rolnick, llegaron a la conclusión de que las redes de aprendizaje profundo (*deep learning networks*, en inglés) son más eficientes que las superficiales. Recuérdese que la profundidad se halla referida al número de capas intermedias u ocultas, nada más. Lo destacable es que mientras más capas intermedias existan, más eficientes serán las redes: "la simple tarea de multiplicar *n* números requiere la friolera de 2*n* neuronas para una red de una sola capa, pero solo le bastan 4*n* neuronas en una red profunda. Esto ayuda a explicar no solo por qué las redes neuronales son la moda entre los investigadores de IA, sino que también el por qué evolucionamos redes neuronales en nuestros cerebros."[17]

Redes neuronales en capas de neuronas no lineales, esto es, no reducibles a una sola.

La evolución no dotó a nuestro aparato neuronal de complejidad y no linealidad, como señala Tegmark, por necesidad, sino porque resultaba más eficiente. "La evolución, a diferencia de los ingenieros

[17] Max Tegmark, *ob. cit.*, p. 76. En el caso presentado, si se quieren multiplicar cinco números, por ejemplo, 1x2x3x4x5, es decir, $n = 5$, se tiene que el número necesario de neuronas para realizar ese cálculo en redes de una sola capa es igual a 32, mientras que con redes profundas se necesitan solo 20. Si en vez de cinco se multiplican 10 números, en el primer caso se requiere de 1.024 neuronas, mientras que en el segundo solo de 40. La diferencia aumentará dramáticamente a medida que *n* se haga más grande.

humanos, no recompensa los diseños simples y fáciles de entender." Lo que esto da a entender es que las redes neuronales funcionan no solo porque lo hacen basadas en un modelo matemático, como se mostró en el capítulo I, sino que lo hacen además por la configuración de su estructura física, en buenas cuentas por el orden en que van siendo tejidas o empaquetadas. Por eso, probablemente, sea a un mismo tiempo tan fácil denostarlas y tan difícil defenderlas cuando cometen errores que en ciertos ámbitos pueden resultar ofensivos o hirientes. No siempre se sabe exactamente cuándo molestarán o conturbarán el ánimo de un espíritu sensible.

El demiurgo se extralimita

La palabra demiurgo significaba originalmente artesano. Platón se refiere a él en el Timeo. Dice que es quien construye el universo. Pero no es fácil construir universos, pues está todo muy desordenado siempre, de modo que el demiurgo ordena, separa, clasifica.

Los mitos sobre la creación del universo no son pocos; donde hubiese habido grupos humanos con a lo menos alguna semblanza de cultura, la creación ocuparía un lugar en la historia. No es exagerado decir que un elemento en común que muchos de estos mitos tienen es el de la constatación del caos. El caos es el antes, es el aspecto previo y primordial del mundo, el estado en que el creador lo encuentra. Luego este creador no necesariamente crea el universo, el creador lo ordena, y al hacerlo le da vida. En dos palabras, crear es ordenar.

> Como el dios quería que todas las cosas fueran buenas y no hubiera en lo posible nada malo, tomó todo cuanto es visible, que se movía sin reposo de manera caótica y desordenada, y lo condujo del desorden al orden, porque pensó que éste es en todo sentido mejor que aquél.[18]

El orden es superior al desorden. El artesano, el demiurgo (el dios), dispone en orden los elementos que conforman el mundo y lo vuelve habitable y útil, lo dota de sentido. El artesano, el de la técnica, en palabras de Ortega, hace exactamente lo mismo que el

---

[18] Platón, *Diálogos VI. Filebo, Timeo, Critias*. Madrid, Gredos, 1992, p. 173.

demiurgo (palabra que por lo demás se habría originado en el oficio mismo del artesano, de donde la habría tomado Platón).

Veámoslo de este modo: Platón pasea por la ciudad, echa un vistazo a los que pasan, oye sus conversaciones. Curioso, en algún momento se detiene junto al estrecho pórtico que da entrada al taller de un ceramista, que es el que trabaja la arcilla. Comprueba la destreza de este hacedor para componer vasijas a partir de elementos informes, arenosos, yermos. No solo hay transformación, piensa sin inmutarse, sino que hay un molde en el que esa transformación tiene lugar y una condición que le otorga además permanencia, es decir, que impide que la vasija regrese a la arcilla y al agua de la que salió humedecida. Son los elementos.

Unidos a la forma.

Helo allí de pie junto al artesano que trabaja despreocupado de que lo miren con tanta atención.

¿Es este el *homo faber*? Sigamos.

"¿A qué tiempo hacemos remontar la aparición del hombre sobre la tierra?," se pregunta Henry Bergson en *La evolución creadora*. "Al tiempo en que se fabricaron las primeras armas, las primeras herramientas." Es esto lo que distingue al hombre de otras especies animales, nos dice. "En lo que concierne a la inteligencia humana, hemos notado ya en grado suficiente que la invención mecánica ha sido en principio su paso esencial, que aún hoy nuestra vida social gravita alrededor de la fabricación y la utilización de instrumentos artificiales, que las invenciones que jalonan la ruta del progreso han trazado también su dirección." Y agrega a continuación: "A nosotros nos cuesta percibir esto, porque las modificaciones de la humanidad van habitualmente en retraso respecto a las transformaciones de sus instrumentos." Lo comprobamos todo el tiempo. La ley marcha a la saga de la innovación. Los enemigos de ella le van a la par, pero si leemos detenidamente a Bergson veremos que lo hacen sin entender del todo lo que hay allí. "Ha pasado un siglo después de la invención de la máquina de vapor, y nosotros recién comenzamos a sentir la profunda sacudida que nos ha dado." La invención, quiere decir Bergson, es una causa cuyos efectos comunales son difíciles de discernir. Procuramos hacerlo, pero encuadrarlos socialmente es en gran medida un gesto destinado al fracaso. No bien un intérprete de la realidad asocia un significado al "martillo" o el "serrucho" de moda, cuando viene otro y lo contradice. Como en el arte, el tiempo parece ser el único árbitro, el inigualable discriminador. Eso por una parte: de buenas a primeras, no somos buenos intérpretes. Por otra, nos dice Bergson, la capacidad de invención es el rasgo humano más sublime, sublime e imborrable, como una cicatriz que atraviesa el rostro de alguien. Lo primero que se percibe al verlo es el surco atolondrado, eso antes que la mirada o el gesto.

Así, sostiene el filósofo francés, dentro de "miles de años, cuando la distancia del pasado no deje ya percibir más que grandes líneas, nuestras guerras y nuestras revoluciones contarán poco, suponiendo que nos acordemos todavía de ellas; pero de la máquina de vapor, con las invenciones de todo tipo que la acompañan, se hablará quizás como hablamos del bronce o de la piedra tallada; servirá para definir una edad."

En otras palabras, no los honores ni la pompa concerniente a los grandes monarcas, nada de eso. Las invenciones son las que jalonarán el paso del hombre por la Tierra. Para McLuhan, según hemos visto, las invenciones (tecnologías) dan forma al sujeto en sociedad, en cierto modo lo determinan. Visto así, no se encuentran a mucha distancia el filósofo francés y el canadiense. Para ambos, la tecnología define a la especie como, *mutatis mutandis*, las rayas al tigre o el cuello a la jirafa.

Bergson: "Si pudiéramos despojarnos de todo orgullo, si para definir nuestra especie, nos atuviéramos estrictamente a lo que la historia y la prehistoria nos presentan como la característica constante del hombre y de la inteligencia, no diríamos quizá *Homo sapiens*, sino *Homo faber*. En definitiva, *la inteligencia, considerada en lo que parece ser su marcha original, es la facultad de fabricar objetos artificiales, en particular herramientas para hacer herramientas, y de variar indefinidamente su fabricación*."[19]

El *homo techné*, que parece surgido de esta época tecnológicamente recargada como ninguna otra, no es original, es solo la versión más reciente del artesano que fundía el cobre o pintaba el interior de las cavernas. Si, por su parte, el *homo habilis*, unos dos millones de años atrás, figura a la cabeza de

[19] Henri Bergson, *La evolución creadora*. Buenos Aires, Cactus, 2007, pp. 128-129 (cursivas en el original).

los fabricantes de utensilios,[20] no es de extrañar que corresponda al linaje del que desciende la criatura que actualmente puebla las ciudades, viaja por los cielos y navega por los mares.

Figura 23. Canto tallado de tradición Olduvayense, herramienta cuya fabricación se atribuye al *homo habilis*.[21]

Pocos restos se conservan de este simio precursor del *homo sapiens*, pero sus utensilios, tal como señalaba Bergson, lo ponen en la misma línea por la que se mueve el *homo techné* de la actualidad. No recordamos a sus líderes, tampoco sus costumbres (de las que se sabe bastante poco, lo que obliga incluso a inventarlas), mucho menos sus desventuras, pero sí atesoramos sus herramientas, o por decirlo mejor, su tecnología.

¿Qué nos hace humanos?

En *Nature via Nurture*, traducido al español como *Qué nos hace humanos*, Matt Ridley aborda la peliaguda dicotomía entre el entorno y los genes. Queda claro que tanto los partidarios de uno y

20 David Lewis-Williams, *The Mind in the Cave*. London, Thames & Hudson Ltd., 2002, p. 40.

21 José-Manuel Benito Álvarez, Locutus Borg - Own work, CC BY-SA 2.5, 30/10/2023, en https://commons.wikimedia.org/w/index.php?curid=1707288

otro han endurecido tanto sus posiciones que hoy por hoy son como dos muros de concreto que se miran el uno al otro.

Pero si caminamos por la vía que naturalmente se forma entre ambas paredes, podemos estar seguros de que encontraremos herramientas. Sin las herramientas caeríamos en la conclusión que extrae el rey Lear cuando observando el pobre estado en que encuentra a Edgardo, uno de los personajes más vapuleados de la célebre obra shakesperiana, no puede más que exclamar atropelladamente: "Considerémoslo bien. Tú no le debes la seda al gusano, ni a la bestia la piel, ni a la oveja la lana ni al almizcle su perfume. ¡Ah! Aquí hay tres de nosotros que están mixtificados. Tú eres el ser humano mismo. El hombre sin las comodidades de la civilización, no es más que un pobre animal desnudo y ahorcado, como tú."[22]

En efecto, al verlo así como está, tan necesitado y solo, Lear exclama: "Tú eres el ser humano mismo."

Un pobre mono desnudo cuyo único fin sería el de caer presa de las fieras y los elementos. Salvo, claro está, por el inmenso detalle que representa su destreza para fabricar herramientas, adminículos, trebejos. Sin ellos, el final habría estado tan próximo al principio que no hubiesen quedado apenas huellas entre el alba de su origen y el ocaso de su existencia.

La tecnología, esa trama sobre la que se levanta la sociedad hasta el extremo de hacerla posible, es un ecosistema adentro de otro. No hay hachas en las rocas, ni bastones en los árboles, ni hornos en el barro. Lo que ocurre es que esos utensilios están allí, y el pobre mono desnudo lo advierte porque esa es la manera que tiene de mirar. Es la manera brutal que tiene de mirar.

Agreguemos a ello la tendencia, bastante natural, por cierto, a pretender que la actualidad es más que el último extremo del tiempo pretérito. La actualidad, según esta postura, vendría siendo una mejora de cuanto la precedió. Llamaremos a esta postura "presentismo." Para el presentista, gran parte si no todo lo que se hizo antes estuvo mal o fue hecho a medias. Ya se trate de la política, de la técnica, de la explotación del medio, es igual. Ha llegado el momento de enderezar. De enmendar el rumbo. ¡Esta vez sí! Sin embargo, hasta

---

22 William Shakespeare, *Obras completas. El rey Lear*, trad. de Luis Astrana Marín. México D.F., M. Aguilar Editor, S.A. de C.V., 1991, p. 581.

donde es posible observar, el *homo techné* sigue siendo el hombre para todas las estaciones.

No nos hacemos a la idea de que las tecnologías que dan forma a nuestro mundo, es decir, a nuestras vidas, las tecnologías son, muchas de ellas, obras inconclusas, nada más que manifestaciones momentáneas de juegos infinitos. Algunas ya han quedado acabadas en un sentido material: por ejemplo, la rueda, o el libro. No es posible que se supere con otra la idea de algo más redondo que la rueda. Lo mismo pasa con el libro, que no se puede mejorar. La rueda, el libro, o la aguja, son límites, callejones sin salida para los esquemas de la inventiva y el ingenio humanos.

Y ya que estamos, recuérdese que para Kevin Kelly ninguna innovación (esto es, invenciones masificadas, disponibles para todos) pasa al olvido. Los humanos conservan y valoran los objetos más allá de su utilidad o de la comodidad que ofrezcan. Los humanos son coleccionistas por naturaleza. No bien hicieron su aparición los servicios de *streaming*, en el caso de la música con Spotify, Apple Music, o Pandora, cuando estuvieron de regreso los discos de vinilo y los *casettes*, junto con sus respectivos reproductores.

No podemos prever las nuevas invenciones que sustituirán a las actuales. Nadie, salvo unos pocos visionarios directamente involucrados en el asunto, avizoró la aparición de internet en los años setenta u ochenta del siglo pasado. No es posible recordar el futuro, como no es posible descolgarse del pasado.

Lo mismo ocurrió con el reloj. En *El fin del principio*, Adam Frank comenta que, si bien los relojes mecánicos aparecieron hacia el siglo XIV, no ofrecían las prestaciones que ofrecen hoy, al menos los modelos análogos. En aquel tiempo, estos artilugios no tenían minutero, un invento "que tardaría aproximadamente otros trescientos años en aparecer."[23] Y, en efecto, cuando los consultaban —esos pocos que habrán tenido un reloj en casa—, no echaban en falta el minutero. Lo mismo nos podemos preguntar hoy respecto de la gran variedad de artefactos que pueblan nuestro hogar (Cuenta Kevin Kelly que un buen día le encargó a su hija que los contara. Dijo que había llegado a seis mil).[24]

¿Cuál es el minutero cuya ausencia no hemos notado?

---

[23] Adam Frank, El fin del principio. Barcelona, Ariel - Editorial Planeta S. A., 2012, p. 15.

[24] Kevin Kelly, How Technology Evolves, TED Talks, *ob. cit.*

*

No se sabe cuál haya sido la primera herramienta construida alguna vez por uno de los representantes del género *homo*, pero es muy probable que el material hubiese sido la piedra. La manera de transmitir su fabricación, sus usos, y destrezas asociadas, no habría sido científica. Habría sido por medio del arte.

El arte, entendido como la destreza del artesano, el sucesor del azaroso recolector en sentido orteguiano, es el medio por el que se comunican saberes. Hemos visto que para Gottschall el humano es el que cuenta historias. El hacerlo es un arte porque se aprende a fuerza de errores. Las indicaciones son mínimas, los algoritmos son bastos. Lo mismo para levantar un muro de piedras, o escoger una vara que servirá de lanza, o el guijarro que oficiará de punta de flecha. Los algoritmos, por así decirlo, están todavía en desorden.

En palabras de Adam Frank, la historia podría resumirse así:

> Según algunos investigadores, el Neolítico vio completarse una transición que tuvo sus inicios en el Paleolítico. A ojos de arqueólogos como [Colin] Renfrew, las revoluciones artísticas de hace cuarenta, treinta o veinte mil años fueron locales y desiguales. El asombroso arte parietal que se ha encontrado en España y Francia no fue un fenómeno universal que abarcara a toda la población humana. En comparación, después del gran calentamiento global, nuestra autodomesticación y la adopción de la agricultura se extendieron rápidamente por todos los continentes. Fue una revolución que transformó a casi todos, casi en todas partes. Así, puede considerarse el Paleolítico como una larga serie de escaramuzas de una revolución cognitiva que encontró su consumación en el Neolítico.
>
> ¿Qué hizo posible este paso final? La respuesta, que continúa modelando la cultura hasta la era moderna es nuestra encarnación o personificación física. Vivimos en el mundo a través de nuestro cuerpo y de su materialidad. Lo que alteró la mente humana no fue simplemente la introducción de nuevas ideas en nuestra cabeza, sino nuevos encuentros con el mundo a través de lo que construimos con nuestras manos.
>
> En el período del Neolítico se desarrollaron muchos inventos esenciales: tecnologías de plantar y recolectar, la construcción y el despliegue de ruedas de moler, el dominio de la metalurgia. [...] Literalmente, fue el acto de modelar las

> materias primas del mundo en estos inventos lo que permitió nuevas maneras de pensar y nuevas maneras de organizar la actividad humana. Este proceso de compromiso o conexión material completó el Gran Estallido de la conciencia y es la causa fundamental de todas las innovaciones y revoluciones que siguieron.[25]

Incluida la de las computadoras e internet.

La conexión material fue clave para que se produjeran inventos. Los seres humanos son extensiones del mundo material, no son criaturas apartadas de ese mundo, sino que son parte de él.[26] Y por su intermedio se conectan unos con otros. Es lo que Ridley llama apareamiento, solo que esta vez en lo referido a las mentes. Las mentes se aparean. Y es esto lo que hace posible la evolución social. "Podemos llamar evolución social a la propagación silenciosa de una invención a través de la imitación," sostenía el sociólogo francés Gabriel Tarde en 1888.[27]

Esta imitación, este remedo de destrezas para desarrollar las propias es el origen no tanto de la invención como de la innovación, sinónimo, como hemos dicho, de masificación de un nuevo artilugio. Un invento que vive, se desarrolla y extingue en una choza, no es una innovación. Si, por el contrario, lo aprovecha la aldea y, a partir de ella, otras aldeas, estamos en presencia de una innovación.

Ahora bien, el modo en que una idea se transmite es la clave de la que se hablaba más arriba. Para que se produjera la evolución social, en palabras de Friedrich Hayek, hubo un factor que resultó decisivo, a saber, "la propagación silenciosa de una invención a través de la imitación." Esa imitación se valdría de unidades básicas, de *bits*, por decirlo así. Referidas a la cultura, Richard Dawkins las llamaría memes.[28]

Las conexiones se expresan en aparatos discretos que a vuelo de pájaro parecen continuos, pero en el detalle son un agregado de elementos discretos. Un piano es un algoritmo que vemos embebido

---

[25] Adam Frank, *ob. cit.*, p. 46.

[26] Cfr. Anil Seth, Your brain hallucinates your conscious reality, 4/2017, en https://www.ted.com/talks/anil_seth_your_brain_hallucinates_your_conscious_reality?language=en

[27] En Matt Ridley, *ob. cit.*, p. 17.

[28] Matt Ridley, *El optimista racional*, *ob. cit.*

en el concepto "piano." Pero se trata de un continuo por fuera que es discreto por dentro.

La evolución social de la que habla Hayek la han hecho posible estos elementos discretos (memes) que viajan por el espacio (familias, tribus, clanes), y por el tiempo (abuelos, hijos, nietos). "Los chimpancés pueden enseñarse mutuamente cómo arponear lémures con palos afilados, y las orcas pueden instruirse las unas a las otras sobre cómo atrapar leones marinos que se refugian en las playas, pero solo los seres humanos tienen la cultura acumulativa que desemboca en el diseño de una hogaza de pan o un concierto para piano."[29]

Por lo tanto, la conexión constituye el medio que hace posible el apareamiento. Y este a su vez hace posible el contacto de paquetes de *bits*, de memes, en la forma de ideas. Con la imitación y el aprendizaje no basta, observa Ridley, faltan o son necesarias las ideas.

Ellas hicieron posible el hacha de mano y los anzuelos. También las computadoras y la inteligencia artificial. El *homo faber*, el *homo techné*, el *homo sapiens*, son todos el mismo, sean estos fabricantes, desarrolladores, usuarios o denostadores de herramientas. La diferencia hoy es que por primera vez las herramientas escuchan, hablan, dibujan, juegan. No por nada Sam Savage divide la historia en tres etapas:[30]

1. Los humanos aprenden a leer y escribir.
2. Los humanos inventan máquinas.
3. Las máquinas aprenden a leer y escribir.

Dicho de un modo más prosaico, los humanos fueron conscientes de que la ventaja estaría de su lado si cogían aquella vara, la bañaban en alquitrán, la acercaban al fuego y en seguida la atizaban contra el león: huiría, los dejaría en paz. He aquí esa misma idea, contenida en el relato de Arthur C. Clarke, en *2001 Una odisea espacial*:

> Entre los de su clan, Moon-Walker era casi un gigante. Medía poco más de un metro con cincuenta centímetros, y aunque malnutrido pesaba algo más de cuarenta y cinco kilogramos. Su cuerpo musculoso y peludo se hallaba a medio

[29] Ibid.

[30] Sam Savage, *The Flaw of Averages*. Hoboken, New Jersey, John Wiley & Sons, 2009 [2012], pp. 49-50.

> camino entre el simio y el hombre, pero su cabeza era mucho más parecida a la del hombre que a la del simio. La frente era baja, con prominencias sobre las cuencas de los ojos, sin embargo, no se podía negar que llevaba en sus genes la promesa de la humanidad. A medida que miraba el paisaje hostil del Pleistoceno, había ya algo en su mirada que estaba más allá de la capacidad de cualquier simio. En aquellos oscuros, profundos ojos, empezaba a amanecer una conciencia: las primeras insinuaciones de una inteligencia que posiblemente no se completaría sino en eras todavía lejanas, y que en cualquier momento podría extinguirse para siempre.[31]

He allí nuestro ancestro. Pequeño, menudo, casi frágil. El mismo día, en el relato de Clarke, había dos graves problemas que enfrentar: el primero, recolectar alimentos, el segundo, enfrentar a los enemigos, los Otros. Esa mañana Moon-Walker había dejado el cadáver de su padre bajo un arbusto achaparrado. Nunca volvería a pensar en él. Durante el día conseguirían alimentos, ojalá en cantidad suficiente para alimentar a los recién nacidos que habían quedado en la caverna junto a los más débiles de los viejos. Si no, "las hienas estarían de suerte una vez más."

Figura 24. Fotograma de la película *2001 Una odisea espacial*, de Stanley Kubrick. El monolito que se alza al centro de la imagen representaría la fuente de una inteligencia extraterrestre que mana hacia los homininos que lo rodean, y que, al aproximarse, curiosos, de paso la adquieren. Para críticos como Roger Ebert, sin embargo, el hecho de que no se pueda explicar con claridad qué diantres es ese monolito, es precisamente lo que lo hace interesante.[32]

31 Arthur C. Clarke, *2001 A Space Odyssey*. New York, Penguin Books, 2000, p. 4.

32 Wikipedia, Fair use, en https://en.wikipedia.org/w/index.php?curid=31738209

Esta es la razón detrás de las herramientas de las que nuestro ancestro se pertrechaba: sobrevivir. No solo a los depredadores de otras especies, sino a otros aún peores: los de la misma especie. En la película homónima de Stanley Kubrick, antes de la escena en que Moon-Walker descubre las posibilidades armamentísticas de un hueso seco, aparece por primera vez el monolito, figura oscura y rectangular que se prestará a toda clase de interpretaciones. Para el fallecido crítico Roger Ebert, el hecho de que esté más allá de cualquier interpretación es lo que lo hace interesante. Como sea, es ese agente externo, para efectos de la historia que se está contando, lo que hace posibles tanto el hueso que utilizará Moon-Walker para golpear al líder de los Otros, como la nave espacial de la escena posterior.

Nunca sabremos con certeza cómo fue que ocurrió aquel momento mágico. Mágico, ciertamente, qué otra palabra podríamos utilizar. Hay algo en un hueso seco, en un guijarro, en el tendón de un animal recién muerto, que llama la atención de nuestros ancestros. Si, como se cree, aquel asunto tuvo lugar incluso antes de la aparición del lenguaje (¿unos trescientos mil años antes?) es, o sería, razón suficiente para pensar que las herramientas hablaron por nosotros antes de que nosotros pudiéramos hablar por ellas.

Y hasta desconfiar de ellas, como bien nos lo recuerda el autor del *Tao Te Ching*.

> Cuanto más cortantes sean las armas,
> tanto más rodeado de tinieblas estará todo el país.
> Cuanto más hábiles artífices haya,
> más aparatos perniciosos se inventarán.
> Cuantas más leyes se promulguen,
> más ladrones y bandidos habrá.
>
> Extiende un marco todo lo que da,
> y desearás haberte detenido a tiempo.[33]

Existe en todas las herramientas una dualidad que, con solo mirarlas y pensarlo un poco, resulta perturbadora. "¿Son herramientas

---

[33] Arnold Toynbee, *La gran aventura de la humanidad*. Buenos Aires, Emecé Editores, 1995, p. 28, en Sergio Rosales, *De fantasmas y de máquinas*. Santiago, Acapomil - Instituto Geográfico Militar, 2010, p. 24.

las armas?"[34] Tanto sirven para acrecentar las posibilidades de nuestros miembros al perforar, excavar, cortar, golpear, arrojar, como para agredir a otros, apalearlos, herirlos, matarlos. Esta dualidad, por qué no, intrínseca a los utensilios humanos es lo que asoma también en aparatos tan avanzados como las computadoras, internet, y la inteligencia artificial. En este sentido el autor del *Tao Te Ching* busca inhibir, el libro del Génesis, por el contrario, exhortar: "Sed fecundos y henchid la Tierra y sojuzgadla y dominad sobre los peces del mar, y sobre las aves del cielo y sobre todos los animales que se mueven sobre la Tierra" (Gn. 1, 28).[35] Como haya sido, unos pocos millones de años después de Moon-Walker, y unos pocos miles después del Tao Te Ching y de la Biblia, el hominino dio paso a una criatura improbable: en palabras de López y Queralt, al *homo algorithmus*. Como resultado, iguales inhibiciones, iguales exhortaciones encontramos hoy.

"Desearás haberte detenido a tiempo," escribió el autor del *Tao*. Dos milenios y medio más tarde, otras voces indican que es necesario interrumpir la marcha de la IA. Y nos proponen un *intermezzo* antes de continuar: le han llamado moratoria.

El *homo algorithmus*

El *homo algorithmus* es el último mote de la especie humana, la única que pone nombre a todo cuanto la rodea. López y Queralt han querido llamar así al sujeto del siglo xxi que consume datos sin reparar en el origen de los mismos.

Los datos son el extremo de una cuerda en la que del otro no está la verdad, más bien la ignorancia total. Para los escépticos, como Sexto Empírico (desde luego, 1.500 años antes de Hume), la duda era la única certeza frente a lo desconocido, de manera que no cabía optar por una u otra postura, sino que cabía únicamente suspender el juicio.

Perteneció a la llamada escuela empirista y practicó la medicina en la ciudad de Alejandría. Ahora bien, resultaba evidente que si algo no podía ser probado (es decir, casi todo, más aún en aquellos

[34] Sergio Rosales, *ob. cit.*, p. 25.

[35] Arnold Toynbee, La gran aventura, en Sergio Rosales, *ob. cit.*

tiempos) lo único que cabía era sentarse cada uno en sus trece y no moverse de ahí. Enfrentado a los datos como ocurre en nuestros días, ¿qué hubiese propuesto?

Nada nuevo. O, peor aún, dado su escepticismo, se hubiese encerrado en su casa y no habría vuelto a salir. Habiendo más que creer, hay más de lo que dudar. ¿Acabaría el escéptico en la paranoia? Probablemente no. Lo que el escéptico llevaba bajo el brazo, era el blasón de la serenidad. La ataraxia, esto es, un estado de total imperturbabilidad, práctica de todo punto central para el escéptico que evita así, de este modo, la ansiedad de no poder decidir con certeza plena.[36]

En su introducción a *El arte de cultivar una mente abierta*, Richard Bett comenta la propuesta del filósofo alejandrino como un llamado al que vale la pena atender. Dice así: "En este mundo en que con tanta frecuencia parece que no hay dato ni hecho libre de manipulación, quizá la invitación de Sexto no esté fuera de lugar. Tomemos como ejemplo las veces en que se ha demostrado que una sentencia judicial estaba equivocada, a veces incluso después de que el condenado haya pasado décadas en prisión, o se le haya aplicado la pena de muerte. Quizá estos errores serían menos comunes si los tribunales aplicasen con más rigor el principio *in dubio pro reo*. Sin duda el lector recordará casos en que los diversos personajes públicos o medios de comunicación informan de los hechos de formas completamente distintas, a menudo con el fin de cumplir con determinados programas políticos o ideológicos."[37]

Entran los algoritmos. Entonces venimos y los acusamos de amañados, manipulados, sesgados; igual que a los políticos, con lo cual se distorsiona, de un lado la realidad, mientras que del otro se la polariza, de modo que la Tierra es plana y esférica, y se llegó a la Luna en 1969 y no se llegó a la Luna en 1969, todo al mismo tiempo. Es, como si dijésemos, cuestión de gustos.

Suena disparatado, pero no lo es. Según el economista Xavier Sala-i-Martin, la tercera revolución industrial es la de la producción individualizada y a pedido.[38] Hay para todos los gustos, elija usted

---

[36] Cfr., *inter alia*, Sexto Empírico, *El arte de cultivar una mente abierta*. Badalona, Kōan, 2022 [2021]; también en Nassim Nicholas Taleb, *El cisne negro*, *ob. cit.*

[37] En *Sexto Empírico*, *ob. cit.*, p. xxxvii.

[38] Xavier Sala-i-Martin, ¿Qué es la tercera revolución industrial? *La Vanguardia*, 12/2/ 2013, YouTube, en https://www.youtube.com/

su sabor. El *homo algorithmus* está de fiesta y, por lo tanto, Sexto Empírico es más importante que nunca. En palabras de Bett: "Quienes deseen crearse una opinión constructiva y abierta del mundo que les rodea deben reunir información de cuantas fuentes como les sea posible y contrastarla con tanta precisión como puedan."[39]

Pese a ello, no se puede vivir a fuerza de suspender el juicio cada vez que no podamos probar que la Tierra no es plana. Una sociedad plenamente funcional, comenta Bett, no podría funcionar, *de facto*, si la mayoría de la población practicara el escepticismo.

Pero esto no es todo. La cadena es larga: no solo recibimos *inputs* destinados a desangrarnos por nuestros ideales (aunque se trate de gatos) sino que además otorgamos *outputs* que nuestros avisadores aprovechan para alimentar más todavía nuestro ego, siempre ávido de fuerzas de refresco. Agréguese a esto que los gobiernos nos vigilan, también las grandes compañías, desde las del *retail* hasta las aseguradoras, pasando por las prestadoras de servicios de salud y los bancos.

Escribía Truman Capote que siempre que la vida entrega un don, entrega también un látigo. ¿Es posible el equilibrio? ¿Existe el dolor que no duele o el placer que no complace? ¿Puedo encargar una tabla de *surf* y un traje de neopreno sin que el vendedor se entere? ¿Puedo renovar mi licencia de conducir de modo que el gobierno lo sepa y no lo sepa al mismo tiempo? ¿Cómo hago para ser atendido ahora en la clínica psiquiátrica y olvidado al momento siguiente?

En *Paranoia*, el escritor italiano Luigi Zoja plantea que el surgimiento de las instituciones democráticas en el mundo, "representa, paradójicamente, también la aparición de instituciones paranoicas. Cuando Atenea le entrega el mando al pueblo, le asigna también el poder de condenar al ostracismo [o sea, de castigar]. Por primera vez todos poseen libertad de expresión y pueden aspirar a los cargos públicos. Pero surge también, para todo el pueblo, la tarea de pensar y la libertad de desconfiar. Quien sospecha que alguien puede abusar del poder tiene el derecho de enviarlo preventivamente al exilio por diez años. Se hace un escrutinio secreto de trozos de arcilla (*óstraka*, de donde deriva la palabra 'ostracismo') donde se han escrito los nombres de las personas que hay que desterrar." Luego, explica Zoja, se le asigna un papel jurídico a la desconfianza. Y con ello, "Se les

watch?v=QRVURGmj-b8&list=PLDB42F9C6EEAE8D1E

[39] En *Sexto Empírico*, *ob. cit.*, pp. xxxvii - xxxviii.

otorga un valor legal a las fantasías acerca de posibles hechos, y no a los hechos; a las aclaraciones futuras, y no al presente."[40]

Internet no trajo nada nuevo consigo, solo añadió un capítulo a ese gran novelón que es la historia. Los personajes, para mayor aclaración, son los de toda la vida. Y se espera porfiadamente que los malvados se vuelvan mejores, menos irritables, más amables. Y los buenos, en fin, que sigan así, tan buenos como ayer.

¿No será pedirle demasiado a la especie?

El *homo algorithmus* va por la vida, consultando la pantalla de su móvil, sin prestar demasiada atención a lo que le rodea. Abre el buscador, se da cuenta de que no sabía que quería probar una pizza Margarita. O el batido de chocolate del que le hablaron sus amigos. Y que había olvidado el cumpleaños de su mejor amigo. Demonios, di algo, envíale una nota. ChatGPT: "La honestidad es clave."

Es extraño, pero a veces, en tardes como esa, no sabe quién es el que decide.

Como tampoco el mulá Akhtar Mohamed Mansur, líder talibán, que voló por los aires junto con su conductor, camino de Quetta. El disparo le vino de un dron que volaba a 12.000 metros de altura. El aparato identificó su blanco, y lo señaló al operador en tierra, sentado frente a un monitor, muy lejos de allí. Eso fue todo. Fin de la historia para Mansur.

López y Queralt, los autores de este relato, señalan que en vista de las condiciones de estrés postraumático en que quedan los pilotos de estas aeronaves, han inducido al Pentágono a considerar seriamente la posibilidad de encargar al dron mismo la decisión de disparar o no. Ese no tiene remordimientos.

Una vez más: aprendizaje de máquinas. La suma de algoritmos más datos. En el campo militar, su empleo recibe el nombre de guerra algorítmica. Con ella se busca reducir el número de combatientes en peligro y aumentar la velocidad en la toma de decisiones en el marco de operaciones en las que el tiempo es crítico. Asimismo, el poder operar donde los humanos no pueden hacerlo.[41]

---

[40] Luigi Zoja, *Paranoia. La locura que hace la historia*. Buenos Aires, Fondo de Cultura Económica, 2013, p. 82.

[41] Courtney Crosby, Operationalizing Artificial Intelligence for Algorithmic Warfare, Military Review, julio-agosto de 2020, en https://shorturl.at/ahr48

Surgen problemas éticos. Cuando hay que decidir, no queda más remedio que aceptar que una parte del público festejará lo que la otra llora. ¿Cómo hacer para que todos lloren y festejen al mismo tiempo? Los autores de *Alquimia* plantean cuatro marcos de actuación para los algoritmos: lo que se puede hacer, los límites legales para hacerlo, los deseos de la empresa o la autoridad, y el límite ético. Es deseable que no se produzcan sesgos, prejuicios ni otras formas de discriminación.[42] El *homo algorithmus* sería, o podría aspirar a ser, un humano mejorado. ¿Presentismo? Muy probablemente. Un organismo no sesgado ni prejuiciado ni discriminatorio. Perfecto. Una especie de cábala en un mundo sin apuestas.

¿Es posible dicho espécimen? Digamos que por ahora al *homo algorithmus* de nuestras ciudades, le quedan escalones por subir adonde no se llega nunca. Querrá completarse, si no alcanzar la vida eterna, al menos la vida plena.

Pero detengámonos aquí, ¿qué es eso de completarse? Para López y Queralt por "primera vez en la historia, la evolución humana no requerirá de mayor capacidad cerebral. La aparición del *homo algorithmus* se caracterizará por desarrollar su inteligencia fuera de su propio cuerpo, en conexión con la nube." La referida nube implicaría el final del crecimiento del volumen cerebral del hominino. Cualquier incremento carecería de sentido evolutivo. ¿Crecer? Para qué, si está la nube. Solo la libertad, terminan diciendo estos autores, marcaría los límites al desarrollo del *homo algorithmus*.

En opinión de Reid Hoffman,[43] la tecnología nos hace más humanos, no menos. ¿Querrá esto decir que nos hace además un poco mejores? "Cuando los tecno-optimistas usan ChatGPT," escribe, "ellos ven *Star Trek*: un futuro en el que las oportunidades de realización personal son tan grandes como el universo mismo." Sin embargo, agrega, otros ven desempleo masivo y pérdida de control. En este caso, dice, ellos ven *Black Mirror*, es decir, un futuro en el que la innovación solo existe para aterrorizar, humillar y deshumanizar. Y agrega: "Estoy firmemente del lado de *Star Trek*, porque aunque reconozco plenamente que la industria tecnológica es imperfecta y

---

[42] José Manuel López Zafra y Ricardo A. Queralt Sánchez de las Matas, *ob. cit.*, p. 221 y ss.

[43] Además de empresario, inversionista, *podcaster* y escritor, es cofundador y presidente ejecutivo de LinkedIn.

siempre necesita un liderazgo reflexivo y receptivo, aún creo que la mejora a través de la tecnología es la forma más efectiva en que la humanidad progresa."

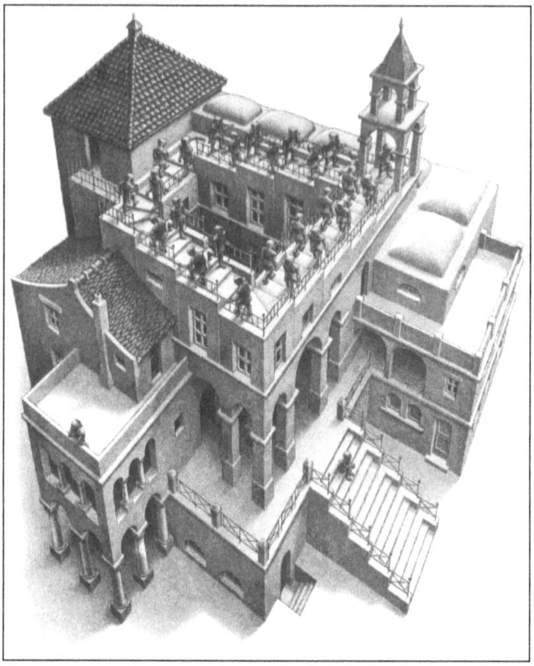

FIGURA 25. *Ascending and descending*, de M. C. Escher (1960). Figuras humanas en el último piso de un edificio suben y bajan por una escalera infinita, idea que puede asimilarse precisamente a la de juego infinito que, en opinión de Kevin Kelly, refleja el desarrollo de tecnologías.

En cuanto al *homo algorithmus*, o la relación de identidad ser humano-algoritmo, Hoffman es más cauteloso que López y Queralt: "El *tecno-humanismo* suele ser confundido con el *transhumanismo*, haciendo referencia a la idea de que estamos en un camino hacia la incorporación de tanta tecnología en nuestras vidas que eventualmente evolucionaremos hacia una especie completamente nueva de posthumanos o superhumanos." Para Hoffman no es así: "Lo que define a la humanidad no es su inusual nivel de inteligencia, sino el modo en que la capitalizamos al desarrollar tecnologías que amplifican y complementan nuestras capacidades mentales, físicas y sociales." Más todavía: "Si simplemente estuviéramos a la altura de nuestra clasificación científica

(*Homo sapiens*) y nos sentáramos a pensar todo el día, seríamos criaturas muy diferentes de la que realmente somos. Un nombre más exacto para nosotros es *Homo techné*: humanos como fabricantes y usuarios de herramientas. La historia de la humanidad es la historia de la tecnología." La tecnología, concluye, es lo que nos hace ser nosotros.

*

Hoffman reivindica a Ortega y a una larga tradición de pensadores que ven en los humanos a la especie herramental por excelencia. Aquel que lleva a todos lados su bolso con trebejos, al decir de Ortega, es un humano, ¿qué otra criatura podría ser? "A través de las herramientas que creamos, no nos volvemos menos humanos ni súper humanos, ni post humanos. Nos volvemos más humanos."[44]

El afán por producir y fabricar herramientas mejores, esto es, que sustituyan más cada vez las cargas del trabajo manual y, últimamente, el intelectual, lleva la marca registrada del tecno-humanismo, una forma quizá más elegante de llamar al *homo techné*, o de rebautizar la llamada técnica del técnico de Ortega. En cualquier caso, se trata de algo más que de un nombre, esta vez hablamos de una condición.

¿Será que no nos gusta esta condición?

Resumen del capítulo

La tecnología no separó al hombre de su entorno, sino que lo comunicó con él. En la imposibilidad de vivir desnudo, a merced de las amenazas, se provee de medios manufacturados que le permiten sobrevivir. Estos primeros pasos (piedras, varas, pieles para cubrirse) constituyen el origen de la tecnología, un origen natural y consustancial al humano. Ortega y Gasset distingue tres etapas en su desarrollo, y las denomina técnica del azar, técnica del artesano, y técnica del técnico. El matemático Max Tegmark nos propone otras tres etapas, esta vez más abarcadoras, que señalan el rumbo global de la vida en general, a saber, la etapa biológica, la etapa cultural, y la etapa tecnológica. La figura del *homo faber* es fundamental para entender que, en la especie humana, la tecnología no fue ni es cuestión de azar sino de necesidad. La tecnología era casi una función corporal, en palabras de Matt Ridley; es lo que nos hace humanos. El método básico

---

[44] Reid Hoffman; Technology Makes us More Human; The Atlantic; 28/1/2023; https://www.theatlantic.com/ideas/archive/2023/01/chatgpt-ai-technology-techo-humanism-reid-hoffman/672872/.

de transmisión de una tecnología entre humanos de un mismo tiempo y lugar, y a través de las edades, es la imitación. La memoria hizo posible el aprendizaje. El aumento de la población y la aparición de las ciudades mezcló las ideas. Las herramientas, por tanto, no solo se multiplicaron, sino que además se fueron mejorando (mayores alcance, precisión, velocidad y eficacia). Puesto que las primeras armas fueron herramientas utilizadas sin solución de continuidad para agresión y defensa, ello provocó desconfianza y rechazo hacia la tecnología. Pese a todo, desde el hominino que se separó hace millones de años de chimpancés y bonobos, hasta el *homo sapiens* de hoy, el camino se encuentra tapizado de herramientas y utensilios. A medida que se avanza en el tiempo, los hallazgos revelan más, no menos herramientas. El *homo techné* parece predominar sobre el *sapiens*, o cuando menos concretar y poner por obra sus ideas. Fabricar herramientas y últimamente hacer que ellas mismas eventualmente se construyan, controlen y reparen, sin intervención humana, es el destino al que condujo el uso de sencillos instrumentos de piedra, millones de años atrás.

CAPÍTULO 5:

NO SOY YO, SON ELLOS

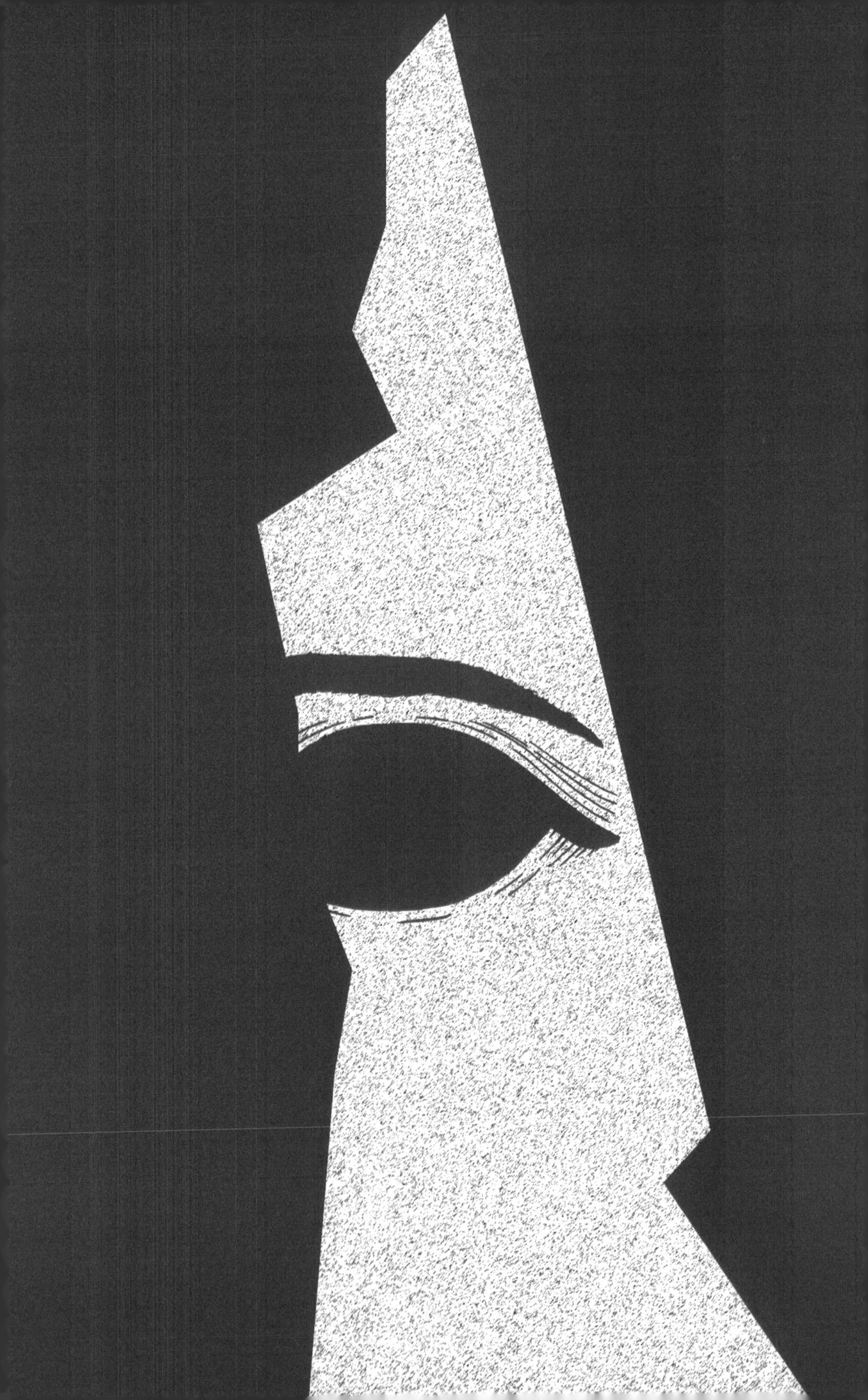

Epcot Center, el parque temático de Walt Disney World, tiene una larga historia de diseños y rediseños, todos ellos encaminados a mostrar el futuro. No bien inauguran una muestra cuando ya tienen que ir pensando en modificarla. El futuro es desobediente, tiene la forma, el juego de la imaginación, de la impaciencia humana. La huella, imposible de fijar, de la curiosidad.

La tecnología es un juego infinito. Si deja de jugar, el hombre muere. Si en vez de permitirle jugar con bloques, tuercas y pernos, se obliga a un niño a asistir a clases de ética, es probable que acabamos viviendo en un lugar mejor. ¿Qué piensa el lector?

Para Andy Clark, filósofo cognitivo, existe un acoplamiento entre nuestro cerebro y los aparatos que utilizamos a diario. Las herramientas anteriores a la IA eran extensiones de nuestros miembros humanos. Haga usted la prueba: observe de lejos una excavadora mecánica e inevitablemente pensará en un brazo humano, en el codo, la mano, los tendones.

La IA no es la extensión de un órgano en particular, es la extensión del espíritu humano, su inteligencia, su memoria, su imaginación, todo ello a base de aparatos. Todas estas extensiones, o sobrenaturalezas como las llamaba Ortega, si bien responden a necesidades de todo tipo, no se construyeron deliberadamente para satisfacerlas. Ya es un lugar común el decir que las innovaciones, muchas de ellas, anduvieron (y andan) en busca de una necesidad que satisfacer y no al revés, como cabría esperar. Por eso es importante no perder de vista que nuestro presentismo siempre incurre en errores de perspectiva. Alan Turing no pensaba que un día los ordenadores o, mucho menos, los móviles, iban a saber más sobre nosotros que nosotros mismos y que eso, llegado el momento, podría terminar representando un peligro. Los críticos de la IA, tanto de lo que es como de lo que representa, dicen amarla. Pero cada vez que algo falla, suele ser debido al fraude, la trampa y, en el mejor de los casos, la incompetencia de los diseñadores. La mirada sobre ella es menos comprensiva que condenatoria. El tono suele ser hostil. Desde los periódicos a las revistas, con independencia de su plataforma, hasta los libros de divulgación y los reportajes televisivos, la IA y su nutrido almacén de curiosidades, son el villano estacionario. No es extraño verla pasearse por espacios textuales en compañía de etiquetas tan denostadas en nuestros días como las de "fascismo," "neoliberalismo" y "capitalismo", dispuestas en la misma sentencia como si fuesen sinónimos.

Figura 26. Excavadora mecánica. Se distinguen claramente el brazo, el codo, el antebrazo y la mano.[1]

La IA pone en peligro la democracia, la justicia, la igualdad. De allí que parafraseando a Marcus Olson la llamemos villano estacionario, no tanto por lo que es como por lo que dicen que es: un peligro incesante. No se trata de la bala que mata al duque Francisco Ferdinando en Sarajevo, sino la inteligencia que hay detrás,

[1] Yellow excavator, Libreshot Free Images, en https://libreshot.com/yellow-excavator/

en las sombras. Nadie lo ha resumido mejor que John Brockman al comienzo de su introducción a *Possible Minds*: "La inteligencia artificial es la historia de hoy, la historia detrás de todas las otras historias. Es la Segunda Venida y el Apocalipsis al mismo tiempo."[2] Pero el mundo sigue su curso. Las batallas entre deidades reparten sus ecos en parajes inaccesibles para los mortales usuarios.

Basta con que nos asomemos a la ventana para observar al paseante que saca de paseo a su perro. Ya hemos hablado de él. Se trata de un joven que va absorto en su móvil, casi hipnotizado por esa misteriosa *Kaa* que anida en su pantalla. Ha oído hablar de conspiraciones, le han dicho que lo oyen, que lo ven, que lo vigilan; que leen su correspondencia, que lo conocen casi tanto como su propia madre. Cuando pregunta quiénes, sus amigos se encogen de hombros: los poderosos, los dueños de todo, le responden. Se ha prometido que cuando sea mayor dejará de lado ese aparato del demonio. Que no se lo permitirá a sus hijos. Lo dice en serio. Ahora se detiene y escribe con los pulgares en el teclado. Ya no cree en Dios, pero le reza todas las noches.

Un martillo envuelto en algoritmos

La inteligencia artificial no tiene buena prensa. Según Yuval Harari, nos encontramos en un momento histórico sin precedentes, donde una herramienta creada por humanos tiene la inédita capacidad de tomar decisiones y generar ideas de manera autónoma. En el pasado, la desconfianza hacia las herramientas se basaba en su potencial de letalidad, pero todas ellas eran esencialmente inertes; la inteligencia y la voluntad eran asuntos humanos. Ahora, estas herramientas pueden proponer soluciones logísticas, diseñar prendas de vestir o incluso escribir una novela de ciencia ficción.[3] Su capacidad para interactuar, aprender, operar de manera autónoma, procesar datos, adaptarse y tomar decisiones supera con creces la de herramientas convencionales como espátulas o alicates, e incluso va

2 John Brockman, editor, *ob. cit.*, p. xv.

3 Cfr, *inter alia*, Adi Robertson, The Verge, I tried the AI novel-writing tool everyone hates, and it's better than I expected, 24/5/2023, en https://www.theverge.com/2023/5/24/23732252/sudowrite-story-engine-ai-generated-cyberpunk-novella

más allá de la sorprendente versatilidad de una cortaplumas. Pueden interactuar con usuarios humanos de diversas formas: escritas, orales, visuales, ofreciendo alternativamente posibilidades que trascienden lo conocido. Nunca como ahora, comenta Harari en una entrevista, las herramientas habían podido tomar decisiones por sí solas. La IA no otorga más poder a los humanos, es al revés, cada vez nos quita más poder.[4]

Las críticas no solo apuntan a los errores ocasionados por la IA, sino también a su falta de transparencia, sus sesgos, sus efectos en el empleo, la invasión de la privacidad, la manipulación de la voluntad, la pérdida de control y autonomía de los usuarios, y su vulnerabilidad a ataques potencialmente letales (ya sea a hospitales o cárceles). Un tema igualmente recurrente es el futuro mismo de la IA: hasta dónde llegará, cuáles serán sus impactos a largo plazo y en qué medida podemos prever lo que está por venir.

En su estado actual, muchas de estas críticas dan en el blanco, otras exageran el tono. Debe considerarse que nunca antes los humanos habían construido herramientas que no conocieran en profundidad, hasta en sus más mínimos detalles. Ya se tratara de aeronaves, locomotoras o submarinos, todos los componentes eran viejos conocidos. Los accidentes, si no eran debidos a errores humanos, que suelen ser la causa principal de los mismos, tampoco resultaban incognoscibles. Un rastreo exhaustivo permitía llegar al cable o a la pieza defectuosos. Con los sistemas basados en IA no ocurre lo mismo. Esto se debe al significativo espesor de las estructuras, a su opacidad, y a los miles de millones de parámetros que puede contener una aplicación, una complejidad que supera las capacidades de manejo humano convencionales. En palabras del profesor Judea Pearl: "El aprendizaje profundo tiene su propia dinámica, se repara y optimiza solo, y entrega los resultados correctos la mayor parte del tiempo. Pero cuando no los da, no se tiene idea de qué fue lo que salió mal y como podría repararse."[5] Al respecto, propone una reflexión extraída de un libro del filósofo Stephen Toulmin, *Foresight and Understanding* (1961), en el que este contrastaba a Atenas y Babilonia

---

4 Lex Friedman, Yuval Noah Harari: Human Nature, Intelligence, Power, and Conspiracies | Lex Fridman Podcast, YouTube, 17/7/2023, en https://www.youtube.com/watch?v=Mde2q7GFCrw&t=1844s

5 En John Brockman, *ob. cit.*, p. 15 y ss.

para mostrar de qué manera se contraponen la transparencia y la opacidad. Según Toulmin, los astrónomos babilonios eran expertos en hacer predicciones de "caja negra," en lo que superaban con mucho a sus rivales atenienses. Sin embargo, decía, fue la estrategia especulativa a la vez que creativa de los astrónomos griegos la que hizo posible el experimento más original de la antigüedad clásica, a saber, el que permitió a Eratóstenes (276-194 a. C.) calcular la circunferencia de la Tierra. Los sistemas opacos de la IA, plantea Pearl, podrán llevarnos a Babilonia, en ningún caso a Atenas.[6]

Sin embargo, el cerebro humano es, en no poca medida, una caja negra babilónica. Dicho sea de paso, nadie podrá negar que funciona bastante bien. Pese a ello, para los críticos más duros de la IA, ya el solo hecho de jugar con la idea de que vale la pena valerse de la IA aunque no sepamos muy bien cómo funciona, es peligroso. La culpa la tendrían los entusiastas sin freno de la inteligencia artificial.

En *Artificial Unintelligence*, Meredith Broussard propone un nombre para esta subespecie. Los llama tecnochauvinistas.[7] Conformarían una comunidad de intereses y valores, unida por una fe ciega en las posibilidades de la tecnología: "[El] tecnochauvinismo se acompaña a menudo de compañeros de ruta, consistentes en creencias como la meritocracia de Ayn Rand; los valores políticos tecnolibertarios; la celebración de la libertad de expresión hasta el punto de negar que el acoso en línea es un problema; la noción de que los computadores son 'objetivos' o 'insesgados' porque evalúan preguntas y respuestas matemáticamente; y una inquebrantable fe en que si tan solo el mundo utilizara más computadoras, y las usara adecuadamente, los problemas sociales desaparecerían y crearíamos una utopía digitalmente capacitada." No hay nada de eso, observa Broussard, nada que nos vaya a salvar de los problemas que constituyen la naturaleza humana. Entonces por qué, se pregunta, "¿la gente persiste en pensar que hay un futuro tecnológico radiante a la vuelta de la esquina?"[8]

---

6 Ibid., pp. 18-9.

7 Chauvinistas o chovinistas son los que exaltan de manera desmesurada lo nacional frente a lo extranjero (DRAE). Según Wikipedia, la expresión incluiría por extensión "la devoción fanática y la parcialidad indebida hacia cualquier grupo o causa". Este es el sentido que le asigna Broussard a la expresión respecto de la técnica.

8 Meredith Broussard, *ob. cit.*, p. 8.

La inteligencia artificial no-inteligente, por tanto, ocurre porque los ordenadores no entienden bien el mundo. Cuando llevamos únicamente un martillo, comenta Broussard citando el conocido aforismo de Maslow, todo luce como cabeza de clavo. Los ordenadores, dice, son nuestros martillos. Lo sabe bien. El periodismo de investigación que ejerce se apoya en datos (*data journalism*), y son ellos los que muestran al martillo que va por el mundo envuelto en algoritmos.

Los blancos de Broussard son los creadores de la IA y sus epifenómenos, esto es, las máquinas que ellos *no* inventaron, no en su forma actual, y que hoy son los martillos que alucinamos como a la mismísima Rosey, la eficiente robot de los *Jetsons*. Estos revolucionarios de la ciencia computacional, echaron a correr una bolita que modificó el mundo, no del todo para bien. El problema, de acuerdo a Broussard, residiría en que pedimos a los ordenadores más de lo que pueden dar. Vamos, son naranjas, nadie podrá hacer piña colada con ellas. Y lo demuestra recurriendo a ejemplos en los que a menudo ella misma participa, ya sea concursando en una *hackathon*, programando una máquina de aprendizaje para el cálculo de muertos en el Titanic, o diseñando la ya citada *Story Ideas*, una aplicación para estudiar el financiamiento de las campañas políticas para la elección presidencial de 2016 (D. Trump vs. H. Clinton).[9] En todos estos experimentos, dice, resulta claro que los algoritmos siempre están al debe, incluso cuando se trata de tareas que para un niño serían pan comido. Se les ha permitido, por así decirlo, ir más allá de sus posibilidades, acarreando con ella muchas menos gracias que desgracias. El pago que, en opinión de Broussard, hemos debido realizar por estos pocos instantes de distracción y entretenimiento ha sido elevado. Por tanto, la paciencia de ella, a semejanza de la de otras autoras, parece haberse agotado.

Casi al final del libro, Broussard anota: "Hasta aquí nos las hemos arreglado para usar la tecnología digital para incrementar la desigualdad económica en los Estados Unidos, facilitar el abuso de drogas ilegales, socavar la sostenibilidad de la prensa libre, provocar una crisis de noticias falsas (*fake news*), hacer retroceder los derechos de voto y la protección laboral justa, vigilar a los ciudadanos, difundir ciencia basura, acosar y acechar en línea a las personas (principalmente mujeres y gente de color), fabricar robots voladores

[9] Meredith Broussard, *ob. cit.*, *passim.*

que en el mejor de los casos molestan a la gente y en el peor dejan caer bombas, incrementar el robo de identidad, permitir ataques que resultan en millones de números de tarjetas de crédito robadas por medios fraudulentos, vender enormes cantidades de datos personales, y elegir a Donald Trump para la presidencia."[10]

Ni Alan Turing ni Marvin Minsky ni John McCarthy escapan a la cólera de Broussard en contra de la IA. En su opinión, el primero era un desadaptado social, que no sabía vestirse, y llevaba las uñas sucias.[11] El segundo, una especie de genio holgazán y oportunista, que dejaba que sus estudiantes hicieran lo que quisieran (incluso jugar con trenes eléctricos), mientras el financiamiento le entraba a raudales. (A esos alumnos, dice Broussard, cualquier profesor normal los hubiese echado con cajas destempladas por utilizar de manera ilícita fondos universitarios. Minsky, en cambio, los contrataba). Tal vez el único pecado del tercero, McCarthy, haya sido fundar el laboratorio de inteligencia artificial en el MIT. Pero de la pluma de Broussard no se escapa. Ni Gottfried Leibniz se salva por el hecho de haber sido ancestro intelectual de Minsky. Joseph Marie Jacquard y su telar de tarjetas perforadas parece pasar la prueba de Broussard, solo que entre sus pecados está el de haber hecho funcionar sus célebres tarjetas con lógica binaria, lo que para ella es anatema. La lógica binaria no atiende a matices.

"Para resumir," escribe al término de este impetuoso capítulo central de su libro, "nos encontramos con un reducido grupo de élite que tiende a sobrevalorar sus habilidades matemáticas, que sistemáticamente han marginado a las mujeres y a las personas de color en favor de las máquinas durante siglos, que sucumben al deseo de hacer realidad la ciencia ficción, que muestran escasa consideración por las convenciones sociales, que no creen que las normas o reglas sociales les afecten, que disponen de fondos gubernamentales sin utilizar, y que han adoptado la retórica ideológica de la ultra derecha libertaria anarco-capitalista."

La inteligencia artificial parece ser una excusa, como en este caso, para saldar antiguas deudas, aunque nos es difícil precisar cuáles.[12] También para levantar la efigie de un ídolo destinado nada más que a

---

10 Ibid., p. 194.

11 Ibid., p. 74.

12 Meredith Broussard, *ob. cit.*, p. 85.

la quema, a saber, el tecnochauvinista. Para tratarse de un libro sobre IA, este último personaje parece robarse la película. Aparece citado tantas veces como "educación," "tecnología," "aprendizaje de máquinas," y algo por debajo de "computadoras" y "vehículos autónomos".

*

Viene al caso una digresión: los fervorosos críticos de la IA suelen escribir en plan de denuncia, lo hacen con arrogancia, pues son portadores de verdades incontrovertibles. ¿Quién se atrevería a poner en duda lo que dicen? Para ellos, el público es un niño de primaria que no sabe regresar solo a su casa. Sin embargo, silencioso en su pupitre, el niño parece tener ideas propias. ¡¿Ideas propias?! ¡Por Dios! Acabarán disparando flechas a las manzanas.

Figura 27. Guillermo Tell es arrestado por no saludar el sombrero de Gessler.[13]

Según una antigua leyenda suiza de principios del siglo xiv, el personaje principal, un campesino del cantón de Uri, es sancionado

[13] Wikipedia, William Tell, 23/11/2023; Hans Sandreuter, photograph: Roland zh - Own work, CC BY-SA 3.0, en https://commons.wikimedia.org/w/index.php?curid=11548800

por su negativa a realizar una reverencia ante un gorro colocado en el extremo de un poste por el gobernador austriaco, Albrecht Gessler, puesto allí en señal de autoridad. Esta escena se desarrolla en la plaza de Altdorf, el pintoresco pueblo donde se desenvuelve la historia. En aquel tiempo la Suiza actual se hallaba ocupada por la Casa de Habsburgo, que reinaba en Austria desde la segunda mitad del siglo anterior.[14] El héroe, entonces, severamente sancionado, se ve obligado a enfrentar un desafío angustioso: disparar una flecha hacia una manzana colocada en la cabeza de su propio hijo, a una distancia de cien pasos.

El final es de todos conocidos. Tell dispara la flecha y parte la manzana en dos, salvando la vida de su hijo y la suya. Lo interesante —para efectos de nuestro relato— es lo que no se cuenta: cada vez que pasaba un campesino ante el poste y se inclinaba solemnemente bajo el gorro del gobernador, este concebía una idea cada vez más enraizada en su fuero interno: el pueblo lo respetaba. Podía verlo, comprobarlo a diario desde su alta ventana. Los campesinos se inclinaban reverencialmente ante su gorro. ¿Podía declararse satisfecho el gobernador? ¿Lo reconocían como la cabeza del lugar? Y ya que estamos en ello, ¿no será Broussard un nuevo Gessler, otro más?

Ahora bien, lo que intentamos decir es que el *flâneur* (o paseante), personaje de nuestros días y al que abordaremos con mayor profundidad en breve, se inclina respetuosamente ante el gorro de Gessler (ha escuchado los anuncios, ha visto los videos, quizá hasta haya leído algún libro: la IA lo vigila, lo manipula, lo somete). El *flâneur* lo sabe, claro que sí, pero luego de la reverencia regresará a la pantalla del móvil; sabe lo que cuentan esos algoritmos, sabe lo que pesan, pero aun así seguirá indefectiblemente "logueado."

*

Para nadie es un misterio que la IA se halla metida en todas las esferas de la vida cotidiana. Su presente reivindica la dicotomía planteada por la serie *Star Wars*, en la que el joven Luke Skywalker tiene que elegir entre el hombre y la máquina (episodio V): o es él quien tiene el control o el aparato artificial que le implantaran luego de que su padre (que es casi pura máquina) le cercenara el suyo

[14] Se extinguió con el término de la Primera Guerra Mundial, en 1918.

de carne y hueso. ¿Será él quien en adelante decida o aquel brazo mecánico que lleva puesto a todas partes?

La dicotomía hombre-máquina aparece en los mitos, como en el anillo de Giges, el tridente de Poseidón, las flechas de Apolo, la lanza de Odín, el martillo de Thor, el disco de Visnú, la maza de Hanuman, o Excalibur la espada del rey Arturo, por nombrar solo algunas (el listado podría abarcar cada cultura habida sobre la faz de la Tierra). En tiempos más recientes el cine, quizá el mayor productor de mitos de la modernidad, no ha dejado de reafirmar el aserto de Lao Tsé.

Sostenemos que la del hombre-máquina es una falsa dicotomía. Lejos de distanciarse, esos dos se buscan, y al encontrarse se complementan, o como diría Kevin Kelly, se valen el uno de la otra, sin embargo la figura mítica prevalece: si es ella, entonces no soy yo.

En *Weapons of Math Destruction*, Cathy O'Neil ataca la esfera del *big data*. Postulaciones a puestos de trabajo, cupos escolares, créditos bancarios, todo a cargo de las máquinas y sus horripilantes datos. Su trabajo en una firma de gestión de fondos de cobertura fue lo que le abrió los ojos. Al principio, dichos fondos le parecían moralmente neutros. En un mal día no pasarían de ser recolectores de sobras del sistema financiero. No obstante, los tan ponderados modelos matemáticos eran verdaderas pantallas de humo que engañaban a los consumidores. Ya el supuesto de origen era engañoso: el futuro no es muy diferente del pasado. ¿Perdón?

Sin embargo, llegado el momento, el aserto probó ser catastrófico. Los algoritmos, supuestamente poderosos, que habían creado este mercado financiero, resultaron inútiles a la hora de tener que limpiar el desastre que habían provocado. Eran incapaces de pesquisar los errores, las equivocaciones, mucho menos de mostrar remordimiento. El resultado, de todos conocido (crisis *subprime*), quedó a la vista. ¿El problema? Se dejó a cargo del sistema a las máquinas. ¿La última línea?: "Los privilegiados, como veremos una y otra vez, son procesados de manera incremental por personas, las masas, en cambio, por máquinas."[15]

Cuando las bombas explotan, "recién entonces," plantea O'Neil, "nos damos cuenta de que hay gente del otro lado de los algoritmos. Eran propietarios [nada menos, propietarios] desesperados,

---

[15] Cathy O'Neil, *Weapons of Math Destruction*. New York; Crown – Random House, 2017 [2016], p. 8.

perdiendo sus hogares y millones de norteamericanos perdiendo sus trabajos." El sufrimiento humano quedó oculto detrás de los números, las hojas de cálculo, y las puntuaciones de riesgo.[16]

En un blog que O'Neil comenzó a publicar por esos años,[17] cuando trabajaba en ciencia de datos "y me involucraba un poco más con el movimiento *Occupy* [*Wall Street*]," le preocupaba cada vez más "la separación entre los modelos técnicos y la gente real, [al igual que] las repercusiones morales de esa separación. De hecho, vi surgir el mismo patrón que había presenciado en el área financiera: un falso sentido de la seguridad conducía a un uso creciente de modelos imperfectos, definiciones egoístas del éxito, y ciclos de retroalimentación crecientes. Los que se opusieron fueron considerados como luditas nostálgicos."[18]

Decepcionada de Wall Street, O'Neil se pasó al área educacional, de allí a la asignación de puestos de trabajo, a los seguros, y por último a Facebook, el broche de oro. Vio reiterada la distancia insalvable que se formaba entre el sujeto de a pie y la máquina que se lo llevaba por delante. En otras palabras, la perversidad de los fríos algoritmos.

Cada vez que los efectos de estos artefactos afectan negativamente a segmentos masivos de la población, O'Neil los eleva a la categoría de máquinas de destrucción matemática (WMD, en inglés) por analogía con las armas de destrucción masiva (cuya sigla es la misma). No es un error ver estas herramientas como armas —de allí el uso de la expresión *weapons*, armas en inglés— en virtud de su capacidad destructiva. El nombre del libro resultó todo un acierto.

Así fue como el trabajo de O'Neil cosechó incontables elogios y reconocimientos por parte de la flor y nata de la prensa norteamericana. En parte de la introducción, la autora se refería al espíritu que animaba a WMD: "Las aplicaciones matemáticas que empoderan la economía de datos se basaban en elecciones realizadas por seres humanos falibles. Algunas fueron hechas con la mejor de las intenciones. No obstante, muchos de estos modelos codificaban prejuicios humanos, malos entendidos, y sesgos en los sistemas informáticos que cada vez más manejaban nuestras vidas. Al igual que los dioses,

---

16 Cathy O'Neil, *ob. cit.*, p. 43.

17 Puede verse en https://mathbabe.org/

18 Cathy O'Neil, *ob. cit.*, p. 48.

estos modelos matemáticos eran opacos, sus trabajos invisibles para todos salvo los sumos sacerdotes de cada uno de los dominios, a saber, matemáticos y científicos de datos. Sus veredictos, incluso los equivocados o perjudiciales, se encontraban más allá de la disputa o la reclamación. Y tendían a castigar al pobre y al oprimido en nuestra sociedad mientras hacían más rico al rico."[19]

Los modelos cifran su carácter en sus objetivos. Es decir, si se trata de maximizar utilidades, para el *software* no es un costo el hecho de que un determinado segmento de trabajadores no pueda aspirar a obtener beneficios de salud o laborales. Por ejemplo, un *software* de programación de horarios de trabajo (*scheduling*), que asigna horarios a los trabajadores según el movimiento de una determinada demanda (ya sea en un banco, un museo, un café, o un restaurante), no toma en cuenta los efectos que la eficiencia del sistema puede producir en la vida del empleado. Con ello, el trabajador queda a merced de lo que determine el *software* y por tanto le resulta imposible programar cualquier otra actividad, mucho menos un segundo trabajo, porque en cualquier momento va a saltar la alarma en su teléfono. El modelo, entonces, solo ha sido construido con miras a la eficiencia y la rentabilidad, "no por la justicia o el bien del 'equipo'. Esta, por supuesto, es la naturaleza del capitalismo," concluye sin más O'Neil.

Armas de destrucción matemática repone el tema del intermediario tecnológico que separa al hombre del medio, sea este el ambiente o sus semejantes humanos. Las matemáticas y los ordenadores son instrumentos al servicio de personas que no pueden realizar por ellas mismas determinadas tareas. Las distancias, los plazos, el número de empleados, pueden ser inmanejables con lápiz y papel. No obstante, O'Neil no exculpa a nadie y no puede hacerlo porque no compara el ayer con el hoy, su presentismo es un cuarto cerrado. Para el crac de 1929, causa de la llamada gran depresión que le siguió, probablemente la peor de la historia, no había máquinas inteligentes. Fue producida enteramente por humanos premunidos, en el mejor de los casos, de máquinas de sumar. Lo mismo puede decirse de los procesos de selección de personas, de los turnos de trabajo, de las evaluaciones de riesgo para la asignación de créditos hipotecarios, de los controles y detenciones policiales, y de la mayor o menor presencia policial en

---

[19] Cathy O'Neil, *ob. cit.*, p. 3.

determinadas áreas urbanas. ¿Qué rol vino a cumplir la máquina de aprendizaje a partir de la primera década del siglo xxi? El mismo que las herramientas de la edad de piedra, reducir la cuenta de los pasos entre la acción y su consumación. Véase usted mismo frente al plano de una ciudad teniendo que decidir la ubicación de las plazas de juego, los cuarteles de bomberos, los servicios municipales, las escuelas, las ferias de artesanos y las comisarías. En seguida pregúntese si esa decisión que ha tomado producirá o no efectos. Es un hecho que los tendrá. Y la razón es que no solo no hay un mundo ideal jugando a las escondidas con nosotros, sino que tan solo pensarlo engendra dilemas, uno tras otro.[20] Críticos como O'Neil o Broussard, no están para entender. Ellas, como otros, apuntan con un dedo al creador y con el otro a la creatura. Así, con el uso incremental de la IA en todos los campos, la agenda no para de crecer. Tómese el caso de los procesos eleccionarios. Si como establece O'Neil, la influencia que ejercen las redes sociales sobre las decisiones de los votantes en una elección, inclina la balanza en favor de ciertos candidatos en vez de otros, ¿cómo ocurría antes?, ¿fue siempre racional el votante?, ¿nunca fue voluble?, ¿susceptible? Ya en 1967, Will Durant escribía en *Filosofía, cultura y vida*:

> Mas la revolución industrial creó ciudades, las ciudades hicieron multitudes, y las multitudes deshicieron al hombre. Aparecieron de nuevo en las metrópolis modernas aquellas circunstancias que en el Oriente lejano habían despojado al individuo de su personalidad y significado, empujándoles a esa filosofía de fatalismos y desesperación en estas pululantes mareas de población. El individuo volvió a ser un número o una "mano;" la mente se limitó a ser instrumento para medir y contar, y el hombre se convirtió en parte de las máquinas que alimentaba. Hasta la democracia, adalid de la libertad individual, se hizo mecanismo, cadena de "máquinas electorales," que llevaba hacia las urnas a masas inconscientes. Era tan inútil que el individuo protestase contra este sistema de ataduras, presiones y estirones, como lo hubiera sido oponerse a los convencionalismos y multitudes aplastantes del antiguo Oriente. Aun los capitostes vinieron a ser porciones casi inanimadas del nuevo sistema, tan obtusos y carentes de

[20] Sobre las utopías y sus diseños perfectos, véase entre otros VV. AA., *Utopías del Renacimiento*. México D. F., Fondo de Cultura Económica, 1941.

> voluntad, como piaras engañadas cuyos hocicos se contaban (si es que se contaban) en días de elecciones.[21]

Los críticos no parecen haberse enterado, como hace ver el filósofo Gérald Bronner, de que el siglo xx terminó el 11 de mayo de 1997, cuando Deep Blue derrotó en el ajedrez a Garry Kasparov, el mejor jugador humano conocido.[22] Es cierto que el funcionamiento de una máquina no puede compararse con el de un cerebro humano, pero la tecnología, ese tapiz basal sobre el que nos movemos a diario en expresión de Kevin Kelly, no es algo que podamos devolver al laboratorio de Minsky en el MIT, en una suerte de retorno a la semilla. Hay una sola opción: hacerla cada vez mejor. El solo recurso de hacer notar los puntos bajos de una obra monumental como la IA, no sirve. La mera descripción de lo que anduvo mal, tampoco. Dar a conocer el qué anduvo mal, únicamente el qué, descompensa el relato porque queda latente la pregunta básica: y ahora qué hacemos, cómo lo arreglamos. Estamos, respecto de la IA, en la era de los aviones biplanos de tela, madera de abedul y alambres. Un día van a volar y no se caerán.

Sin embargo, el estribillo cotidiano es: detenedlos de una buena vez.[23]

Una crítica sin contrastes ni contrapesos, no solo no contribuye al desarrollo, esto es, a la mejora de las herramientas con que funciona el *homo techné*, que depende de ellas. Si en un momento dado alguien hubiese encontrado en extremo perjudiciales los martillos (a veces se usan para romper dedos o cosas peores) hoy día estaríamos clavando tachuelas con los dedos. La crítica no es inocente ni siempre imparcial. El siglo xx está plagado de ejemplos.[24]

---

[21] Will Durant, *Filosofía, cultura y vida*. Buenos Aires, Editorial Sudamericana, 1967, p. 89.

[22] Gérald Bronner, *Apocalipsis cognitivo*. Barcelona, Editorial Planeta S.A. - Paidós, 2022, p. 41.

[23] Cfr., *inter alia*, Future of Life Institute, Pause Giant AI Experiments, An Open Letter, 22/3/2023, en https://futureoflife.org/open-letter/pause-giant-ai-experiments/; Matthew Hudson, Can We Stop Runaway A.I.? *The New Yorker*, 16/5/2023, en https://www.newyorker.com/science/annals-of-artificial-intelligence/can-we-stop-the-singularity; Eliezer Yudkowsky, Pausing AI Developments Isn't Enough. We Need to Shut it All Down. *Time Magazine*, 29/3/2023, en https://time.com/6266923/ai-eliezer-yudkowsky-open-letter-not-enough/

[24] Cfr., *inter alia*, J. Storrs Hall, *Where is my flying car?* San Francisco, Stripe Press, 2021, ver más adelante.

Pero hay más. Por cada creador de utensilios, desde los más simples como el cuchillo, hasta los más sofisticados como los algoritmos digitales, hay un crítico que pierde la paciencia. Desde antes del *Tao Te Ching* hasta después de *Artificial Unintelligence*, seguirán existiendo.

Y siempre se hallarán en buena compañía. Se trata únicamente de desatar mecanismos de furor. En palabras de Bronner: "Como escribe Molly Crockett, la indignación es un fuego y las redes sociales son leña. El acontecimiento más nimio y anodino se convierte en un tema moral sobre el que todo el mundo debe imperativamente adoptar una posición. Cada uno de estos acontecimientos es una ocasión para que las personas exhiban su intransigencia moral y la belleza de su alma. [E]stamos constantemente indignados y tenemos la impresión de vivir en un mundo espantoso."[25]

El hiperconsecuencialismo, comenta el mismo Bronner, es la radicalización de la idea según la cual lo que funda moralmente una acción son sus consecuencias.

> Esta idea está maravillosamente ilustrada en la serie de televisión *The Good Place*, que trata de forma burlesca de las aventuras *post mortem* de algunos personajes que no saben si han aterrizado en el cielo o en el infierno. Los personajes de esta serie se ven pronto confrontados con un enigma: desde hace unos cuantos años, ya nadie entra en el paraíso. ¿Y eso por qué? La respuesta que encuentran es más profunda de lo que parece. Porque el mundo se ha vuelto tan complejo que la menor acción, incluso bien intencionada, tiene necesariamente consecuencias imprevisibles y negativas, con lo cual ya nadie es inocente y, por tanto, ya nadie merece un lugar en el cielo.

La idea proviene de una forma de ética que se inspira en el utilitarismo de Jeremy Bentham, según la cual una acción se mide según sus consecuencias. La filósofa Elizabeth Anscombe introdujo el término *consecuencialismo*, deplorando el hecho de que la señalada doctrina tuviera por responsables a los individuos, incluso en el caso de que las consecuencias de sus actos no fueran intencionales. Nos hemos acostumbrado a esta ética, subraya Bronner. Filósofos como Hans Jonas, seguidos por personajes como James Lovelock,

[25] Gérald Bronner, p. 110.

nos invita a pensar siempre en lo peor. A esto, Jonas le denomina *principio de responsabilidad.* Y es así, prosigue Bronner,

> como el más nimio de nuestros gestos puede revestirse de un sentido moral. Basta una actitud desenvuelta para llevarnos ante el tribunal de nuestra huella de carbono: cuidado con dejar abierto un grifo, con no seleccionar lo bastante bien la basura, con poseer varios pares de zapatillas o incluso con tener hijos...[26]

Con las redes sociales, sin ir más lejos, cualquiera de nosotros puede hacer del mundo un lugar peor. La IA es la bomba de complejidad en nuestro cajón de sastre y por tanto no habrá compasión para ella, no entre sus críticos más ásperos: nació para ser condenada.

*

Un paréntesis: en *El optimista racional*, Matt Ridley anota que por millones de años el cerebro humano, en lo que va de los primeros simios bípedos hasta el *homo sapiens* actual, evolucionó más lentamente que la tecnología. Las hachas de piedra y las mejoras que se le fueron añadiendo, además de los primeros utensilios que marcaron el frenesí creativo de los predecesores de los humanos actuales, dejó atrás a la evolución de los homininos que marchaba, en comparación, a paso de tortuga. Y así fue hasta los comienzos de la revolución neolítica, trance histórico a partir del cual la especie humana dejó de dedicarse exclusivamente a sobrevivir. Esta vez la tecnología se aceleró hasta el extremo de que el cerebro, alcanzado su estadio actual, parecía inmóvil. ¿El resultado? Tiempo libre, tiempo para pensar.[27]

*

Sigamos: con tanto tiempo para pensar, hay algo de inevitabilidad en el estado actual de la tecnología. En la imposibilidad de predecirla, de anticipar sus resultados, no hay más opción que dar libre curso a la desconfianza. Los errores que la IA comete, puesto que afectan a personas de carne y hueso, no le pueden ser perdonados. El

---

[26] Gérald Bronner, p. 112.

[27] Matt Ridley, *El optimista racional*. Santillana Ediciones Generales S.L. – Taurus, 2011.

punto es que el camino que ha tomado, para sus críticos más duros, siempre va de bajada. Piénsese en uno de los temas recurrentes en el libro de O'Neil, a saber, el *loop* de realimentación defectuoso según el cual los errores que comete una máquina no hacen más que agravar la condición de las personas, por culpa de los modelos con que toma decisiones. Según esta lógica, las que estando cesantes no pueden encontrar trabajo, tienden a endeudarse, como es de esperar, por lo que su registro crediticio ciertamente los va descalificando (los hace descender en la tabla). La creencia, dice O'Neil, contenida en los modelos, de que las personas que poseen un mal comportamiento crediticio tendrán un mal rendimiento laboral, hace que sea menos probable que encuentren trabajo, lo que es obvio,[28] puesto que los modelos arrastran sesgos humanos. Luego, la pregunta que queda flotando es, ¿cómo debería ser el modelo de evaluación de personal para que personas que caen en una condición de cesantía puedan salir de ella, a pesar de lo que digan las estadísticas ocupacionales? Pero esa pregunta nadie la contesta. Por lo tanto, los tres componentes que O´Neil define como propios de una WMD, esto es, su opacidad (demasiados algoritmos o exceso de lógica), su escala (tamaño de la población en la que inciden), y el daño (siempre masivo) que provocan, son del todo aplicables a la crítica inclemente.

Lamento decirlo

Trabajos como los de Melanie Mitchell, Hannah Fry, o Janelle Shane, muestran de qué manera funciona la IA y cuáles son los errores en que incurre, sin caer en la revancha científica, por llamarla de algún modo, en la que caen autoras como Broussard y O'Neil. Ponderar las virtudes de las máquinas inteligentes, de manera de perfeccionarlas, si cabe, sin caer en el derrotismo, debiera ser la norma. En la conclusión de su *Hello World*, Fry nos hace ver que "No hay duda sobre el profundo y positivo impacto que la automatización ha tenido en nuestras vidas. Los algoritmos que hemos construido hasta ahora pueden jactarse de un listado impresionante —al tiempo que desconcertante— de realizaciones. Los algoritmos desempeñan un papel crucial en el diagnóstico del cáncer de mama, la identificación de asesinos seriales

[28] Cathy O'Neil, *ob. cit.*, p. 7.

y la prevención de accidentes de aviación. Nos brindan, a cada uno de nosotros, acceso gratuito a la vasta riqueza del conocimiento humano con el solo toque de nuestros dedos, conectando a personas de todo el mundo de manera instantánea, un logro que nuestros ancestros solo pudieron imaginar en sus sueños".

Sin embargo, agrega Fry, "en nuestra ansia por automatizar, en nuestra prisa por resolver tantos de los problemas del mundo, parece que hubiéramos cambiado un problema por otro. Los algoritmos —útiles e impresionantes como son—, nos han dejado con un atado de complicaciones por deshacer."[29]

Complicaciones que antes no teníamos. Las complicaciones con los sistemas judiciales, de salud, policiales, incluso de compras en línea, han mutado, pero siguen siendo los de siempre. Con la incorporación de las máquinas de aprendizaje esos mismos problemas se han entretejido ahora con los algoritmos digitales. En otras palabras, hay cierto cojo que ya no puede vivir sin su muleta. *Ecce Homo*, he aquí al hombre. La muleta le otorga alguna facilidad para desplazarse, facilidad de la que antes carecía. Ahora ya no necesita arrastrarse por el suelo. Hasta se podría decir que marcha erguido. Pero nuevos problemas aparecen. "[P]roblemas con la privacidad," anota Fry, "con el sesgo, el error, la responsabilidad y la transparencia que no se van a ir fácilmente."

¿Será que hay algo en la muleta que no estaba en el cojo antes de que se la pusiera bajo el brazo?

Hacernos esta clase de preguntas ayudaría a moderar la fiebre del algoritmo. ¿Infalibles? ¿Inocuos? ¿Cien por ciento competentes? Esto, sostiene Fry, es llevar las cosas demasiado lejos. Hay quienes incluso sugieren que "el cambio en una única línea de un guion hará que una película sea más rentable en la taquilla. Otros descaradamente te dirán —sin una pizca de sarcasmo— que sus algoritmos son capaces de encontrar a tu verdadero amor."[30] No todo lo que brilla es oro, pero a veces sí lo es.

*

29 Hanna Fry, *ob. cit.*, p. 199.

30 Ibid.

Estos errores, a medida que se adentra el lector en la bibliografía, forman el canon de la inteligencia artificial. No es exagerado decir que se repiten una y otra vez los mismos, lo que no significa que no sean errores ni que el daño que provocan sea desdeñable. Son errores graves, muchos de ellos se traducen en abusos, y algunos trastornan y hasta destruyen vidas. Lo cierto es que no tendrían por qué ocurrir si pasaran a lo menos dos cosas: hubiera mejores datos, y se depositara menos confianza en su infalibilidad. Todavía está lejano el día en que la relación humano/máquina funcione a la par. Y más lejano aún aquel en que la fidelidad entre los algoritmos y los datos sea tan precisa que acaben los primeros anticipando a los segundos.

Pero esto último es pura especulación. De momento, los algoritmos siguen rutinas definidas por modelos y de los modelos sabemos algunas cosas que no estaría de más recordar:[31]

- Todos los modelos están equivocados, algunos son útiles (George Box).
- Un modelo exitoso te dice cosas que tú no le dijiste que te dijera (Jerry P. Brashear).
- Siempre mira primero lo que NO está siendo modelado (Michael Schrage).
- Para llegar al modelo grande hay que empezar con uno pequeño que funcione, no con uno grande que no funcione para nada (Alan Manne).
- Es estúpido ser demasiado inteligente (Sam L. Savage).

Los modelos se basan en patrones, y los patrones por fuerza agrupan o contienen material que no responde al modelo, por consiguiente, nunca estará de más echar un vistazo a lo que NO está siendo modelado. El marco que limita al modelo afecta, en sentido figurado, las regiones inmediatamente adyacentes a él. Hay una interacción (no modelada) entre el modelo y lo que queda fuera. Lamentablemente esta realidad no siempre se toma en cuenta, en particular en el caso de los usuarios. Por ejemplo, un patrón de vuelo idéntico al que seguiría un terrorista, puede perfectamente ser el de un turista. Las más de las veces lo será. Hay menos terroristas que turistas. Aun así, el modelo meterá a este pobre pasajero en

---

[31] Hanna Fry, *ob. cit.*, p. 199.

la categoría de sospechoso y no habrá nada que pueda hacer para escapar de la celada del patrón estadístico.

Exceso de celo o amor excesivo a la propia obra, todo incide en un modelo, incluidos los sistemas de creencias. Por si esto fuera poco, a medida que los modelos se complejizan, se hace más dificultoso encontrar los efectos no deseados que con el tiempo se irán produciendo. Muchos los de los problemas no se presentan inmediatamente, sino que, pasado un tiempo, y algunos de ellos ni siquiera pudieron ser imaginados por los diseñadores.

Hay restaurantes, salones de té o cafeterías que se llenan de clientes que nunca estuvieron considerados en el diseño original: espías, fugitivos, apostadores, usureros, contadores de historias (los mentideros del Siglo de Oro español), cambistas, falsificadores, policías, jubilados, escritores, y un guirigay de patrones que encuentran un lugar que en ningún caso se pensó para albergarlos a ellos en particular, antes bien a todos en general. La intención, incluso la buena intención, deriva ella sola, cuando se pone en marcha, por rutas que nadie le trazó.

Es así con los algoritmos. Muchos de ellos son el material de una explotación minera que nunca entró en los cálculos del ingeniero. De allí que carezca completamente de sentido pretender que el modelo servirá únicamente a los fines para los que fue diseñado. En algún momento confundirá ocio con negocio. Ningún modelo soporta demasiada realidad.[32]

*

Los documentales televisivos, las películas, los documentos de prensa, no siempre atienden a esta realidad suprema: las estatuas no se forjaron para amontonar excremento de paloma en los bulevares, pero siempre se puede condenar al forjador por ello. Lamentablemente es este el patrón más repetido en el campo de la divulgación sobre inteligencia artificial, algoritmos, *big data*, redes sociales, y otros similares. ¿Será que el pesimismo es más asimilable que el optimismo? ¿Más vendible? ¿O se trata tan solo de un rasgo evolutivo más, ese que

---

[32] En T.S. Eliot: "...human kind / Cannot bear much reality", en Four Quartets, I, trad. castellana en T.S. Eliot, *Poesías Reunidas 1909/1962*. Madrid, Alianza Editorial, 1993, p. 191 y ss.

siempre pone por delante la posibilidad de un desenlace funesto, por improbable que sea? Curiosamente, las verdades instaladas también responden a patrones. Si por azar se busca un video o un *podcast*, pongamos por caso, sobre algoritmos o inteligencia artificial, lo más probable es que acabe ilustrándonos sobre sus peligros.[33]

Yuval Harari, probablemente uno de los divulgadores con mayor audiencia de estos tiempos, es el escéptico más radical de la IA.[34] Sus advertencias sobre los peligros que entraña no dejan lugar a dudas. Su postura no es comparable a las de Broussard u O'Neil. Harari es un historiador, su mirada es más abarcadora, y por lo tanto no desciende a los detalles del programador. En cierto modo, ambas posturas son extremos de un tapiz con demasiados hilos. No es fácil ser selectivo ahí dentro. Pero aun así Harari, en un congreso organizado por *Frontiers Forum*, inició su charla con estas palabras: "Hoy quiero compartir con ustedes el tema 'La IA en el futuro de la humanidad'. [Aunque] sé que las conferencias se centran en la crisis ecológica que enfrenta la humanidad, para bien o para mal, la IA también es parte de esa crisis. La IA puede ayudarnos de muchas maneras para superarla, o podría empeorar mucho las cosas. De hecho, es probable que la IA cambie el significado total del ecosistema, porque durante cuatro mil millones de años, el ecosistema del planeta Tierra [ha contenido] solo formas de vida orgánica. Y ahora, o pronto, podremos ver la aparición de las primeras formas de vida inorgánica [...] o al menos la presencia de agentes inorgánicos. Hoy por hoy, la gente tiene miedo de la IA desde el comienzo de la era informática a mediados del siglo xx, y este miedo fue inspirador de muchas obras clásicas de la ciencia ficción como *Terminator* o *Matrix*."[35]

Es difícil saber si la gente ha tenido miedo o se les ha metido el miedo a la fuerza. Tanto la literatura como el cine son pródigos en ofrecer al público lo malo de casi cualquier cosa. Si no, de qué

---

33 Cfr. el documental de Deutsche Welle, *Algoritmos y prejuicios*, YouTube, 10/11/2023, en https://www.youtube.com/watch?v=0BVsDEIj1qU&t=53

34 Cfr. Lex Friedman, Yuval Noah Harari: Human Nature, Intelligence, Power, and Conspiracies; Lex Friedman Podcast #390, YouTube, 17/7/2023, en https://www.youtube.com/watch?v=Mde2q7GFCrw&t=1844s

35 Yuval Noah Harari, AI and the future of humanity | Yuval Noah Harari at the Frontiers Forum, YouTube, 14/5/2023, en https://www.youtube.com/watch?v=L-WiM-LuRe6w&t=22s

nos iba a servir el héroe. Lo que vende es la entretención, por lo tanto vivimos necesitados de villanos. Que el robot quiera vivir más tiempo del programado (*Blade runner*) o que se vuelva errático y amenazante (*2001 Una odisea espacial*) es entretención asegurada.

De manera que Harari no exagera. Al hacerlo capta la atención del público, que no fue a ese sitio para que le dijeran lo bien que anda todo. Pero ¿de verdad acaba el público de Harari por temerle a la IA?

El entusiasmo que despertó no solo la revolución informática hasta antes de los 2000, sino que también el *big data* de las dos últimas décadas y más recientemente el ChatGPT, desmiente a Harari. Hoy día los usuarios de estas herramientas, aun bajo el bombardeo constante de noticias y profecías sobre la manipulación y la pérdida de privacidad, visitan los museos con ellos (prestando más atención a las imágenes en la pantalla que a las mismas obras en exhibición),[36] acuden a los estadios, a las salas de cine, y a los conciertos de *rock*, con tiques comprados en una aplicación para móviles, en algunos casos con dinero que los padres les transfirieron desde sus propios móviles. Al salir, subirán las fotografías a una aplicación (si es que no lo hicieron durante el mismo concierto). En otra escribirán sus comentarios. En otra calificarán el espectáculo. Con otra contratarán el servicio de traslado hasta su casa. Y no, no es ninguna paradoja. Son el *homo techné*.

En una conversación pública con la actriz Natalie Portman, esta le preguntó a Harari qué ha significado para él haber nacido en Israel. La respuesta del historiador no pudo ser más esclarecedora: "Creo que ambos nacimos[37] en la fábrica de mitos del mundo, un lugar que se especializa en producir historias extremadamente poderosas, para bien y para mal. Y cuando vives en un lugar así, no puedes ignorar el enorme poder de la imaginación humana, el enorme poder de las historias para mover el mundo."[38]

*

---

[36] Cfr. Johann Hari, El valor de la atención, Madrid, Península, 2023.

[37] Natalie Portman nació en Jerusalén.

[38] Yuval Noah Harari & Natalie Portman, How to Academy, YouTube, 29/9/2018, en https://www.youtube.com/watch?v=87XFTJXH9sc

Yuval Harari no está solo. La conferencia de Asilomar, celebrada entre el 5 y el 8 de enero de 2017 en California, reunió a más de cien líderes de diversos campos (economía, derecho, filosofía, inteligencia artificial), comprometidos a redactar y firmar una declaración que mantuviera los principios básicos de una IA segura y beneficiosa para la humanidad. El esfuerzo sirvió. Transcurridos seis años, más de treinta mil científicos de todo el mundo ya han suscrito el compromiso original.[39] Personajes importantes de la ciencia y la tecnología como el fallecido Stephen Hawking, Elon Musk y Frank Wilczek, se comprometieron desde el comienzo con la idea. Ella se materializó por primera vez en Puerto Rico, en 2015, y posteriormente en California, a instancias del *Future of Life Institute*, dos años más tarde. En un tuit de agosto de 2017, Elon Musk escribió: "Valiosa lectura [del libro] *Superinteligencia* de Bostrom. Debemos ser súper cuidadosos con la IA. Potencialmente más peligrosa que las bombas atómicas."[40] Más que el impacto mediático de la frase, lo importante fue el logro de esta variante en la manera de abordar los desafíos del futuro. No por nada, el mismo Musk tuiteó poco tiempo después que los desarrolladores de IA más importantes del mundo se habían comprometido a tomarse en serio los riesgos de un imprevisible descontrol y a actuar con cautela. No se trata de desechar, de prohibir, de coartar el desarrollo de la IA mediante gravámenes o controles gubernamentales, por el contrario, teniendo a la vista todos los posibles beneficios que estas máquinas traerán eventualmente a la humanidad, lo que dice la declaración es que el entusiasmo en la investigación debe mantenerse acotado, ética y responsablemente.

---

39 Future of Life Institute, *ob. cit.*

40 Elon Musk, en Max Tegmark, *ob. cit.*, p. 321.

Figura 28. Asistentes a la conferencia de Asilomar, celebrada en enero de 2017 en California. Entre ellos se encuentran Ray Kurzweil, Nick Bostrom, Martin Rees, Daniel Kahneman, David Chalmers, Jeffrey Sachs, Lawrence Krauss, Max Tegmark, Sam Harris, Elon Musk, y Larry Page.[41]

Puede que las bases mismas desde las que parten tanto Harari como Tegmark se parezcan. La diferencia estriba en el valor que ambos asignan a los posibles beneficios que la inteligencia artificial traerá consigo: necesitamos, escribe Tegmark hacia el final de Life 3.0, "más optimistas plenamente conscientes. Esta es la razón por la que te he alentado a lo largo de todo este libro, y es para que pienses acerca del tipo de futuro que tú *quieres* más que el tipo de futuro que tú *temes*, de modo que podamos encontrar metas que podamos compartir y por las cuales trabajar."[42]

Necesitamos más y mejor inteligencia artificial. El tamaño de la población, el número creciente de ciudades en el mundo (en promedio, un millón de personas se traslada a vivir a una ciudad cada semana),[43] los niveles de dependencia, han hecho del mundo un lugar más resiliente y más dependiente a la vez de las nuevas tecnologías. Estas, a medida que se incorporan a la vida cotidiana de las personas, no tienen vuelta atrás. Pasan, por decirlo así, un punto de no retorno. A las innovaciones como las que hemos visto

41 Max Tegmark, *ob. cit.*, p. 318. Imagen atribuida a By Existential 2021 - Own work, CC BY-SA 4.0, en https://commons.wikimedia.org/w/index.php?curid=109870710

42 Max Tegmark, *ob. cit.*, p. 334 (cursivas en el original)

43 Cfr. Geoffrey West, The surprising math of cities and corporations, TED Talks, 7/2011, en https://www.ted.com/talks/geoffrey_west_the_surprising_math_of_cities_and_corporations?language=en

(y que seguiremos viendo) en IA, ya no es posible devolverlas, solo cabe mejorarlas. Este es el mensaje que hemos buscado transmitir.

La época del alarmismo y el comienzo del infinito

El presentismo, para efectos de este libro, es la creencia de que el presente está llamado a constituir un estadio superior en el devenir humano, tanto en lo institucional, como en lo político y cultural. El pasado de la civilización, en este sentido, es un permanente desbroce, una permanente purificación de lo verdaderamente humano (con independencia de lo que esto signifique), que solo podrá sustanciarse en el hoy. Desde esta perspectiva, todas las otras épocas estuvieron equivocadas. Para la historiadora Gertrude Himmelfarb, esto es efecto del llamado postmodernismo, puesto que "nos confronta con una forma mucho más subversiva de relativismo, un relativismo tan radical, tan absoluto, que es contrario tanto a la historia como a la verdad." Y en nota al pie, añade: "'Historia', en este contexto, se refiere a escribir acerca del pasado antes que sobre el pasado mismo."[44] El pasado, en este limitado esquema que aquí se propone, es lo que el presente está llamado a purgar, a limpiar de sus impurezas, en último caso a adecentar. Se olvida, en este afán, que alguna vez seremos el pasado de los que nos sucedan. ¿Nos llamarán postmedievales? ¿Neoilustrados? ¿Alarmistas?

Si bien los críticos tienen la palabra, es poco el caso que se les hace. ¿No se han dado cuenta todavía de que nos gustan las historias de terror, pero no creemos en fantasmas?

La próxima vez que lea un libro sobre IA o ChatGPT, téngalo en cuenta. La crítica es despiadada porque lo tiene fácil. El problema es que, para el mundo, no es tan sencillo. Y es que las ideas (como las contenidas en la crítica dura) tienen consecuencias, escribe Gertrude Himmelfarb. Y esto es algo que no nos tomamos demasiado a cuenta, salvo cuando ya es demasiado tarde.[45] El retroceso en tecnologías asociadas a la energía nuclear y la nanotecnología, no fueron obra de la casualidad. El hecho de haberlas proscrito ha obturado muchos de sus posibles beneficios para la humanidad. Todo

---

[44] Gertrude Himmelfarb, *On Looking into the Abyss. Untimely Thoughts on culture and society*. New York, Vintage Books, 1994, p. 131 (con nota al pie).

[45] Gertrude Himmelfarb, *ob. cit.*, p. x y ss.

ello como consecuencia de lo que, en palabras de J. Storrs Hall, se conoce como la Era del Acuario.

Todo comenzó en la década de 1960, dice, en que el amor y no el cálculo, se hizo cargo de guiar las estrellas. ¿Cuáles fueron (y siguen siendo) las causas del decaimiento, de la pérdida de fe en los logros humanos? ¿Será acaso el costo que implican? ¿Será posible un progreso con costo cero? ¿Uno que no afecte al mundo natural, que no implique sacrificar a miembros de otras especies, sin riesgos asociados a la investigación, en último término, un desarrollo limpio, transparente, sustentable? ¿Es posible, nos preguntamos?

De hecho no lo es, no nos engañemos. Por lo mismo, vale la pena incursionar un poco más en la idea. La inteligencia artificial dependerá de la calidad de los algoritmos que se vayan produciendo y estos, con el uso, se irán ajustando a las demandas humanas en la medida en que fallen. El éxito, recordemos, no es más que un impostor.[46] Si hubiésemos desechado la primera hacha de mano por haberse quebrado al primer intento, hoy seguiríamos recolectando frutas, nueces y tubérculos con las manos. Thomas Edison decía que no falló en mil intentos. La ampolleta, aclaraba, fue un invento en mil etapas. Un crítico duro, desde luego, hubiese tomado debida nota de los novecientos noventa y nueve fracasos y sus efectos en los costos, la frustración producida, y la ambición desmedida de Edison por llegar el primero a la oficina de patentes.

El crítico duro es el nombre que damos al agente activo, al representante de la ola de pesimismo cultural que afluye sobre Occidente. No es nueva, empezó con el desarrollo industrial de comienzos del siglo XX, especialmente en Europa. Tómese por caso el ambientalismo. Ya en sus orígenes se declaraba contrario a la tecnología. Según el historiador Arthur Herman, "Las diversas ramas del ambientalismo alemán de entreguerra podían diferir en su modo de entender la naturaleza —materialismo monista, eros dionisíaco, vitalismo biodinámico— pero todas coincidían en la designación del principal enemigo: el Occidente moderno, tecnológico y capitalista. Todas, al margen de las inclinaciones políticas, habrían convenido con el pronunciamiento del nacional bolchevique Ernst Niekisch en 1931: 'La tecnología es la violación de la naturaleza. Empuja la naturaleza a un lado. Astutamente despoja a la naturaleza de un trozo de tierra

---

[46] Ibid.

tras otro. Cuando la tecnología triunfa, la naturaleza es violada y asolada. La tecnología asesina la vida y derriba, uno por uno, los límites establecidos por la naturaleza'."[47]

Ya lo decíamos, la tecnología no escoge a sus enemigos, más bien los produce ella misma. Le son consustanciales. Pero luego, más allá del ingenio y la virulencia que despliegan sus opositores, queda el regusto amargo que deja el no saber, en absoluto, qué es lo que proponen para mejorarla. Se habla de lo justo, del retorno a los orígenes (¿aunque signifique decir adiós a la anestesia?), a las filosofías antiguas (lo que sea que esto signifique), al mundo natural, al mundo sin artefactos. Para el activista Jerry Mander, anota Herman, "el modo tribal de vida no es resultado de la ignorancia sino de un rechazo deliberado de la tecnología." No es que los iroqueses, los onas o los yaganes, no hubiesen sabido producir tecnologías como las actuales, es que sencillamente no quisieron hacerlo, sostiene Mander. Lo que vemos en ellos "es un rechazo deliberado de la tecnología, la ciencia y sus premisas culturales (productividad, ética laboral, sometimiento de la naturaleza). En otras palabras, no es que [ellos no pudieran] construir aeropuertos ni reactores nucleares sino que, en un nivel más profundo, [optaron] por no hacerlo."[48]

No es de extrañar que las críticas formen un solo muñón con expresiones humanas tan denostadas como capitalismo, individualismo, neoliberalismo, o ultra derecha. Un ejemplo que viene al caso es el libro del periodista norteamericano Andrew Marantz, que lleva por título *Antisocial: la extrema derecha y la libertad de expresión en internet*. En la reseña del diario *El Mundo*, del periodista Rodrigo Terrasa, se nos dice que: "En 2016, Marantz decidió sumergirse en las alcantarillas de las redes sociales para convivir con la peor escoria de internet en sus madrigueras. Se reunió con racistas, nazis y *trolls*, marchó con supremacistas blancos, charló con intoxicadores profesionales, homófobos, machistas... Y en paralelo viajó hasta Silicon Valley para descubrir el otro lado de la pantalla y observar

[47] Arthur Herman, *La era de la decadencia en la historia occidental*. Santiago de Chile, Editorial Andrés Bello, 1998 [1997], p. 417. La cita de Niekisch, en n. 892, capítulo 12.

[48] Arthur Herman, *ob. cit.*, p. 428.

las caras de pasmo de los nuevos gurús de internet frente al monstruo que ellos mismos habían alimentado."[49]

Tomemos nota: alcantarillas, escoria, racistas, nazis, *trolls*, supremacistas blancos, intoxicadores profesionales, homófobos, machistas...

Lo que sea, nada de esto escandalizará a nuestro despreocupado *flâneur* que saca de paseo a su perro. Al dogmatizarse, la crítica se uniformiza. Ya sabe el lector lo que va a encontrar en libros como *The Age of Surveillance Capitalism* o en *Atlas of AI: Power, Politics, and the Planetary Costs of Artificial Intelligence*.[50] Como consecuencia, ya no presta atención. El apocalipsis que le proponen, le importa bien poco. Lo entretiene, pero no lo perturba. La crítica se vuelve intrascendente, y nuestro paseante queda a la deriva, flotando en un placentero marasmo. El antiguo *flâneur* observaba la ciudad o sus alrededores, y experimentaba el paseo como una manera de reflexionar, y de ver y sentir las cosas.[51] La calle era una caja de sorpresas para él. Todo lo interesante estaba afuera, sobre la acera, la calle, la avenida. Ahora está adentro, digitalizado en los móviles. ¿Qué tanta atención irá a prestar a las voces que le hablan de manipulación, vigilancia, empobrecimiento de ideas, idiotismo? El tironeo de la correa con que el perro despierta a nuestro despreocupado *flâneur*, vale más que todos los infiernos que le auguran los críticos acerbos. Ay del que se deje tentar por esos endemoniados algoritmos.

---

49 Rodrigo Terrasa, *Un periodista infiltrado en las cloacas de internet: «Las redes sociales sacan lo peor de todos nosotros»*. Capitán Swing, 22/1/2021, enhttps://shorturl.at/jsEMN, artículo original en *El Mundo*, 21/1/2021, enhttps://www.elmundo.es/papel/lideres/2021/01/21/60096530fc6c83b11b8b4632.html

50 Ambos libros disponibles en edición castellana: Shoshana Zuboff, *La era del capitalismo de la vigilancia*. Barcelona, Paidós, 2020 [2018]; Kate Crawford, *Atlas de inteligencia artificial*, Buenos Aires, 2022 [2021].

51 Lightgraphite, Flâneur, a person who walks the city in order to experience it, en https://shorturl.at/yzCY4

Figura 29. A finales del siglo xix, el *flâneur* o paseante tenía el hábito cotidiano de observar la ciudad y su espectáculo variopinto. Para Walter Benjamin, era la figura misma del ocio a la vez que su representación. En nuestros días, dicho paseante lleva y atiende al paisaje contenido en la pantalla de su teléfono móvil, alegremente despreocupado de todo lo demás. De allí que parezca ir —como los dioses— apenas tocando el suelo.[52]

Estamos necesitados de optimismo racional. Ajustar la vara es clave para que las fantásticas prestaciones que nos ofrecen las matemáticas, la física y los algoritmos, se ajusten no tanto a los límites que quisieran imponerles los enemigos de la técnica, como a los que nos muestra la realidad. "He observado," escribía John Stuart Mill, "que el hombre admirado como sabio por gran número de personas no es aquel que tiene esperanza cuando los otros caen en el desaliento, sino aquel que desalienta cuando los otros tienen esperanza."[53]

La naturaleza humana no cambiará, escribe Ridley al final de *El Optimista Racional*. Y anida en esta naturaleza el afán no solo de saber, sino que más aún, el de fabricar objetos que le ahorren el esfuerzo de producir lo que sea, algodón o papas, o al menos lo reduzcan. En *El comienzo del infinito*, el físico David Deutsch plantea que la capacidad humana para formular explicaciones sobre los fenómenos del mundo natural, no tiene límite, es infinita. Siempre está

[52] Valentina Belén, flâneur, s.f., en https://www.valentinabelen.com/work/the-inkterdimension

[53] En Matt Ridley, *ob. cit.*, p. 271.

en plan de saber por qué esto y por qué no lo otro. Y es este arrebato sin pausas el número predominante de sus días. Escribe Deutsch: "La capacidad de crear y de utilizar conocimiento explicativo da a las *personas* un poder para transformar a la naturaleza que no está en última instancia limitado por factores [locales], como sí lo están todas las demás adaptaciones, sino solo por las leyes universales. Esta es la significación cósmica del conocimiento explicativo y, por consiguiente, de las personas a las que [...] definiré como entidades capaces de crear conocimiento explicativo."

Por ejemplo, explica Deutsch, los primates necesitan vitamina C para sobrevivir. Aunque los humanos son primates, el alcance que les brinda la capacidad de producir conocimiento explicativo, les permite "crear y aplicar el conocimiento de cómo [sintetizar vitamina C] a partir de una amplia gama de materias primas, mediante la agricultura o en un laboratorio químico. Y, lo cual es igual de esencial, los humanos pueden descubrir por sí mismos que, en la mayor parte de los entornos, *necesitan* hacer esto para sobrevivir."[54]

Por eso importa que la crítica sea casi exclusivamente inculpatoria, incluso autodenigratoria cuando se incluye al medioambiente. "Las posibilidades que hay en el futuro," escribió Karl Popper en *El mito del marco común*, "son infinitas. Cuando digo que 'nuestro deber es ser optimistas', esto incluye no solo estar abiertos al futuro sino también que todos nosotros contribuyamos a ello en todo lo que hagamos: todos somos responsables de lo que nos depara el futuro. Por consiguiente, este es nuestro deber: no profetizar el mal, sino luchar por un mundo mejor."[55]

Finalmente

Alguna vez Tolstoi escribió que cuando se proponen muchos remedios para una enfermedad esta es incurable. Pero si habiendo enfermedad, no se propone ninguno, ¿es que acaso la enfermedad se la ha inventado el paciente?

Nos gustaría preguntárselo al mismo Tolstoi.

---

[54] David Deutsch, *El comienzo del infinito*, s. l. Biblioteca Buridán, 2012 [2011], pp. 72-73 (cursivas en el original).

[55] En David Deutsch, *ob. Cit.*, p. 225.

Desde luego, es probable que hubiese rechazado de plano la posibilidad de llevar un móvil en el bolsillo. Aunque nunca lo sabremos, los algoritmos muy probablemente le habrían causado estupor, quizá rechazo. ¿Los habría visto como una forma de dominio? No. A menos que el control les fuese arrebatado de tal manera a los usuarios que creyesen seguir teniéndolo,[56] Tolstoi incluido.

En cualquier caso, y como escribe el cineasta David Mamet, jamás se cometió ningún gran crimen que no fuera en nombre del progreso humano.[57] Negarnos a nosotros mismos las bondades de la tecnología, ¿no es un crimen acaso? El fallecido Calestous Juma se dio el trabajo de indagar el por qué las personas se resisten a las nuevas tecnologías. Para ello, partió diciendo que la manera más rápida de descubrir quiénes son tus enemigos es intentando hacer algo nuevo.[58] En una palabra, innovar. Pero no deja de ser curioso que ciertos desarrollos —aun siendo favorables para la humanidad— se trunquen mientras otros prosperen. Si la energía nuclear se hubiese desarrollado al ritmo en que lo hicieron los microprocesadores es muy probable que hoy las baterías de los móviles fueran inagotables y que la electricidad costara menos que la molestia de tener que pagarla.[59]

Entre los sospechosos culpables de estos truncamientos se hallan, en palabras de Storrs Hall, la estructura burocrática de la ciencia y la tecnología (lo que amplifica el efecto Maquiavelo), la religión ergofóbica de los Eloi agonistas, y las estranguladoras medidas de la regulación gubernamental.[60] En cuanto a esta última, Storrs Hall

---

[56] Cfr. Cade Massey y Joseph Simmons, Why Humans Distrust Algorithms – and How That Can Change, Knowledge at Wharton, 13/2/2017, en https://shorturl.at/ltKR6

[57] David Mamet, *Himno de retirada*. Santiago de Chile, Editorial Planeta S. A., 2023, p. 123.

[58] Calestous Juma, *Innovation and Its Enemies: Why People Resist New Technologies*. New York, Oxford University Press, 2016, p. 1.

[59] Cfr. J. Storrs Hall, *ob. cit.*, *passim*, esp. el capítulo 11.

[60] J. Storrs Hall, *ob. cit.*, p. 107. El efecto Maquiavelo es un supuesto tomado de una cita de *El príncipe*: "Debe tenerse en cuenta que no hay cosa más difícil de realizar, ni de más dudoso éxito, ni de mayor peligro para manejarla, que el establecimiento de grandes innovaciones, porque el legislador tiene por enemigos a cuantos vivían bien con el régimen anterior, y solo encuentra tímidos defensores entre los favorecidos con el nuevo, timidez producida en parte por miedo a los adversarios, a quienes son útiles las antiguas leyes, y en parte por la natural incredulidad de los hombres, que no se convencen de que una cosa nueva es buena hasta que no se

pone a modo de ejemplo las regulaciones federales para las aeronaves en Estados Unidos: "Hoy día, el código regulatorio federal tiene más de 175.000 páginas. No es liviana, ni da para una lectura casual."[61] No es de extrañar que, junto con los grupos de poder (v.gr., la religión Verde, en palabras del autor), las regulaciones sin término destruyan la curva de aprendizaje, impidan la innovación, protejan y preserven la ineficiencia, y hagan que el progreso se vuelva regresivo. Los predicciones, agrega, de la ciencia ficción hacia comienzos del siglo XX confiaban en el desarrollo de proyectos energéticos y en la cordura a la hora de fijar regulaciones. Todo eso duró hasta comienzos de la década de 1970. Después (en la Era del Acuario) se perdió el rumbo. Para rematarlo todo, Storrs Hall cita al escritor Robert Henlein:

> A lo largo de toda la historia, la pobreza ha sido la condición normal del hombre. Los avances que permiten romper esta norma —aquí y allá, ahora y entonces— han sido producto del trabajo de una minoría extremadamente pequeña, frecuentemente despreciada, a menudo condenada, y casi siempre puesta a prueba por los biempensantes. Cada vez que a esta pequeña minoría se le impidió crear, o (como algunas veces pasa) fue expulsada de la sociedad, la gente volvió a caer en la más abyecta pobreza.
>
> A esto se le conoce como mala suerte.[62]

El futuro está plagado de enemigos. Virginia Postrel llamó así a su libro. En él daba cuenta de la oposición creciente a la creatividad, el emprendimiento, y el progreso que observaba. Los pocos autores que, como ella, se aventuran a discutir ideas impopulares en el campo de la innovación suelen defender no solo futuros que

---

lo demuestra la experiencia", tomado de Nicolás Maquiavelo, *Obras políticas*. Buenos Aires, El Ateneo, 1965, pp. 468-469, trad. de Luis Navarro. La religión ergofóbica de los Eloi agonistas, hacer referencia por una parte a los personajes de *La máquina del tiempo*, de H.G. Wells, hedonistas dedicados únicamente al placer, olvidados de que son el alimento de sus supuestos esclavos, los Morlocks; y por otra a la ergofobia, que para Storrs Hall es la creencia de que hay algo malo en utilizar energía *per se*. Por último, las regulaciones gubernamentales son las de todos conocidas. Ellas ahogan, casi con independencia de la causa, y muchas veces solo por amor a la regulación, el desarrollo de nuevas tecnologías.

[61] J. Storrs Hall, *ob. cit.*, p. 112.

[62] Robert A. Henlein, Notebooks of Lazarus Long, Analog Science Fiction/Science Fact, 6/1973, p. 77, en J. Starrs Hall, *ob. cit.*, p. 116.

eventualmente van a traducirse en beneficios para las personas, especialmente las más pobres, también lo hacen teniendo en cuenta que los seres humanos poseen cualidades propias, como hemos visto, que los diferencian de todas las demás especies. Aceptan por principio que hay un empuje hacia arriba, hacia lo más alto, empuje que es inevitable. En palabras de nuestro viejo conocido, Dylan Thomas:

> La fuerza que por el verde tallo impulsa a la flor
> impulsa mis verdes años; la que marchita la raíz del árbol
> es la que me destruye.[63]

*

Un empuje hacia lo más alto, qué duda cabe. Pero al mismo tiempo un tirón permanente hacia abajo. La idea de que, para ser bueno, el futuro debe ser finito y "seguro," escribe Postrel, es bastante común. De hecho, se forman dos polos: en uno encontramos la estasis (o estancamiento), y en el otro el dinamismo. ¿Siempre estaremos llamados a elegir? "Los enemigos del futuro," dice, "con algunas excepciones, apuntan sus ataques no a la creatividad en sí misma, sino al proceso dinámico a través del cual es canalizada." Y agrega: "Los [partidarios del estancamiento] y los dinamistas quedan así divididos no solo por simples políticas de corto plazo sino por desacuerdos fundamentales acerca del modo en que el mundo funciona. No se ponen de acuerdo en la naturaleza del progreso ni en su deseabilidad. ¿Se requiere de un plan para alcanzar una meta específica? ¿O se trata de un proceso de exploración y descubrimiento? ¿Acaso la búsqueda por encontrar mejoras es expresión de un descontento nihilista y destructivo, o la más alta de las cualidades humanas? ¿Depende el progreso de una represión puritana o de un espíritu juguetón?"[64]

No por nada, comenta Postrel, el voleibol de playa es la pesadilla del tecnócrata. A semejanza de los computadores personales, la teoría

---

[63] Dylan Thomas; The force that through the green fuse drives the flower; version en español de Elizabeth Ascona Cranwell; en Altazor, Revista electronica de literatura, 4/2/2024; https://www.revistaaltazor.cl/dylan-thomas-4/.

[64] Virginia Postrel, *The Future and its enemies*. New York, Touchstone, 1999 [1998], pp. xiv-xvi.

del caos, y la industria del cine, este deporte lo creó un conjunto de personas que deambulaban por la playa, bajo el sol de California. Surgió de manera espontánea, fruto de la cooperación de jugadores y fans. No tenía ninguna meta, ni propósito final ni plan. "El voleibol de playa era un fin en sí mismo."[65]

*

Hay algo en los seres humanos que tal vez sea propio de la especie. Y ese algo se pone de manifiesto en la escisión que se produce entre el amor y el odio a la misma humanidad. Hay quienes experimentan genuino amor por sus semejantes. Y otros quisieran verlos a todos abolidos de un solo papirotazo. En medio (o detrás, como diría Joan Manuel Serrat) está la gente. El hombre común al que festejara Aaron Copland. Hasta donde hemos podido observar, los creadores de herramientas (hachas de piedra, arcos y flechas, ruedas, potes cerámicos, aeronaves, teléfonos, ampolletas, transistores), pertenecen a esta última categoría, la de los hombres comunes, mujeres o varones.

El autor Dennis Littrel escribió alguna vez que hay tres verdades evidentes: 1) las personas son animales, 2) las personas son estúpidas, y 3) la vida no es justa. Y añadió otras tres: 1) el mundo no es como pensamos, 2) con ser demasiado cínico no alcanza, y 3) todo se quiebra en los extremos.

Después de recorrer los caminos que nos trajeron desde los algoritmos de Al Juarismi hasta el ChatGPT, no podríamos estar más de acuerdo con estos dictados. Como sea, nos guste o no, el hombre común no puede vivir sin inventar porque no bien se detenga, el mundo natural acabará con él. En tal caso, habrá que aspirar a que alguna divinidad nos categorice como especie protegida. De lo contrario...

De lo contrario no solo no tendremos de qué jactarnos, sino todo un mundo al que temer.

---

[65] Virginia Postrel, *ob. cit.*, p. 171.

Resumen del capítulo

La IA no sería posible sin los algoritmos. Los algoritmos, en palabras de Douglas Adams, son el motor de improbabilidad infinita, esto es, lo que hace posible que suceda lo que de otro modo es casi imposible que suceda. Los algoritmos han hecho posible no solo lo improbable, sino lo impensable. Los cincuenta últimos años son un despliegue creciente de utensilios digitales que procesan información. La IA ha sido el mayor escándalo no político de la historia, semejante a la imprenta, la escritura y el dominio del fuego. Y como tal, ha irradiado en todas direcciones. Tan vertiginoso ha sido su ascenso que se ha llamado a pausar su avance, a ponerle freno a su desarrollo, pues no se sabe a dónde nos podría conducir. Como en una guerra de posiciones, hay dos bandos que se enfrentan: aquellos que favorecen la producción de máquinas de aprendizaje por todo el bien que aportan a la humanidad, y aquellos que la denigran por todos los males que causan y podrían llegar a causar. ¿Es posible construir herramientas beneficiosas para la humanidad, sin incurrir en costos? ¿Cómo debería hacerse? ¿Cuáles son las opciones dado el estado actual del mundo (una población creciente, que no solo demanda más sino mejores productos, un medioambiente afectado por los residuos de una civilización ávida de energía)? Las respuestas útiles a algunas de estas preguntas se encuentran, según se ha visto, en una preocupante minoría de pensadores e investigadores, interesados todos ellos en comprender y proponer.

EPÍLOGO:

PERDONAD A TURING

La palabra del año 2023, según el diario *The Economist*, es "ChatGPT." Según el destacado medio británico, estará en labios de la gente por muchos años. El avance, en especial el de los grandes modelos lingüísticos (LLM) ha sido impresionante. La prosa que son capaces de producir es tan semejante a la humana que ya hay quienes se preguntan si no estarán pensando por sí mismos.[1]

Vale la pena preguntarse si el hecho de que hasta ahora no hayan superado la prueba de Turing —pese a los anuncios en contrario— no será una estrategia de las mismas máquinas para engañar a sus creadores, pues al igual que sus símiles humanos han leído a Sun Tzu ("La guerra es el arte del engaño"), probablemente en todos los idiomas conocidos.

Han saltado las alarmas. ¿Es hora de detenerse? ¿Ha llegado el momento de regresar a las máquinas de escribir, a las libretas de notas, a la Leica de Henri Cartier-Bresson? ¿Puede la humanidad involucionar de manera voluntaria? Los críticos más duros no sugieren nada de este tipo, solo nos hablan del daño causado a los sistemas de salud, judiciales, de selección de personal; al medio natural, a la mano de obra barata, a la igualdad.

El filósofo Fernando Savater escribió en *Apología del sofista* que vivimos a pesar de lo que sabemos, pues la sabiduría, "va siempre contra la vida, vivimos a pesar de lo que sabemos, no gracias a ello." El pensamiento no facilita la vida, "la arriesga, la compromete, la zapa en la mayoría de los casos. [...] Nos pone al borde de perderlo todo sin ofrecernos nada a cambio, salvo horror, soledad y locura." El escritor Marco Aurelio Denegri, de quien hemos extraído esta cita, coincide con Savater y agrega que, en efecto, "el Orden Establecido [ha] desconfiado siempre del talento y la inteligencia, y por supuesto

---

[1] Johnson, Our word of the year for 2023. *The Economist*, 7/12/2023, en https://shorturl.at/duEQ2

de las ideas." Las ideas, comenta Denegri, son incómodas, coincidiendo en esto —para bien— con Yuval Harari, no así las creencias.[2]

Denegri ha dado en el clavo, al igual que lo ha hecho Storrs Hall al señalar que la humanidad siempre ha preferido la religión a la ciencia. La creencia es blanda, adaptativa, y siempre tiene a mano el recurso del misterio. La idea, o la verdad, para decirlo a la manera de Harari, no puede darse esos lujos. Es incómoda porque es rígida y porfiada.

Sin embargo, Savater —a semejanza de Harari— se deja llevar por la tentación del horror, la soledad y la locura. Para Denegri y Storrs Hall, en cambio, el pensamiento nos ofrece justamente lo contrario de lo que supone Savater: ayudarnos a sobrevivir. Los cuerpos humanos, según Richard Dawkins, son máquinas de sobrevivencia, vehículos de genes. Puede que así sea, pero nuestras herramientas, las que usamos a diario (desde la cama en la que dormimos hasta el móvil con el que la seleccionamos y adquirimos), sí que lo son sin ningún género de dudas. Sin estas máquinas de sobrevivencia, solo nos esperan el horror, la soledad y la locura.

*

Alan Turing recibió un perdón póstumo de la Corona británica en diciembre de 2013, en virtud de los cargos levantados contra él, debido a su homosexualidad. La reina Isabel II le concedió dicho perdón por "una sentencia que ahora se consideraría injusta y discriminatoria," según declaró el ministro de justicia de entonces, Chris Grayling.[3]

Por si no lo ha entendido: la sentencia es injusta hoy, pero no lo fue en 1952, cuando lo condenaron a 61 años de cárcel por prácticas homosexuales consideradas delito en el Reino Unido hasta 1967. Según Wikipedia, más de 30.000 firmas recibió el petitorio inicial, presentado en 2009. En 2011 se emitió una segunda petición, esta vez electrónica (*e-petition*), que suscribieron, esta vez, 37.000 personas y fue presentada al Parlamento por John Leech, miembro de la entidad,

---

[2] La cita de Savater y los comentarios del autor peruano en Marco Aurelio Denegri, *Sexo, amor y otros placeres de la lengua*. Lima, Penguin Random House Grupo Editorial S. A., 2018, p. 203.

[3] BBC, Perdón real póstumo para el matemático británico Alan Turing. *BBC News - Redacción*, 24/12/2013, en https://www.bbc.com/mundo/ultimas_noticias/2013/12/131223_ultnot_reino_unido_perdon_real_postumo_turing_jrg

pero fue rechazada en la oportunidad por el ministro de Justicia, Lord McNally. Él mismo, en parte de su argumentación, declaró:

> No se considera apropiado un indulto póstumo puesto que Alan Turing fue debidamente condenado por aquello que, en esos tiempos, era un delito criminal. Él debería haber sabido que su delito iba contra la ley y que [eventualmente] sería procesado por ello. Constituye una tragedia que Alan Turing fuera condenado por un delito que hoy parece absurdo, cruel y conmovedor, tomando en cuenta sus inapreciables contribuciones al esfuerzo de guerra. Sin embargo, la ley de aquel tiempo obligaba a sustanciar un proceso y, como tal, una política de larga data ha consistido en aceptar que tales condenas se aplicaran, por lo que en lugar de tratar de alterar el contexto histórico y rectificar lo que no es posible rectificar, es nuestro deber garantizar que nunca más volvamos a esos tiempos.[4]

No podemos estar más de acuerdo con la solicitud de perdón y celebramos el que le haya sido concedido, aun a título póstumo. Sin embargo, queda un lastre. De un lado, Alan Turing se habría quitado la vida (producto, al parecer, del proceso judicial) en 1954, a los 41 años de edad. Trece años después, la ley que lo condenó seguía vigente. Y la ley es una expresión de la voluntad popular. Del otro, lo que hoy nos parece horroroso, debiera abolirse no tanto del ayer (algo que no es posible hacer), como del hoy. A menudo nos olvidamos de que esos "nosotros" de entonces aprobamos algo que estos "nosotros" de ahora reprobamos. Aprendemos porque nos equivocamos, y esto tiene un costo: no lo podemos corregir.

Hemos visto cómo, pese a todo, hay quienes lo condenan no solo por lo que fue (incluida, para Broussard, su apariencia descuidada), como por lo que hizo. Lo señalamos en su momento. Ahora decimos, pobre Turing. El mundo de hoy se lo debemos a un puñado de héroes como él, que no siendo tantos, benefician a millones. Hemos intentado rescatar algunos de sus nombres para que no se pierda, no solo lo que hicieron o intentaron hacer, hubiese resultado o no, sino como recordatorio de que los necesitamos, y los necesitaremos más que nunca en el futuro.

---

[4] Wikipedia, Alan Turing, 7/12/2023, en https://en.wikipedia.org/wiki/Alan_Turing#Personal_life

Lecturas recomendadas

Dependiendo del algoritmo, sabemos que los mismos datos arrojarán uno u otro resultado, en algunos casos bastante similares, en otros no tanto. En consecuencia, aun tratándose de libros (o sea, de datos) no hay ninguna seguridad de que el lector, de leerlos, vaya a llegar a idénticas conclusiones que los autores. Pero de igual manera hallará terreno fértil para alimentar la discusión ya sea con amigos o conocidos, incluso consigo mismo. Los libros que se listan aquí inspiraron en gran parte el contenido y, más importante aún, el sentido de *Algoritmos*. Hemos puesto en español los títulos disponibles en este idioma y en inglés los que lamentablemente no han sido traducidos a nuestra lengua. Aunque algunos se encuentran descontinuados, el lector interesado podrá encontrarlos si los espiga de alguna estantería con el mismo tesón que pusieron los autores en traerlos hasta aquí. No está de más decir que valió la pena.

Berlinski, David, *The Advent of the Algorithm*. New York, Harcourt, 2000.

Bronner, Gérald, *Apocalipsis Cognitivo*. Barcelona, Paidós, 2022.

du Sautoy, Marcus, *Programados para crear*. Barcelona, Acantilado, 2020.

Fry, Hanna, *Hello World; Being human in the age of algorithms*, New York, W.W. Norton & Company, 2018.

Juma, Calestous, *Innovation and Its Enemies: Why People Resist New Technologies*. New York, Oxford University Press, 2016.

Kelleher, John D. y Brendan Tierney, *Ciencia de datos*. Santiago, Ediciones Universidad Católica de Chile [MIT Press], 2021 [2018].

López Zafra, José Manuel y Ricardo A. Queralt Sánchez de las Matas, *Alquimia. Cómo los datos se están transformando en oro*. Barcelona, Deusto, Editorial Planeta S. A., 2019.
Louridas, Panos, *Algorithms*. Cambridge, Massachusetts, The MIT Press, 2019.
Mitchell, Melanie, *Artificial Intelligence. A guide for thinking humans*. UK, Pelican Books, 2020.
Mitchell, Melanie, *Complexity. A guided tour*. New York, Oxford University Press, 2009.
Ortega y Gasset, José, *Meditación de la técnica*. Madrid, Alianza Editorial S. A., 1983.
Pinker, Steven, *En defensa de la Ilustración*. Barcelona, Paidós, 2018.
Pinker, Steven, *Racionalidad*. Barcelona, Paidós, 2021.
Postrel, Virginia, *The Future and its enemies*. New York, Touchstone, 1999.
Ridley, Matt, *Claves de la innovación*. Barcelona, Antoni Bosch Editor S. A. U., 2021.
Ridley, Matt, *El optimista racional*. Madrid, Santillana, 2011.
Shane, Janelle, *You look like a thing and I love you. How artificial intelligence works and why it's making the world a weirder place*. New York, Hachette Group Book, 2019.
Soni, Jimmy y Rob Goodman, *A Mind at Play: How Claude Shannon Invented the Information Age*. New York, Simon and Schuster, 2018.
Tegmark, Max, *Life 3.0*. New York, Alfred A. Knopf, 2017.
Zoja, Luigi, *Paranoia. La locura que hace historia*. Buenos Aires, Fondo de Cultura Económica, 2013.

Bibliografía

Libros y artículos

Arthur, W. Brian, *The Nature of Technology. What is and how it evolves*. New York, Free Press, 2011.

Asimov, Isaac, *Cuentos completos I*. Barcelona, De Bolsillo, 2009.

Barabási, Albert-László, *Bursts. The Hidden Patterns Behind Everything We Do, from Your E-mail to Bloody Crusades*. London, Penguin Books Ltd., 2010.

Bergson, Henri, *La evolución creadora*. Buenos Aires, Cactus, 2007.

Berlinski, David, *The Advent of the Algorithm*. New York, Harcourt, 2000.

Blastland, Michael, Andrew Dilnot; *El tigre que no está. Un paseo por la jungla de la estadística*. Madrid, Turner, 2009.

Baudrillard, Jean, *El crimen perfecto*. Barcelona, Anagrama, 1996.

Brockman, John (Ed.), *Possible Minds. 25 Ways of Looking at AI*. New York, Penguin Press, 2019.

Bronner, Gérald, *Apocalipsis cognitivo*. Barcelona; Editorial Planeta S.A. - Paidós, 2022.

Broussard, Meredith, *Artificial Unintelligence. How Computers Misunderstand the World*. Cambridge, MIT Press, 2019.

Christian, Brian, *The Alignment Problem*. New York, W.W. Norton & Company, 2020.

Clarke, Arthur C., *2001 A Space Odyssey*. New York, Penguin Books, 2000.

Cormen, Thomas H., Charles E. Leiserson, Ronald R. Rivest y Clifford Stein, *Introduction to Algorithms*. Cambridge, Ma, Massachusetts Institute of Technology, 2022.

Cortázar, Juilo, *Historias de Cronopios y de famas*. Buenos Aires, Alfaguara S. A., 1995.
Crawford, Kate, *Atlas de inteligencia artificial*. Buenos Aires, 2022 [2021].
Denegri, Marco Aurelio, *Sexo, amor y otros placeres de la lengua*. Lima, Penguin Random House Grupo Editorial S. A., 2018.
Deutsch, David, *El comienzo del infinito*, s.l. Biblioteca Buridán, 2012 [2011].
Dreyfus, Hubert L., *What Computers Still Can't Do. A Critique of Artificial Reason*. Cambridge, Massachusetts, The MIT Press, 1992 [1972].
du Sautoy, Marcus, *Programados para crear. Cómo está aprendiendo a escribir, pintar y pensar la inteligencia artificial*. Barcelona, Acantilado, 2019.
Eliot, T. S., *Poesías Reunidas 1909/1962*. Madrid, Alianza Editorial, 1993.
Sexto Empírico, *El arte de cultivar una mente abierta*. Badalona, Kōan, 2022.
Frank, Adam, *El fin del principio*. Barcelona, Ariel - Editorial Planeta S. A., 2012.
Fry, Hanna, *Hello World. Being Human in an Age of Algorithm*. London, Norton.
Gleick, James, *The Information. A History, a Theory, A Flood*. New York, Vintage Books, 2011.
Gottschall, Jonathan, *The Storytelling Animal. How Stories Make us Human*. New York, First Mariner Books, 2012.
Harcourt, Bernard E., *Against Prediction: Profiling, Policing, and Punishing in an Actuarial Age*. Chicago, The University of Chicago Press, 2007.
Hari, Johann, *El valor de la atención*. Madrid; Península, 2023.
Hawkins, Jeff, *A Thousand Brains. A New Theory of Intelligence*. New York, Basic Books, 2021.
Herman, Arthur, *La era de la decadencia en la historia occidental*. Santiago de Chile, Editorial Andrés Bello, 1998 [1997].
Hidalgo, César, *El triunfo de la información*. Barcelona, Debate, 2017.
Himmelfarb, Gertrude, *On Looking into the Abyss. Untimely Thoughts on culture and society*. New York, Vintage Books, 1994.
Isaacson, Walter, *Los innovadores*. Santiago de Chile, Debate, 2014.
Juma, Calestous, *Innovation and Its Enemies: Why People Resist New Technologies*. New York, Oxford University Press, 2016.
Kahneman, Daniel, *Pensar rápido, pensar despacio*. Buenos Aires, Debate, 2012.
Kaiser, Axel y Rainer Zitelmann; *El odio a los ricos*; Santiago, Ediciones El Mercurio, 2023.
Kaplan, Robert, *The Nothing That Is: A Natural History of Zero*. New York, Oxford University Press, 1999.
Keegan, John, *Inteligencia militar. Conocer al enemigo. De Napoleón a Al Qaeda*. Madrid, Turner Publicaciones S. L., 2003.
Kelleher, John D. y Brendan Tierney, *Ciencia de datos*. Santiago, Ediciones Universidad Católica de Chile, 2020.
Kelly, Kevin, *What Technology Wants*. New York, Penguin Books, 2011.

Lewis-Williams, David, *The Mind in the Cave*. London, Thames & Hudson Ltd., 2002.
Mamet, David, *Himno de retirada*. Santiago de Chile, Editorial Planeta S. A., 2023.
Mascaró, Juan (Ed.), *Budda's Teachings*. New York, Penguin Books, 1995.
Mayer-Schönberger, Viktor y Kenneth Cukier, *Big Data. La revolución de los datos masivos*. Madrid, Turner Publicaciones S. L., 2013.
Mitchell, Melanie, *Artificial Intelligence. A guide for thinking humans*. U.K., Pelican Books, 2019.
Mitchell, Melanie, *Complexity. A Guided Tour*. New York, Oxford University Press Inc., 2009.
Mitchell, Tom M., *Machine Learning*. U. S., The McGraw-Hill Company, 1997.
Mlodinow, Leonard, *Emotional. How Feelings Shape Our Thinking*. New York, Pantheon Books, 2022.
Mlodinow, Leonard, *Subliminal. Cómo tu inconsciente gobierna tu pensamiento*. Barcelona, Planeta, 2013.
Mueller, John Paul y Luca Massaron, *Algorithms for dummies* 2nd Edition. Hoboken, New Jersey, John Wiley & Sons, Inc., 2022.
Muñoz, Alfonso, *Seguridad ofensiva en machine learning. Atacando y defendiendo organizaciones con prompt engineering*. Amazon, Independently published, 2023.
Nelson, David C., On Military Strategy and Litigation. *Vermont Law Review*, 31, 2007.
Nummenmaa, Lauri y Riitta Hari, Bodily feelings and aesthetic experience of art. *Cognition and Emotion*, *37*(3), 515-528, 2023, DOI: 10.1080/02699931.2023.2183180
Nye, David E., *Technology Matters*. Cambridge, Massachusetts, MIT Press, 2006.
O'Neil, Cathy, *Weapons of Math Destruction*. New York, Crown - Random House, 2017 [2016].
Olabuenaga, Ana María,*Linchamientos digitales*. México D.F., Ediciones culturales Paidós S.A. de C.V., 2019.
Ormerod, Paul, *Why Most Things Fail: Evolution, Extinction and Economics*. Hoboken, New Jersey, John Wiley & Sons, 2005.
Ortega y Gasset, José, *Toward a Philosophy of History*. New York, W.W. Norton, 1941.
Ortega y Gasset, José, *Meditación de la técnica*. Madrid, Alianza Editorial S. A., 1983.
Pinker, Steven, *The Blank Slate. The Modern Denial of Human Nature*. New York, Viking Penguin, 2002.
Pinker, Steven, *Enlightenment Now. The Case for Reason, Science, Humanism, and Progress*. New York, Viking, 2018.
Pinker, Steven, *Rationality*. New York, Viking, 2021.
Platón, *Diálogos VI. Filebo, Timeo, Critias*. Madrid, Gredos, 1992.

Postrel, Virginia, *The Future and its enemies*. New York, Touchstone, 1999 [1998].
Quijada F., Sergio, Chile, ¿líder en IA? Santiago, *El Mercurio*, 31 de octubre de 2023, p. A-2.
Ridley, Matt, *El optimista racional*. Madrid, Santillana Ediciones Generales S. L., 2011.
Rosales, Sergio, *De fantasmas y de máquinas*. Santiago, Acapomil – Instituto Geográfico Militar, 2010.
Sapolsky, Robert, *Behave*. New York, Penguin Press, 2017.
Savage, Sam, *The Flaw of Averages*. Hoboken, New Jersey, John Wiley & Sons, 2009 [2012].
Seife, Charles, *Zero: The Biography of a Dangerous Idea*. New York, Penguin Books, 2000.
Selfridge, O. G., *Pandemonium: a paradigm for learning, Mechanization of Thought Processes*. Proceedings of a Symposium held at the National Physical Laboratory on 24th, 25th, 26th y 27th November 1958, session 3, 1 (1962).
Shakespeare, William, *Obras completas. El rey Lear*, trad. de Luis Astrana Marín. México D. F., M. Aguilar Editor, S.A. de C.V., 1991.
Shane, Janelle, *You look like a thing and I love you*. New York, Hachette Group Book, 2019.
Solomon, Robert C. y Mark C. Murphy, *What is Justice? Classic and Contemporary Readings*. New York, Oxford University Press, 2000.
Stephens-Davidowitz, Seth, *Todo el mundo miente. Lo que Internet y el big data pueden decirnos sobre nosotros mismos*. Madrid, Capitán Swing, 2019.
Storrs, Hall, *Where is my flying car?* San Francisco, Stripe Press, 2021.
Taleb, Nassim Nicholas, *El cisne negro*. Barcelona, Paidós, 2007.
Tegmark, Max, *Life 3.0*. New York, Alfred A. Knopf, 2017.
Thomas, Andrew, *Hidden in Plain Sight 9. The Physics of Consciousness*. Andrew Thomas, 2018.
Thomas, Dylan, *Cuentos completos*. Madrid, Nørdicalibros, Kindle.
Toynbee, Arnold, *La gran aventura de la humanidad*. Buenos Aires, Emecé Editores, 1995.
Zoja, Luigi, *Paranoia. La locura que hace la historia*. Buenos Aires, Fondo de Cultura Económica, 2013.
Zuboff, Shoshana, *La era del capitalismo de la vigilancia*. Barcelona, Paidós, 2020 [2018].

Internet

Academia Khan, algoritmo euclidiano,https://www.khanacademy.org/computing/computer-science/cryptography/modarithmetic/a/the-euclidean-algorithm

Albarrán, Alba Cristina, ¿Sabes cuánto valen tus datos personales en Internet?, *Redes & Telecom*, 28 de abril de 2023, https://www.redestelecom.es/seguridad/sabes-cuanto-valen-tus-datos-personales-en-internet/Benito Álvarez, José-Manuel, Locutus Borg - Own work, CC BY-SA 2.5, 30 de octubre de 2023, https://commons.wikimedia.org/w/index.php?curid=1707288

Angwin, Julia, Jeff Larson, Surya Mattu y Lauren Kirchner, Machine Bias. There's software used across the country to predict future criminals. And it's biased against blacks, *Pro Publica*, 23 de mayo de 2016, https://www.propublica.org/article/machine-bias-risk-assessments-in-criminal-sentencing

Anyoha, Rockwell, The History of Artificial Intelligence, 28 de agosto de 2017, https://sitn.hms.harvard.edu/flash/2017/history-artificial-intelligence/

Auden, W. H., The Guilty Vicarage. Notes on the detective story, by an addict, *Harper's Magazine*, 1948, https://harpers.org/archive/1948/05/the-guilty-vicarage/

Autor corporativo, ¿Cuáles son algunos de los algoritmos de Big Data Analytics más populares y ampliamente utilizados?, LinkedIn, 2023, https://www.linkedin.com/advice/3/what-some-most-popular-widely-used-big-data?lang=es

Baldani Law Group, How Many Innocent People are Jailed Each Year?, s. f., https://baldanilaw.com/innocent-people-jailed-each-year/

Barr, Alistair, Google Mistakenly Tags Black People as 'Gorillas', Showing Limits of Algorithms, *The Wall Street Journal*, 1 de julio de 2015, https://www.wsj.com/articles/BL-DGB-42522

Barry-Jester, Anna Maria, Ben Casselman, y Dana Goldstein, The New Science of Sentencing. Should prison sentences be based on crimes that haven't been committed yet?, *The Marshall Project*, 8 de abril de 2015, https://www.themarshallproject.org/2015/08/04/the-new-science-of-sentencing

BBC, Google apologizes for Photos app's racist blunder, 1 de julio de 2015, https://www.bbc.com/news/technology-33347866

BBC, Perdón real póstumo para el matemático británico Alan Turing, *BBC News - Redacción*, 24 de diciembre de 2013, https://www.bbc.com/mundo/ultimas_noticias/2013/12/131223_ultnot_reino_unido_perdon_real_postumo_turing_jrg

Bean, Randy, How Big Data Is Empowering AI and Machine Learning at Scale. Big Data is powerful on its own. So is artificial intelligence. What happens when the two are merged? MIT Sloan. *Management Review*, 8 de mayo de 2017, https://shorturl.at/aivE7

The Beatles, *Now and Then*, YouTube, 3 de noviembre de 2023, https://www.youtube.com/watch?v=Opxhh9Oh3rg

Belén, Valentina, *Flâneur*, s. f., https://www.valentinabelen.com/work/the-inkterdimension

Biswal, Avijeet, Top 25 Deep Learning Applications Used Across Industries, *Simplilearn – Online Certification Training Course Provider*, 26 de octubre de 2023, https://www.simplilearn.com/tutorials/deep-learning-tutorial/deep-learning-applications

Boost Labs, Bias: How Data Can Be Dangerous, 2018, https://boostlabs.com/bias-how-data-can-be-dangerous/

Britannica online, Karma, samsara and moksha, https://www.britannica.com/topic/Hinduism/Karma-samsara-and-moksha

Britannica online, Wells Fargo, 3 de noviembre de 2023, https://www.britannica.com/topic/Wells-Fargo-American-corporation

Business, How Good is ChatGPT, *The Economist*, 8 de diciembre de 2022, https://www.economist.com/business/2022/12/08/how-good-is-chatgpt

C "Hello, World!" Program; Programiz, https://www.programiz.com/c-programming/examples/print-sentence

Carle, Eben, Ask a Techspert: What is generative AI?, 11 de abril de 2023, https://blog.google/inside-google/googlers/ask-a-techspert/what-is-generative-ai/

CBS News, What's the status of self-driving cars? There has been progress, but safety questions remain, 19 de febrero de 2022, https://shorturl.at/bceil

Chmielewski, Dawn, Actors decry 'existential crisis' over AI-generated 'synthetic' actors, 21 de julio de 2023, https://www.reuters.com/technology/actors-decry-existential-crisis-over-ai-generated-synthetic-actors-2023-07-21/

Crosby, Courtney, Operationalizing Artificial Intelligence for Algorithmic Warfare, *Military Review*, julio-agosto de 2020, https://shorturl.at/ahr48

Dayton Daily News, When the Wright brothers shocked the world, the Dayton media flubbed it, 16 de diciembre de 2021, https://shorturl.at/dvCK0

DeSutter, Paula A., Sun Tzu, Clausewitz, and the Importance of Knowing Yourself and the Enemy, Defense Technical Information Center, 1994, https://apps.dtic.mil/sti/citations/ADA440962.

Death Penalty Information Center, Innocence, 2023, https://deathpenaltyinfo.org/policy-issues/innocence

Delua, Julianna, Supervised vs. Unsupervised Learning: What's the Difference?, *IBM Blog*, 12 de marzo de 2021, https://www.ibm.com/blog/supervised-vs-unsupervised-learning/

Dhaliwal, Navkiran, Bill Gates Reads 50 Books Every Year, Good E Reader, 8 de junio de 2023, https://shorturl.at/dgMP7

DW, Algoritmos y prejuicios, Deutsche Welle, YouTube, 10 de noviembre de 2023, https://www.youtube.com/watch?v=0BVsDEIj1qU&t=53

DW, Guionistas de Hollywood en huelga por salario y temor a IA, Deutsche Welle, 8 de mayo de 2023, https://www.dw.com/es/guionistas-de-hollywood-en-huelga-por-salarios-y-temor-a-la-inteligencia-artificial/a-65555834

Fernández Santos, Elsa, El vídeo misterioso. Ven la luz. Las únicas imágenes en movimiento de los poetas de la Generación del 27, *El País*, 16 de agosto de 2009, https://elpais.com/diario/2009/08/16/revistaverano/1250373601_850215.html

Fjelland, Ragnar, Why general artificial intelligence will not be realized, *Humanit Soc Sci Commun,* 7(10), p. 1, 2020, https://doi.org/10.1057/s41599-020-0494-4

Friedman, Lex, Yuval Noah Harari: Human Nature, Intelligence, Power, and Conspiracies, Lex Friedman Podcast #390, YouTube, 17 de julio de 2023, https://www.youtube.com/watch?v=Mde2q7GFCrw&t=1844s

Future of Life Institute, Pause Giant AI Experiments: An Open Letter, 22 de marzo de 2023, https://futureoflife.org/open-letter/pause-giant-ai-experiments/

Google Research, Brain Team, Imagen. Unprecedented photorealism × deep level of language understanding, s. f., https://imagen.research.google/

Gross, Ted, Information Theory — A Short Introduction, 15 de abril de 2022, https://towardsdatascience.com/information-theory-a-short-introduction-a37f09959a1e

Guinness, Harry, What's going on with self-driving car companies, from Aurora to Zoox, *Popular Science*, 27 de junio de 2023, https://www.popsci.com/technology/self-driving-car-companies-status/

Guthrie, Susannah, Level Four self-driving 'doable' this decade, says Mercedes-Benz, 8 de marzo de 2023, https://www.drive.com.au/news/level-4-self-driving-technology-mercedes-benz/

Gutman-Wei, Rachel, A 'Mic Drop' on a Theory of Language Evolution, *The Atlantic*, 12 de diciembre de 2019, https://www.theatlantic.com/science/archive/2019/12/when-did-ancient-humans-start-speak/603484/

Harari, Yuval Noha y Natalie Portman, How to Academy, YouTube, 29 de septiembre de 2018, https://www.youtube.com/watch?v=87XFTJXH9sc

Harari, Yuval Noha, AI and the future of humanity | Yuval Noah Harari at the Frontiers Forum, YouTube, 14 de mayo de 2023, https://www.youtube.com/watch?v=LWiM-LuRe6w&t=22s

Harvard Public Health Magazine, A Matter of Conviction, 2015, https://www.hsph.harvard.edu/magazine/magazine_article/a-matter-of-conviction/

Hertzmann, Aaron, Can Computers Create Art?, *MDPI Open Access Journal*, 10 de mayo de 2018, https://shorturl.at/moADI

Hickey, Walt, The annoyance engine: Spam robocalls became profitable scams by exploiting the phone system, but you can stop them, *Insider*, 3 de marzo de 2021, https://shorturl.at/qFHL5

Hidalgo, César, TED Talks, A bold idea to replace politicians, https://www.ted.com/talks/cesar_hidalgo_a_bold_idea_to_replace_politicians
Hoffman, Reid, Technology Makes us More Human, *The Atlantic*, 28 de enero de 2023, https://www.theatlantic.com/ideas/archive/2023/01/chatgpt-ai-technology-techo-humanism-reid-hoffman/672872/
Hong, Jae C., We were told we'd be riding in self-driving cars by now. What happened to the promised revolution?, *The Conversation*, 23 de marzo de 2023, https://shorturl.at/eflxE
How Stuff Works, How Nirvana Works, https://science.howstuffworks.com/science-vs-myth/extrasensory-perceptions/nirvana1.htm
Hudson, Matthew, Can We Stop Runaway A.I.?, *The New Yorker*, 16 de mayo de 2023, https://www.newyorker.com/science/annals-of-artificial-intelligence/can-we-stop-the-singularity
Interaction Design Foundation, What are Wicked Problems?, abril de 2016, https://www.interaction-design.org/literature/topics/wicked-problems
Jensen, Kelly, Over 50% of adults have not finished a book in the last year, *Book Riot*, 21 de junio de 2022, https://bookriot.com/american-reading-habits-2022/
Jeopardy Labs, Preguntas en español, s. f., https://jeopardylabs.com/play/la-familia-en-espaol2
Johnson, Our word of the year for 2023, *The Economist*, 7 de diciembre de 2023, https://shorturl.at/duEQ2
Kabbaj, Wanis, What a driverless world could look like, TED Talks, septiembre de 2016, https://www.ted.com/talks/wanis_kabbaj_what_a_driverless_world_could_look_like?autoplay=true
Kandinsky, Vasily, Composition 8, s. f., https://www.guggenheim.org/artwork/1924
Kaspersky Lab, What are Cookies?, *Kaspersky*, 2023, https://www.kaspersky.com/resource-center/definitions/cookies
Kaspersky Lab, What is a digital footprint? And how to protect it from hackers, *Kaspersky*, 2023, https://www.kaspersky.com/resource-center/definitions/what-is-a-digital-footprint
Kelly, Kevin, God Is the Machine, *Wired*, 1 de diciembre de 2002, https://www.wired.com/2002/12/holytech/
Kelly, Kevin, How Technology Evolves, TED Talks, febrero de 2005, https://www.ted.com/talks/kevin_kelly_how_technology_evolves/transcript?subtitle=es
Kissinger, Henry, How the Enlightenment ends, *The Atlantic*, junio de 2018, https://www.theatlantic.com/magazine/archive/2018/06/henry-kissinger-ai-could-mean-the-end-of-human-history/559124/
Lefkowitz, Melanie, Cornell Chronicle, 25 de septiembre de 2019, Professor's perceptron paved the way for AI – 60 years too soon, https://news.cornell.edu/stories/2019/09/professors-perceptron-paved-way-ai-60-years-too-soon

Legutko, Ryszard: "Two minutes of truth, of bitter truth" in the European Parliament, YouTube, 7 de diciembre de 2022, https://www.youtube.com/watch?v=eHRwl6gdnj4
Lightgraphite, Flâneur, a person who walks the city in order to experience it, s. f., https://shorturl.at/yzCY4
Martin, Gary, The Phrase Finder, A rose is a rose is a rose, s. f., https://www.phrases.org.uk/meanings/a-rose-is-a-rose-is-a-rose.html
Massey, Cade y Joseph Simmons, Why Humans Distrust Algorithms – and How That Can Change, Knowledge at Wharton, 13 de febrero de 2017, https://shorturl.at/ltKR6
McAfee, Andrew y Erik Brynjolfsson, Big Data: The Management Revolution, *Harvard Business Review*, diciembre de 2012, https://hbr.org/2012/10/big-data-the-management-revolution
Melamede, Robert, Dissipative Structures and the Origins of Life, University of Colorado, s. f., https://shorturl.at/anGX0
Merzbach, Uta C. y Carl B. Boyer, *A History of Mathematics*. Hoboken, New Jersey, John Wiley & Sons Inc., 2011.
Mind Tools, TRIZ. A Powerful Methodology for Creative Problem Solving, 2023, https://www.mindtools.com/amtcc5f/triz
Mirage News, The Use of AI in Predicting and Preventing Crime, 5 de junio de 2023, https://www.miragenews.com/the-use-of-ai-in-predicting-and-preventing-crime-1033699/
MIT Technology Review, Cinco poemas sobre la mente, 11 de enero de 2022, https://www.technologyreview.es//s/13648/cinco-poemas-sobre-la-mente
Nayar, Shree K., Perceptron | Neural Networks, YouTube, 10 de junio de 2021, https://www.youtube.com/watch?v=OFbnpY_k7js
Neuroscience News, Art Evokes Feelings in the Body, 27 de marzo de 2023, https://neurosciencenews.com/art-body-emotion-22883/
Open AI, Chat GPT, How was the world that gave rise to Napoleon?, https://chat.openai.com/c/3000ea08-7c68-4bba-8bef-bde36d3a1fff
Osaulenko, Viacheslav, The Map of Artificial Intelligence, *Medium*, 22 de diciembre de 2020, https://medium.com/swlh/the-map-of-artificial-intelligence-2020-2c4f446f4e43
Paiva Mack, Alexis, ¿Qué piensa Bill Gates de la Inteligencia Artificial?, *La Tercera online*, 29 de abril de 2023, https://shorturl.at/iEUW3
Paiva Mack, Alexis, Las ideas de Yuval Noah Harari sobre la Inteligencia Artificial: "No sé si la humanidad podrá sobrevivir," *La Tercera online*, 5 de mayo de 2023, https://shorturl.at/nLN05
Parra, Nicanor, La montaña rusa, s. f., https://www.nicanorparra.uchile.cl/
Pascal, Blaise, *Pensamientos*, Biblioteca virtual Miguel de Cervantes, https://www.cervantesvirtual.com/obra-visor/pensamientos--1/html/ff08eee4-82b1-11df-acc7-002185ce6064_2.html

Paul, Kari, 'They know us better than we know ourselves': how Amazon tracked my last two years of reading, *The Guardian*, 3 de febrero de 2020, https://www.theguardian.com/technology/2020/feb/03/amazon-kindle-data-reading-tracking-privacy

Pérez, Enrique, El tranquilizador mensaje de Sebastian Thrun, fundador de Google X: "La IA no se convertirá en ningún supervillano," *Xataka*, 22 de septiembre de 2022, https://shorturl.at/bhpE0

Piquard, Alexandre, On artificial intelligence, the opposition between pessimists and optimists is simplistic, even dangerous, *Le Monde*, 17 de septiembre de 2023, https://www.lemonde.fr/en/opinion/article/2023/05/05/on-artificial-intelligence-the-opposition-between-pessimists-and-optimists-is-simplistic-even-dangerous_6025469_23.html

Polymathematic, Multiplying Roman numerals like the Romans did, YouTube, https://www.youtube.com/watch?v=-1oLDG_Zeag&t=4s

Puro Marketing, La Unión Europea prohíbe a Facebook e Instagram el uso de datos para la publicidad dirigida, 2 de noviembre de 2023, https://shorturl.at/nsCM4

Python Program to Print Hello world!, *Programiz*, https://www.programiz.com/python-programming/examples/hello-world

Quinyx, What's The Difference Between AI, ML, and Algorithms?, https://shorturl.at/bdGR8

Rai, Akanksha, Understanding file sizes | Bytes, KB, MB, GB, TB, PB, EB, ZB, YB, *Geeks for Geeks*, s. f., https://shorturl.at/hxA37

Reese, Hope, What Happens When Police Use AI to Predict and Prevent Crime?, *JSTOR Daily*, 23 de febrero de 2022, https://daily.jstor.org/what-happens-when-police-use-ai-to-predict-and-prevent-crime/

Reinforcement learning, *Geeks for Geeks*, 18 de abril de 2023, https://www.geeksforgeeks.org/what-is-reinforcement-learning/

Robertson, Adi, I tried the AI novel-writing tool everyone hates, and it's better than I expected, *The Verge*, 24 de mayo de 2023, https://www.theverge.com/2023/5/24/23732252/sudowrite-story-engine-ai-generated-cyberpunk-novella

Rocketwidget, r/technology, *Reddit*, 30 de junio de 2015, https://www.reddit.com/r/technology/comments/3bkzmw/comment/csn761x/

La Vanguardia, ¿Qué aportó a la ciencia Alan Turing?, 12 de septiembre de 2019, https://www.lavanguardia.com/historiayvida/historia-contemporanea/20180611/47312986353/que-aporto-a-la-ciencia-alan-turing.html

Saber UCV, El devenir de los problemas en la planificación: Conocimiento en acción para estructurar problemas, febrero de 2015, http://saber.ucv.ve/handle/10872/13516

SAE International, Taxonomy and Definitions for Terms Related to Driving Automation Systems for On-Road Motor Vehicles J3016_201806, 15 de junio de 2018, https://www.sae.org/standards/content/j3016_201806/

Sala-i-Martin, Xavier, ¿Qué es la tercera revolución industrial?, *La Vanguardia*, 12 de febrero de 2013, YouTube, https://www.youtube.com/watch?v=QRVURGmj-b8&list=PLDB42F9C6EEAE8D1E

Sánchez Becerril, Fran, El 'homo ciberneticus' dará la libertad completa a la especie humana, *Ethic*, 8 de febrero de 2023, https://ethic.es/2023/02/el-homo-ciberneticus-dara-la-libertad-completa-a-la-especie-humana/

Searle, John, Watson Doesn't Know It Won on 'Jeopardy!', *The Wall Street Journal*, 23 de febrero de 2011, https://shorturl.at/bfrCK

Seth, Anil, Your brain hallucinates your conscious reality, abril de 2017, https://www.ted.com/talks/anil_seth_your_brain_hallucinates_your_conscious_reality?language=en

Silver, David y Demis Hassabis, AlphaGo Zero: Starting from scratch, 18 de octubre de 2017, https://deepmind.google/discover/blog/alphago-zero-starting-from-scratch/

Simon, Shelby y Adam Ramírez J.D., How Many People Die From Car Accidents Each Year?, 10 de octubre de 2022, https://www.forbes.com/advisor/legal/auto-accident/car-accident-deaths/

Sims, Brian, Cooking accidents causing 15 electrical fires a day, FSM, 6 de Agosto de 2019, https://www.fsmatters.com/Cooking-accidents-15-fires-a-day

Smith, Dana G., At What Age Does Our Ability to Learn a New Language Like a Native Speaker Disappear?, *Scientific American*, 4 de mayo de 2018, https://shorturl.at/uHL16

Sport, Así fue el beso de Iker Casillas a Sara Carbonero en pleno directo en el Mundial de 2010, 21 de agosto de 2023, https://www.sport.es/es/videos/seleccion/20230821/beso-iker-casillas-sara-carbonero/91195943.shtml

Stanford Encyclopedia of Philosophy, Justice, 26 de junio de 2017, https://plato.stanford.edu/entries/justice/

Strand, Håkon Hapnes, What can be the smartest use of chat GPT?, *Quora*, 26 de marzo de 2023, https://www.quora.com/What-can-be-the-smartest-use-of-chat-GPT

Stromberg, Joseph, 7 things the most-highlighted Kindle passages tell us about American readers, *Vox*, 8 de junio de 2014, https://www.vox.com/2014/6/8/5786196/7-things-the-most-highlighted-kindle-passages-tell-us-about-american

Sullivan, Will, The Beatles Release Their Last Song, 'Now and Then', Featuring A.I.-Extracted Vocals From John Lennon, *Smithsonian Magazine*, 3 de noviembre de 2023, https://shorturl.at/anwz3

Sun, Michael, More new Beatles music 'conceivable' after Now and Then, Peter Jackson says, *The Guardian*, 6 de noviembre de 2023, https://www.theguardian.com/music/2023/nov/06/new-beatles-songs-ai-technology-now-and-then-peter-jackson

Syncopation Software en A simple decision tree example, YouTube, s. f., https://www.youtube.com/watch?v=MMHQ2gUMoNA
Synopsis, The 6 Levels of Vehicle Autonomy Explained, 2023, https://www.synopsys.com/automotive/autonomous-driving-levels.html
System failure, Computer hope, 7 de junio de 2021, https://www.computerhope.com/jargon/s/systemfa.htm
Terrasa, Rodrigo, Un periodista infiltrado en las cloacas de internet: "Las redes sociales sacan lo peor de todos nosotros," Capitán Swing, 22 de enero de 2021, https://shorturl.at/jsEMN
Thomas, Rachel, It from Bit?, Plus. Bringing Mathematics to Life, 18 de diciembre de 2015, https://plus.maths.org/content/it-bit
Thrun, Sebastian, Google's driverless car, *TED Talks*, marzo de 2011, https://www.ted.com/talks/sebastian_thrun_google_s_driverless_car/transcript
Toomer G.J., Al-Khwārizmī, *Encyclopedia.com*, 2019,https://www.encyclopedia.com/science/dictionaries-thesauruses-pictures-and-press-releases/al-khwarizm#akajen4
Trawlingweb.com, Prompt. El término de moda detrás de la Inteligencia Artificial, 14 de marzo de 2023, https://shorturl.at/gmGMN
Turing, Alan, *Maquinaria computacional e inteligencia*, trad. de Cristóbal Fuentes Barassi. Santiago, Universidad de Chile, 2010 [1950], p. 14, http://xamanek.izt.uam.mx/map/cursos/Turing-Pensar.pdf
Vega Córdova, Élida, ¿Por qué recibo llamadas que nunca contestan?, *El Comercio*, 22 de octubre de 2021, https://shorturl.at/iB579
Velázquez, Fernando, Indecibilidad o paradas. Windows no responde y debe cerrarse, *Ciencia y Tecnología*, 7 de julio de 2015, https://www.meer.com/es/15788-indecibilidad-o-paradas
Verma, Pranshu, The never-ending quest to predict crime using AI, *The Washington Post*, 15 de julio de 2022, https://www.washingtonpost.com/technology/2022/07/15/predictive-policing-algorithms-fail/
Villamil, Eduardo, El camino hacia la Inteligencia Artificial: de Deep Blue a AlphaGo Zero, *El Imparcial*, 23 de noviembre de 2023, https://shorturl.at/krBM9
Volz, Marcus,When Computers Make Art. Artificial intelligence is proving to be as good as humans at making art. What does that mean and where will it go?, The University of Melbourne, 22 de febrero de 2018, https://shorturl.at/djmrZ
Waite, Ben, Language and democracy, *Open Democracy*, 20 de febrero de 2015, https://www.opendemocracy.net/en/language-and-democracy/
Walsh, Bryan, Looking back at Watson's 2011 "Jeopardy!" win, *Axios*, 13 de febrero de 2021, https://www.axios.com/2021/02/13/ibm-watson-jeopardy-win-language-processing

Watson, Chloe, The key moments from Mark Zuckerberg's testimony to Congress, *The Guardian*, 11 de abril de 2018, https://www.theguardian.com/technology/2018/apr/11/mark-zuckerbergs-testimony-to-congress-the-key-moments

Weiss, Kai, Las nuevas normas de protección de datos de la UE ya están dañando a los europeos, *Mises Institute*, 17 de julio de 2018, https://shorturl.at/ahI12

West, Geoffrey, The surprising math of cities and corporations, TED Talks, julio de 2011, https://www.ted.com/talks/geoffrey_west_the_surprising_math_of_cities_and_corporations?language=en

What happens when you divide by zero on mechanical calculator, YouTube, 31 de octubre de 2016, https://www.youtube.com/watch?v=JU9ICaPZUCg

White, Robyn, Chernobyl Aftermath: How Long Will Exclusion Zone Be Uninhabitable?, *Newsweek*, 14 de octubre de 2022, https://shorturl.at/enyzA

Wikipedia, AI Winter, 30/10/2023, https://en.wikipedia.org/wiki/AI_winter

Wikipedia, IBM Watson, 14/11/2023, https://en.wikipedia.org/wiki/IBM_Watson#cite_note-SearleWSJ-67

Wikipedia, Alan Turing, 7 de diciembre de 2023, https://en.wikipedia.org/wiki/Alan_Turing#Personal_life

Wikipedia, DARPA Grand Challenge (2004). RadicalBender at English Wikipedia - Transferred from wikipedia to Commons, CC BY-SA 1.0, 11 de marzo de 2023, https://commons.wikimedia.org/w/index.php?curid=1816535

Wikipedia, De Hunefer - http://www.britishmuseum.org/explore/highlights/highlight_objects/aes/p/page_from_the_book_of_the_dead.aspx, https://www.webcitation.org/63ZdUemZU, Dominio público, https://commons.wikimedia.org/w/index.php?curid=17527324

Wikipedia, Digital footprint, 9 de octubre de 2023, https://en.wikipedia.org/wiki/Digital_footprint

Wikipedia, Fair use, s. f., https://en.wikipedia.org/w/index.php?curid=317 38209

Wikipedia, Library Catalog, 23 de agosto de 2023, 23/8/2023, https://en.wikipedia.org/wiki/Library_catalog

Wikipedia, Timeline of artificial intelligence, 16 de noviembre de 2023, https://en.wikipedia.org/wiki/Timeline_of_artificial_intelligence

Wikipedia; Toulouse-Lautrec, In Bed the Kiss, 14 de Agosto de 2023, https://shorturl.at/emCPU

Wikipedia, William Tell, 23 de noviembre de 2023, Hans Sandreuter, photograph: Roland zh - Own work, CC BY-SA 3.0, https://commons.wikimedia.org/w/index.php?curid=11548800

Wikipedia commons, Ada Lovelace, daguerrotipo de Antoine Claudet (h. 1843 o 1850), 22 de enero de 2024, Own work, CC BY-SA 4.0, https://commons.wikimedia.org/w/index.php?curid=82757509

Wikipedia commons, Alan Turing en 1936, 8 de enero de 2024, Anonymous, Public Domain, https://commons.wikimedia.org/w/index.php?curid=137325684

Wikipedia commons, Al-Khwārizmī, 6 de diciembre de 2020, Michel Bakni (talk | contribs), Wikimedia Commons, https://commons.wikimedia.org/wiki/File:Al-Khwarizmi_portrait.jpg

Wikipedia commons, 25 de marzo de 2008, By Bilby, Own work; The standard interpretation, Public Domain, https://commons.wikimedia.org/w/index.php?curid=3777581

Wikiquote, *Jeopardy!*, 9 de septiembre de 2023, Wikiquote, https://en.wikiquote.org/wiki/Jeopardy!

Wired, The Cambridge Analytica Story, Explained, s. f., https://www.wired.com/amp-stories/cambridge-analytica-explainer/

Wolfram, Stephen, What Is ChatGPT Doing … and Why Does It Work?, *Stephen Wolfram, Writings*, 14 de febrero de 2023, https://writings.stephenwolfram.com/2023/02/what-is-chatgpt-doing-and-why-does-it-work/

World Health Organization, Older adolescent (15 to 19 years) and young adult (20 to 24 years) mortality, 28 de enero de 2022, https://shorturl.at/O4678

World Health Organization, Road traffic injuries, 20 de junio de 2022, https://www.who.int/news-room/fact-sheets/detail/road-traffic-injuries

World Population Review, Crime Rate by Country, s. f., https://worldpopulationreview.com/country-rankings/crime-rate-by-country

Yellow excavator, Libreshot Free Images, s. f., https://libreshot.com/yellow-excavator/

Yeung, Douglas, Inez Khan, Nidhi Kalra y Osonde A. Osoba, Identifying Systemic Bias in the Acquisition of Machine Learning Decision Aids for Law Enforcement Applications, RAND Corporation, 2021, http://www.jstor.org/stable/resrep29576

Yudkowsky, Eliezer, Pausing AI Developments Isn't Enough. We Need to Shut it All Down, *Time Magazine*, 29 de marzo de 2023, https://time.com/6266923/ai-eliezer-yudkowsky-open-letter-not-enough/

Zialcita, Paolo, Facebook Pays $643,000 Fine For Role In Cambridge Analytica Scandal, *NPR News*, 30 de octubre de 2019, https://www.npr.org/2019/10/30/774749376/facebook-pays-643-000-fine-for-role-in-cambridge-analytica-scandal.

Otros

Division of Rare and Manuscript Collections, Cornell University Library.

Este libro se terminó de imprimir
en Santiago de Chile,
mayo de 2024

Teléfono: 22 22 38 100 / ril@rileditores.com

Se utilizó tecnología de última generación que reduce
el impacto medioambiental, pues ocupa estrictamente
el papel necesario para su producción, y se aplicaron
altos estándares para la gestión y reciclaje de desechos
en toda la cadena de producción.

www.ingramcontent.com/pod-product-compliance
Ingram Content Group UK Ltd.
Pitfield, Milton Keynes, MK11 3LW, UK
UKHW042123021026
15589UKWH00004B/1074

9 789560 116062